面向系统能力培养大学计算机类专业教材

计算机接口技术

陈进才　胡迪青 主编

刘乐善　卢萍　王海卫　谭支鹏 编著

清华大学出版社

北　京

内 容 简 介

本书兼顾传统微机接口与嵌入式系统接口技术，全面介绍计算机接口的基本结构、工作原理和典型接口实现方法。全书共 12 章，具体内容包括概述、总线技术、I/O 端口地址译码技术、基于 MIPSfpga 的微处理器、并行接口、串行接口、中断技术、DMA 技术、A/D 与 D/A 转换器接口、USB 设备接口和人机交互设备接口，最后通过基于 MIPSfpga 的 GPS 定位显示系统设计实例综合介绍接口应用与设计方法。

本书内容丰富，取材新颖，叙述清晰，具有较好的可读性和实用性，既适合作为高等院校计算机、物联网、电子、通信、自动化等专业研究生、本科生教材，也可供微型或嵌入式计算机应用系统开发人员自学参考。

图书在版编目(CIP)数据

计算机接口技术/陈进才，胡迪青主编. —北京：清华大学出版社，2021.6(2024.8重印)
面向系统能力培养大学计算机类专业教材
ISBN 978-7-302-58217-5

Ⅰ.①计…　Ⅱ.①陈… ②胡…　Ⅲ.①电子计算机－接口－高等学校－教材　Ⅳ.①TP334.7

中国版本图书馆 CIP 数据核字(2021)第 096247 号

责任编辑：张瑞庆　战晓雷
封面设计：何凤霞
责任校对：李建庄
责任印制：杨　艳

出版发行：清华大学出版社
网　　　址：https://www.tup.com.cn,https://www.wqxuetang.com
地　　　址：北京清华大学学研大厦 A 座　　　　　邮　　编：100084
社 总 机：010-83470000　　　　　　　　　　　邮　　购：010-62786544
投稿与读者服务：010-62776969，c-service@tup.tsinghua.edu.cn
质量反馈：010-62772015，zhiliang@tup.tsinghua.edu.cn
课件下载：https://www.tup.com.cn,010-83470236
印 装 者：三河市龙大印装有限公司
经　　销：全国新华书店
开　　本：185mm×260mm　　　印　　张：17.5　　　字　　数：418 千字
版　　次：2021 年 8 月第 1 版　　　　　　　　　印　　次：2024 年 8 月第 2 次印刷
定　　价：49.80 元

产品编号：069482-01

前 言

    在微机系统中,微处理器的强大控制功能必须通过外部设备(简称外设)才能实现,而外设与微处理器之间的信息交换及通信又是靠接口来实现的。在实际应用中,人们总是通过接口加入自己的设备或模块,构成应用系统,所以,接口技术是微机应用系统研究与开发的重要基础,是当代理工科大学生应当掌握的通用技术。为此,对不同类型的接口的工作原理与基本组成进行系统学习是必要的。但是,接口技术涉及的知识面较广,尤其是必须与硬件打交道,课程的实践性很强,这些都给学习和掌握微机接口技术带来了一定的困难,需要相关的教材提供帮助。本书就是为此而编写的。

    微机接口技术的基本任务有两个:一是接口要实现 I/O 设备与总线的连接;二是 CPU通过接口对 I/O 设备进行控制或通信。接口技术的发展是随着微机体系结构和被连接的对象的发展而发展的,它经历了固定式简单接口、可编程复杂接口和智能接口 3 个发展阶段。

    目前,在嵌入式微机应用系统以及物联网系统中,接口的结构形式已经发生了很大变化,由原来外接式独立接口电路发展为与微控制器融为一体的内嵌式接口,但接口的功能与工作原理并未改变。初学者最好从基本接口电路开始,充分理解独立的接口芯片或模块的工作原理、方法及特点,才能更好地了解并掌握高集成度的组合接口的设计方法。

    影响接口变化的因素主要有两个:一是总线结构不同,这属于硬件上的变化;二是操作系统不同,这属于软件上的变化。这两种变化使接口在完成连接和操作设备的任务时产生了不同的处理方法,形成了**接口的层次概念**,从而把接口分为上层与下层两个层次。上层包括设备接口及应用程序,构成接口的基本内容;下层包括总线接口及设备驱动程序,构成接口的高级内容。这两部分是现代接口技术的完整内容。限于篇幅,本书只讨论接口技术的基本内容。

    接口技术要与各种芯片、器件、设备打交道,这也是有些读者学习接口技术时颇感困难的部分,但是,要学习接口,就要与硬件打交道。那么,应采用何种方法学习庞杂的硬件知识,就成为掌握现代接口技术必须考虑的问题。

    本书编者根据多年教学经验总结出一种行之有效的方法,称为**接口设计的编程模型方法**。编程模型包含两个层次。

    首先,根据接口技术课程的特点,对任何一种硬件对象,如一个接口芯片,主要了解与掌握芯片的功能、外部特性和编程使用方法 3 方面,而不过多关注其内部的详细结构。因为芯片的功能是制定接口设计方案时选择芯片的依据,芯片的外部特性是进行接口硬件设计时确定连接方式的依据,芯片的编程使用方法是进行接口软件设计时编程的依据。

    其次,所谓编程模型是指芯片内部可访问的寄存器、寄存器的端口地址以及寄存器的写入命令或读出状态的数据格式。了解与掌握了芯片的这 3 个元素,也就可以利用它进行接口的软件编程设计了。由于设备接口是连接 CPU 与 I/O 设备的桥梁,在分析接口设计的需求时,显然应该从接口的两侧入手。在 CPU 一侧,接口面对的是本地的数据总线、地址总线和控制总线(简称三总线),因此,主要任务是使接口电路的信号线满足三总线在时序逻辑上的要求,并进行"对号入座"连接。而在 I/O 设备一侧,接口面对的是类型、信号、工作速度各异的外设,情况复杂,因此重点是分析 I/O 设备的外部特性,即 I/O 设备信号引脚的功能与特点,以便在进行接口硬件设计时提供这些信号线,以满足 I/O 设备在连接上的要求;同时需分析 I/O 设备的工作过程,以便在设计接口软件时按照这种过程编写程序,以满足 I/O 设备的工作条件与要求。

设备接口电路的设计,是以硬件为基础,采用硬件与软件相结合的综合设计方法。对于硬件设计,通常采用可编程通用/专用接口芯片,因而需要深入了解并熟练掌握各类芯片的功能、特点、工作原理、使用方法及编程技巧,以便合理地选择芯片,把它们与微处理器正确地连接起来。对于软件设计,应该包括上层的用户应用程序和下层的设备驱动程序。一般用户只须编写用户态应用程序,而对原创性开发,就要涉及核心态的设备驱动程序设计。所谓**接口电路设计的解决方案**,是指在微机接口电路总体设计时,对接口电路的配置方式、接口电路的构成和芯片的选择进行分析与认定。解决方案的制定与微处理器类型有关,台式微机桌面系统、嵌入式系统、微控制器、单片机以及各种片上系统 SoC 的解决方案各不相同。**接口电路的配置方式**是指把接口电路安排在微机系统的什么地方,有外置方式与内置方式之分。本书以外置式接口芯片和支持芯片为主,内置式接口电路重点在第 4、5、7、9、12 章有所介绍或应用。

接口电路的构成有多种选择,如一般的 IC 电路、可编程通用/专用接口芯片或可编程逻辑阵列器件。其中,可编程通用/专用接口芯片功能强,可靠性高,通用性好,针对性强,接口设计的周期短,并且使用灵活方便。FPGA 器件可以实现复杂的接口功能,并且可以将接口功能模块与其他应用电路集成在一起,结构紧凑,灵活多样,可满足不同复杂度的接口电路的要求,因此成为嵌入式微机系统和微控制器接口设计的首选。

目前,在实际应用中,采用 FPGA 进行微机应用系统开发时,将多种外设接口功能模块与 CPU 集于一体,构成内嵌式接口电路,已成为 ARM 和微控制器接口设计的一种趋势。但在校学生作为初学者学习接口技术原理与方法时,采用各种分立接口芯片构建外置式接口电路的解决方案是可取的,因此本书以外置式接口电路为主。各章在讨论各类接口电路设计之前,都要介绍解决方案中所采用的外置式接口芯片。同时,考虑到嵌入式设备的广泛应用,本书还介绍了基于 MIPSfpga 处理器的 FPGA 接口设计与应用,第 12 章详细介绍了基于 MIPSfpga 的 GPS 定位显示系统设计。通过该应用系统接口设计过程的学习,读者可以举一反三,为设计用户需要的其他嵌入式应用系统提供借鉴。

本书由陈进才、胡迪青主编,第 1、3、6、8、11 章由刘乐善编写,第 2、9 章由刘乐善、胡迪青编写,第 4 章由胡迪青编写,第 5、7 章由刘乐善、陈进才、张胜编写,第 10 章由李畅、王海卫编写,第 12 章由卢萍、罗可、谭支鹏编写。全书由陈进才统稿。华中科技大学研究生鲍锦星、柳栋栋、熊阳、许欣怡、刘涛等为本书的编写做了许多技术性工作。本书的出版得到了华中科技大学的大力支持,在此表示衷心感谢。同时特别要感谢本书参考文献的作者,他们为本书的编写提供了丰富的技术文献支持。

计算机接口技术是一门实践性很强的课程,除了课堂理论学习之外,还需要强有力的实践性环节与之配合。编者在计算机接口技术课程中设置了课程设计、毕业设计、实习和实训等多种实践环节,并积累了丰富的实践教学资料,可对有兴趣的读者开放。

由于计算机技术发展迅速,加之编者水平有限,书中肯定存在不少不足,恳切希望各位专家和读者赐正。

编 者

2021 年 4 月于喻园

CONTENTS

目 录

CONTENTS

C O N T E N T S

CONTENTS

CONTENTS

第1章　概述

在各类微机系统中,微处理器的强大功能都是在外部设备(简称外设)的支持下实现的,微处理器+外设掀起了网络化与智能化的技术潮流,而外设与微处理器之间的信息交换是通过接口来实现的,接口技术已成为直接影响微机系统功能和微机推广应用的关键技术之一。因此,微机接口技术已成为工科大学生应该学习的基本知识和科技人员应该了解的常用技术。本章对接口技术的基本概念进行介绍和讨论。

1.1　接口的基本任务与接口技术的发展概况

1.1.1　接口的基本任务

在微机系统中,接口处于总线与I/O设备之间,负责CPU与I/O设备之间的信息交换。接口在微机系统中所处的位置决定了它在CPU与I/O设备之间的桥梁作用。因此,接口技术是随CPU技术及总线技术的变化而发展的,也与被连接的I/O设备密切相关。

在实际应用中,人们总是利用接口加入自己的设备或模块,构成应用系统。可见,接口技术是应用系统开发必不可少的关键技术。

微机接口技术的基本任务有两个:一是实现I/O设备与总线的连接;二是连接起来以后,CPU通过接口对I/O设备进行访问,即操作或控制I/O设备。因此,接口技术的研究就是围绕I/O设备与总线如何连接以及CPU如何通过接口对I/O设备进行操作展开的。这涉及接口两侧的微处理器、I/O设备及微处理器通过什么方式与途径访问设备等一系列问题。例如,I/O设备的连接问题涉及微机的总线结构是单总线还是多总线、接口类型是并口接口还是串行接口等;I/O设备的访问问题涉及采用何种操作系统、微机I/O地址空间的编址方式是独立编址还是统一编址以及微机的中断系统与DMA系统的应用等。这些都是接口技术需要考虑的内容。

1.1.2　接口技术的发展概况

接口技术是随着微机体系结构、被连接的对象以及操作系统的发展而发展的。当接口应用环境发生了变化,作为桥梁的接口也必须变化。这种变化与发展,过去一直如此,今后仍然如此。

在早期的计算机系统中,接口与I/O设备之间无明显的边界,接口与I/O设备控制器做在一起。在8位计算机系统中,接口与I/O设备之间有了边界,并且出现了许多接口标准。在8位/16位计算机系统中,接口面向的对象与环境是XT/ISA总线、DOS操作系统。在现代微机系统(例如Intel架构下的系统)中,接口面向的对象与环境是PCI总线、Windows等操作系统。这使得接口技术面临许多新概念、新方法与新技术,而且出现了层次结构。下面简要地说明接口技术的变化发展过程。

在早期的计算机系统中并没有设置独立的接口电路,对外设的控制与管理完全由 CPU 直接进行。这在当时外设品种少、操作简单的情况下是一种简单可行的方法。然而,随着微机技术的发展,微机应用越来越广泛,外设门类、品种大大增加,且性能各异,操作复杂,从而导致接口的出现。其原因如下:首先,如果仍由 CPU 直接管理外设,会使 CPU 完全陷入与外设打交道的沉重负担中,导致 CPU 工作效率低下;其次,由于外设种类繁多,且每种外设提供的信息格式、电平高低、逻辑关系各不相同,因此,主机对每一种外设都要配置一套相应的控制和逻辑电路,使得主机对外设的控制电路非常复杂,不易扩充,这极大地阻碍了计算机的发展。为了解决以上问题,最初在 CPU 与外设之间设置简单的接口电路,后来逐步发展为独立功能的接口和 I/O 设备控制器,把对外设的控制任务交给接口和 I/O 设备控制器去完成,这样就极大地减轻了主机的负担,简化了 CPU 对外设的控制和管理。同时,有了接口之后,研制 CPU 时就无须考虑外设的结构特性如何,研制外设时也无须考虑它是与哪种 CPU 连接。CPU 与外设按照各自的规律更新,形成 CPU 和外设产品的标准化和系列化,促进了微机系统的发展。

接口经历了固定式简单接口、可编程复杂接口和智能接口 3 个发展阶段。各种高性能接口标准的不断推出和使用,超大规模接口集成芯片的不断出现,以及接口控制软件固化技术的应用,使得接口向智能化、标准化、多功能化及高集成度化的方向发展。市场上还流行一种紧凑的 I/O 子系统结构,就是把接口与 I/O 设备控制器及 I/O 设备融合在一起,而不单独设置接口电路。例如,高速 I/O 设备(硬盘驱动器和网卡)中就采用了这种结构。

由于微机体系结构的变化及微电子技术的发展,微机系统所配置的接口的物理结构也发生了变化,以往在微机系统板上能见到的一个个单独的接口芯片,现在集成在一块超大规模的外围芯片中,也就是说,原来的那些接口芯片在物理结构上已“面目全非”。

目前,越来越多的接口设计人员采用大规模可编程逻辑阵列芯片把多个接口电路集中在一个芯片中。例如,用一个 FPGA 或 CPLD 芯片包含并行接口、串行接口、定时计数器以及 I/O 端口地址译码电路。这些都只是接口电路结构上的变化,而接口的功能与工作原理并未改变。

需要指出的是,尽管外设及接口有了很大的发展,但比起微处理器突飞猛进的发展,差距仍然很大,尤其是在数据传输速率方面还存在尖锐的矛盾。近年来,工业界推出了不少新型外设、总线技术、接口标准及芯片组,正是为了解决系统 I/O 瓶颈问题。今后还会出现功能更强大、技术更先进、使用更方便的外设及接口。

CPU、外设及接口在微机系统中所起的作用不同,因而对它们的要求也不一样。例如,8 位数据宽度基本上可以满足一般工业系统对外设和接口的要求,而微处理器内部数据处理则要求 32 位、64 位甚至更高。集成度的提高与物理结构上的改变并不意味着否定接口在逻辑功能上的兼容性。初学者最好从基本接口电路开始,在充分理解了独立接口芯片的工作原理、方法及特点之后,才能更好地了解并掌握高集成度的组合接口芯片的工作原理与使用方法。

1.2 接口的层次概念

就 Intel 系统而言,从早期 PC 发展到现代微机,影响接口变化的因素主要有两个。一个因素是总线结构不同,这属于硬件上的变化。早期微机是单总线,只有单级总线,如 ISA 总线;现代微机是多总线,有三级总线,即 Host 总线、PCI 总线、用户总线(如 ISA)。另一个因素是操作系统不同,这属于软件上的变化。早期微机上运行的主要是 DOS 系统,现代微机上运行的主要是 Windows 操作系统。

这种变化使接口在完成连接和访问设备的任务时产生了根本不同的处理方法,形成了接口的层次概念,把接口分为上层与下层两个层次。这大大促进了接口技术的发展,丰富了接口技术的内容。

接口划分层次是接口技术在观念上的改变,是接口技术随总线技术的发展而提升的新概念,对全面认识接口技术具有重要意义。在考虑设备与 CPU 的连接时,不能停留在传统观念上,而必须面向两个不同层次的接口,这是现代接口技术与早期接口技术的重要差别之处。

1.2.1 硬件分层

早期微机采用单级总线,如 ISA 总线,设备与 ISA 总线之间只有一层接口。现代微机采用多级总线,总线与总线之间用总线桥连接。例如,PCI 总线与 ISA 总线之间的接口称为 PCI-ISA 桥。因此,除了设备与 ISA 总线之间的那一层设备接口之外,还有总线与总线的接口——总线桥。在这种情况下,连接总线与设备的接口就不再是单层的,就要分层。设备与 ISA 总线之间的接口称为设备接口,PCI 总线与 ISA 总线之间的接口称为总线接口。与早期微机相比,现代微机的外设进入系统需要通过两层接口,即通过设备接口和总线接口把设备连接到微机系统。

1.2.2 软件分层

早期微机采用 DOS 操作系统,应用程序享有与 DOS 操作系统相同的特权级,因此,应用程序可以直接访问和使用系统的硬件资源。现代微机在使用 Windows 操作系统时,由于保护机制,不允许应用程序直接访问硬件,在应用程序与底层硬件之间增加了设备驱动程序,应用程序通过调用设备驱动程序去访问底层硬件,把设备驱动程序作为应用程序与底层硬件之间的桥梁。因此,在访问用户新添加的设备时,除了编写应用程序之外,还要编写设备驱动程序。在 Windows 操作系统下,操作与控制设备的接口程序就不再是单一的应用程序了,接口程序也要分层。访问设备的 DOS 程序和 Win32 程序称为上层用户态应用程序,直接操作与控制底层硬件的程序称为下层核心态设备驱动程序。与早期微机相比,现代微机对外设的操作与控制需要通过两层程序,即通过应用程序和设备驱动程序才能访问设备。

1.2.3 接口技术内容的划分

按照接口分层的概念,不难把接口技术的内容分为两部分:一部分是接口的上层,包括设备接口及应用程序,构成接口的基本内容;另一部分是接口的下层,包括总线接口及设备驱动程序,构成接口的高级内容。这两部分是现代接口技术的完整内容,或者说一个完整的接口是由基本内容和高级内容构成的。限于篇幅,本书只讨论接口技术的基本内容。

设备接口(device interface)是指 I/O 设备与本地总线(如 ISA 总线)之间的连接电路和进行信息(包括数据、地址及状态)交换的中转站。例如,源程序或原始数据要通过数据接口用输入设备送进去,运算结果要通过数据接口用输出设备送出来;控制命令通过命令接口发出去,现场状态通过状态接口取进来,这些来往信息都要通过接口进行变换与中转。这里的I/O 设备包括常规的 I/O 设备及用户扩展的应用系统的接口。可见,设备接口是接口中的用户层接口,是本书要讨论的内容。

总线桥(bus bridge)是实现微处理器总线与 PCI 总线之间以及 PCI 总线与本地总线之间的连接与信息交换(映射)的接口。这个接口不是直接面向设备的,而是面向总线的,故称为总线桥,例如 CPU 总线与 PCI 总线之间的 Host 桥、PCI 总线与用户总线(如 ISA)之间的Local 桥等。系统中的存储器或高速设备一般都可以通过自身所带的总线桥挂到 Host 总线或 PCI 总线上,实现高速传输。

早期的 PC 采用的是单级总线,只有一种接口,即设备接口,所有 I/O 设备和存储器,不分高速和低速,都通过设备接口挂在单级总线(如 ISA 总线)上。

现代微机采用多总线,出现了设备接口和总线桥两种接口。外设分为高速设备和低速设备,分别通过两种接口挂到不同总线上,使不同速度的外设各得其所,都能在一个微机系统中运行,大大增强了系统的兼容性。正是因为现代微机采用了多总线技术,引出不同总线之间的连接问题,使得现代微机系统的 I/O 设备和存储器接口的设计变得复杂起来。

1.3 设备接口

1.3.1 设备接口的功能

设备接口是 CPU 与外界的连接电路。并非任何一种电路都可以称为接口电路;必须具备一些条件或功能,才是接口电路。那么,接口应具备哪些功能呢? 从完成 CPU 与外设之间进行连接和传递信息的任务来看,一般有如下功能。

1. 执行 CPU 对接口电路(芯片)的命令

CPU 对接口的控制是通过接口电路的命令寄存器解释与执行的,例如接口电路(芯片)的初始化命令、工作方式命令、操作命令等。

2. 返回外设状态

接口电路在执行 CPU 命令的过程中,外设及接口电路的工作状态是由接口电路的状态寄存器报告给 CPU 的。

3. 数据缓冲

在 CPU 与外设之间传输数据时,主机高速与外设低速的矛盾是通过接口电路的数据寄存器的缓冲来解决的。

4. 信号转换

微机的总线信号与外设信号的转换是通过接口的逻辑电路实现的,包括信号的逻辑关系、时序配合及电平匹配的转换。

5. 设备选择

当一个 CPU 与多个外设交换信息时,通过接口电路的 I/O 地址译码电路选定需要与自己交换信息的设备端口,进行数据交换或通信。

6. 数据并-串转换和数据格式转换

有的外设(如串行通信设备)使用串行数据,要求按照协议的规定,以一定的数据格式传输,如异步通信的起止式数据格式、同步通信的面向字符数据格式等。为此,接口电路就应具有数据并-串转换和数据格式转换的能力。

上述功能并非每种设备接口都要具备。不同的微机应用系统使用的设备不同,其接口功能不同,接口电路的复杂程度大不一样,应根据需要进行设置。

1.3.2　设备接口的组成

为了实现上述功能,就需要物理基础——硬件予以支撑,还要有相应的程序——软件予以驱动。所以,一个能够实际运行的接口应由硬件和软件两部分组成。

1. 硬件电路

从使用角度来看,接口的硬件部分一般包括以下 3 部分。

1) 基本逻辑电路

基本逻辑电路包括命令寄存器、状态寄存器和数据缓冲寄存器。它们担负着接收执行命令、返回状态和传送数据的基本任务,是接口电路的核心。目前,可编程大规模集成接口芯片中都包含了这些基本电路,是接口芯片编程模型中的主要对象。若采用 FPGA 自行设计接口电路模块,至少必须包含这几个寄存器。

2) 端口地址译码电路

端口地址译码电路由译码器或能实现译码功能的其他芯片,如 GAL(PAL)器件、普通IC 逻辑芯片等构成。它的作用是进行设备选择,是接口中不可缺少的部分。这部分电路有的也包含在集成接口芯片中,有的要由用户自行设计。

3) 供选电路

供选电路是根据接口不同任务和功能要求而添加的功能模块电路,设计者可按照需要加以选择。在设计接口时,当涉及数据传输方式时,要考虑中断控制器或 DMA 控制器的选用;当涉及速度控制和发声时,要考虑定时/计数器的选用;当涉及数据宽度转换时,要考虑移位寄存器的选用;等等。

以上这些硬件电路不是孤立的,而是按照设计要求有机地结合在一起,相互联系,相互作用,实现接口的功能。

2. 软件编程

接口软件实际上就是用户的应用程序,由于接口的被控对象的多样性而无一定模式。但从实现接口的功能来看,一个完整的接口控制程序大体上包括如下程序段。

1) 初始化程序段

对可编程接口芯片(或控制芯片)都需要通过其方式命令或初始化命令设置工作方式、初始条件以及确定其具体用途,这是接口程序中的基本部分。有人把这个工作称为可编程芯片的组态。

2) 传送方式处理程序段

只要有数据传送,就有传送方式的处理。查询方式有检测外设或接口状态的程序段;中断方式有中断向量修改、对中断源的屏蔽/开放以及中断结束等的程序段,且这种程序段一定是主程序和中断服务程序分开编写的;DMA 方式有传输参数的设置、通道的开放/屏蔽等处理的程序段。

3）主控程序段

主控程序段是完成接口任务的核心程序段,包括程序终止与退出程序段。例如,数据采集的程序段包括发转换启动信号、查转换结束信号、读数据以及存储数据等内容;又如,步进电机控制程序段包括运行方式、方向、速度以及启/停控制等。它们都是主控程序段。

4）辅助程序段

辅助程序段包括人机对话、菜单设计等内容,人机对话程序段能增加人机交互作用,菜单设计能使操作方便。

以上这些程序段是相互依存的,是一体的,只是为了分析一个完整的接口程序而划分成几部分。

1.3.3　设备接口与 CPU 交换数据的方式

设备接口与 CPU 之间的数据交换一般有查询、中断和 DMA 3 种方式。不同的交换方式对接口的硬件设计和软件编程会产生比较大的影响,故接口设计者对此颇为关心。3 种交换方式简要介绍如下。

1. 查询方式

查询方式是 CPU 主动检查外设是否处于准备好传输数据的状态,因此,CPU 需花费很多时间等待外设进行数据传输的准备,工作效率很低。但查询方式易于实现,在 CPU 不太忙的情况下可以采用。

2. 中断方式

中断方式是 I/O 设备做好数据传输准备后,主动向 CPU 请求传输数据。采用这种方式,CPU 节省了等待外设的时间。同时,在外设做数据传输的准备时,CPU 可以运行与传输数据无关的其他指令,使外设与 CPU 并行工作,从而提高 CPU 的效率。因此,中断方式用于 CPU 比较忙的场合,尤其适合实时控制及紧急事件的处理。

3. DMA 方式

DMA(Director Memory Access,直接存储器存取)方式是把外设与内存交换数据的那部分操作与控制交给 DMA 控制器去做,CPU 只做 DMA 传输开始前的初始化和传输结束后的处理,而在传输过程中 CPU 不干预,完全可以做其他的工作。这种方式不仅简化了CPU 对输入输出的管理,更重要的是大大提高了数据的传输速率。因此,DMA 方式特别适合高速度、大批量数据传输。

1.3.4　分析与设计设备接口电路的基本方法

1. 接口芯片的编程模型方法

接口技术免不了与各种芯片、器件、设备打交道,这也是有些读者学习接口技术时颇感困难的部分,这主要有以下两点原因:一是硬件基础知识不够,如电子技术、数字逻辑等先行课程没有学过或实践太少;二是有畏惧心理,一见到芯片,尤其是复杂的芯片,就不知如何下手,觉得很难。

遇到这种情况怎么办? 首先,下定决心。要学习接口,就无法回避与硬件打交道,要学好接口技术,就要了解与熟悉相关的硬件知识。其次,不要畏惧硬件技术。其实它和软件技术一样,是完全可以熟悉与掌握的。最后,讲究方法。与接口技术息息相关的微机系统所包括的微处理器、存储器、接口芯片及总线桥,特别是微处理器和总线桥,其内部逻辑结构非常复杂,而且更新换代很快。面对如此庞杂的硬件资源,应采用何种方法学习硬件知识,就成为了解与掌握现代接口技术必须考虑的问题。本书采用编程模型的方法。

编程模型也叫软件模型。对任何一种硬件对象,如一个接口芯片(不管是复杂的还是简单的),应该主要了解、掌握芯片的功能、外部特性和编程使用方法,而不过于关注其内部结构。芯片的功能是制定接口设计方案时选择芯片的依据,了解了芯片的功能后,就可以知道采用什么样的接口芯片更合适;芯片的外部特性(即芯片引脚的功能与逻辑定义)是进行接口硬件设计时确定连接方式的依据,了解了芯片的外部特性后,就可以知道芯片怎样在系统中连接硬件;芯片的编程使用方法是接口软件设计的编程依据,了解了芯片的编程使用方法后,就可以知道怎样编程实现芯片的功能。因此,更具体地说,编程模型是指芯片内部可访问的寄存器、寄存器的端口地址以及写入寄存器的命令、状态、数据格式3个元素。了解与掌握了芯片这3方面的内容,也就可以利用它进行接口的软件设计了。

软件模型方法的实质是强调对硬件对象的应用,而不过于关注其内部结构,这大大简化了对硬件对象复杂结构的了解,而又能够掌握硬件的应用。因此,本书对接口芯片与外围支持芯片的内部逻辑结构不作深入介绍,只讲它们的编程模型。

本书提出的这种方法,即从应用的角度了解硬件外部特性和编程使用方法而不在意内部硬件细节,也是当前硬件系统设计(或硬件系统集成)与分析时常用的方法。接口技术课程更应该如此,因为它与电子线路、数字逻辑或计算机组成原理等课程的教学目的与要求不同,它更注重应用系统,而对系统中的各个模块只关心它的功能、外部特性、连接方法及其编程。因此,在接口技术课程中应该抛弃那种深究芯片内部工作逻辑和硬件细节的做法,把精力放到微机应用系统的构建和芯片的编程上来。

2. 接口两侧分析方法

设备接口是连接 CPU 与 I/O 设备的桥梁。在分析接口设计的需求时,显然应该从接口的两侧入手。

在 CPU 一侧,接口面对的是本地的数据总线、地址总线和控制总线(简称三总线),情况明确。因此,主要任务是使接口电路的信号线满足三总线在时序逻辑上的要求,并进行"对号入座"连接即可。

在 I/O 设备一侧,接口面对的是种类繁多、信号线五花八门、工作速度各异的外设,情况很复杂。因此,对 I/O 设备一侧的分析重点放在两个方面:一是分析 I/O 设备的外部特性,即 I/O 设备信号引脚的功能与特点,以便在进行接口硬件设计时提供这些信号线,以满足 I/O 设备在连接上的要求;二是分析 I/O 设备的工作过程,以便在设计接口软件时按照这种过程编写程序,以满足 I/O 设备的工作条件与要求。这样,接口电路的硬件设计与软件编程就有了依据。

3. 硬软结合法

以硬件为基础,硬件与软件相结合,是设计设备接口电路的基本方法。

1）硬件设计方法

台式微机接口的硬件设计主要是合理选用外围接口芯片和有针对性地设计附加电路。目前,在接口设计中,通常采用可编程通用/专用接口芯片,因而需要深入了解和熟练掌握各类芯片的功能、特点、工作原理、使用方法及编程技巧,以便合理地选择芯片,把它们与微处理器正确地连接起来,并编写相应的控制程序。

外围接口芯片并非万能的,因此,当接口电路中有些功能不能由接口的核心芯片完成时,就需要用户添加某些电路,予以补充。

嵌入式计算设备的接口往往采用与处理器集成的方法予以实现。典型的实现方案是在FPGA 中部署处理器及接口电路。

2）软件设计方法

从整体来讲,接口的软件设计应该包括上层用户应用程序和下层设备驱动程序。一般用户只须编写用户层的应用程序;而对原创性开发,就要涉及核心态的设备驱动程序设计。面向微机系统的用户应用程序,又分为 DOS 应用程序和 Win32 应用程序。

DOS 应用程序是在 DOS 操作系统下直接面向硬件的程序,其好处是设备接口的工作过程清晰,并且能够充分发挥底层硬件的潜力和提高程序代码的效率。但这样就要求设计者必须对相应的硬件细节十分熟悉,这对一般用户来说难度较大。如果在用户应用程序中涉及使用系统资源(如键盘、显示器、打印机、串行接口等),则可以采用 DOS 系统功能调用,而无须进行底层硬件编程。但 DOS 系统功能调用只对微机系统配置的标准设备有用。而对接口设计者来说,常遇到的是一些非标准设备,所以需要自己动手编写接口用户应用程序的时候居多。

Win32 应用程序主要利用 API 函数调用,并且使用 C/C++ 语言来编写。虽然 Win32 应用程序好理解,但它隐去与屏蔽了许多接口操作过程,这不利于初学者学习与掌握接口的工作原理,难以得到清晰的认识。

考虑到清晰认识接口工作原理的目标,本书仍然分析与讨论设备接口的 DOS 应用程序设计。编程使用 C 语言。设备接口 Win32 应用程序和设备驱动程序的编写可参见文献[7-9,24,25]。同时,由于嵌入式应用的普及,本书还讨论了针对基于 FPGA 的嵌入式计算系统的应用程序设计。

1.4 接口电路设计的解决方案

由于微机应用系统的规模、外设的复杂程度、使用条件与环境以及考虑节能与环保等因素,使接口电路设计的解决方案有所不同。所谓接口电路设计的解决方案是指在进行微机接口电路总体设计时,对接口电路的配置方式、接口电路的构成与芯片的选择进行分析与认定。解决方案的制定与微处理器类型有关,台式微机桌面系统、嵌入式系统、微控制器、单片机以及各种片上系统 SoC 的解决方案各不相同。

1.4.1 接口电路的配置方式

由于微机应用的多样性,应用环境与应用要求不一样,产生了不同的接口电路配置方式。接口电路的配置方式是指把接口电路安排在微机系统的什么地方,有外置方式与内置方式之分。

1. 外置方式

外置方式是把接口电路分离出来,作为独立的电路放在微处理器之外,形成各种外围接口芯片和外围支持芯片,如并行接口芯片、串行接口芯片、定时/计数器芯片、中断控制器芯片等。使用这种外围接口芯片和支持芯片进行 I/O 设备的接口设计时,不仅需要与 I/O 设备连接,而且需要通过系统总线与微处理器连接,连接复杂一些。

2. 内置方式

内置方式是把接口电路作为一个接口功能模块与微处理器放在一起,如 ARM、微控制器和单片机内部包含的并行接口模块、串行接口模块、定时/计数器模块、中断控制器模块等。由于接口模块与微处理器同在一个芯片内部,CPU 与 I/O 设备之间的接口结构是一组寄存器,CPU 通过读写这些寄存器来与设备通信,在外部只需与 I/O 设备连接。

显然,内置式接口电路与 I/O 设备连接简单,结构紧凑、牢固,硬件开销小,有利于智能化产品的小型化与微型化,因而得到广泛应用。在 ARM 甚至在一些普通的器件中也都包含接口模块。例如,在 LCD 显示器控制器芯片 PCF8566 内就含有 I^2C 串行接口模块,可与主设备进行串行通信,以实现 CPU 对 LCD 显示器的控制。本书以外置式接口芯片和支持芯片为主,内置式接口电路在第 4、5、7、9、12 章有所介绍或应用。例如,USB 设备接口控制器以内嵌式接口模块的形式集成在微控制器内部,在 C8051F340 单片机内部就自带了一个 USB 设备接口控制器。

当采用 FPGA 构建接口电路时,往往是与系统中的其他逻辑一同进行设计,而并非设计成独立的接口电路,因此,FPGA 实际上也是一种内置式接口电路。

1.4.2 接口电路的构成

组成接口电路的元器件有多种,可采用一般的 IC 电路、可编程通用/专用接口芯片或可编程逻辑阵列器件。

1. 一般的 IC 芯片

利用一般 IC 芯片中的三态缓冲器和锁存器即可组成简单的 I/O 端口。例如,采用三态缓冲器 74LS244 构造 8 位输入端口,读取 DIP 开关的开关状态;采用锁存器 74ALS373 构造 8 位输出端口,发出控制信号,使 LED 发光。

2. 可编程通用/专用接口芯片

可编程通用/专用接口芯片功能强,可靠性高,通用性好,针对性强,接口设计的周期短,并且使用灵活方便,因此成为台式微机系统接口设计的首选。

3. 可编程逻辑阵列器件

采用 FPGA/CPLD 器件,利用 EDA 技术来设计接口,可以实现复杂的接口功能,并且可以将接口功能模块与其他应用电路集成在一起。其结构紧凑,灵活多样,可满足不同复杂度的接口电路的要求,因此成为嵌入式微机系统和微控制器 MCU 接口设计的首选。

目前,在实际应用中,采用 FPGA 进行微机应用系统开发时,将多种外设接口功能模块与 CPU 集成于一体,构成内嵌式接口电路,已成为 ARM 和 MCU 接口设计的一种趋势。但在校学生作为初学者学习接口技术原理与方法时,采用各种独立接口芯片构建外置式接口电路的解决方案是可取的,因此本书以外置式接口电路为主。各章在讨论各类接口电路设计之前,都会介绍解决方案中采用的外置式接口芯片。

习题 1

1. 接口技术在微机应用中起什么作用?

2. 接口技术的基本任务是什么?

3. 什么是接口的层次概念? 这一概念是基于什么原因提出的?

4. 按照接口的层次概念,接口技术的整体内容可划分为哪两部分?

5. 什么是设备接口?

6. 设备接口一般应具备哪些功能?

7. 一个能够实际运行的设备接口由哪几部分组成?

8. 设备接口与 CPU 之间有哪几种数据交换方式? 它们各应用在什么场合?

9. 什么是总线桥? 总线桥与设备接口有什么不同?

10. 总线桥的任务是什么?

11. 什么是接口两侧分析方法?

12. 接口芯片的编程模型方法是什么? 采用编程模型方法对分析与应用微机系统的硬件资源有什么意义?

13. 接口电路设计解决方案包含哪些内容?

第2章　总线技术

本章讨论的微机系统内部总线是组成微机的重要部分,是各种外部设备接口电路的直接连接对象,与接口技术关系极为密切。现代微机的总线出现了许多新结构,推出了各种新标准与新技术。本章在讨论总线的组成、基本概念及工作原理的基础上,对 3 种典型总线——ISA 总线、PCI 总线、AMBA 总线进行介绍与分析。

2.1　总线的作用与组成

2.1.1　总线的作用

作为微处理器、存储器和 I/O 设备之间信息通路的总线是微机体系结构的重要组成部分和微机系统信息链的重要环节。CPU 通过总线传送运行程序所需要的数据、地址及控制(指令)信息,因此,总线最基本的任务是进行微机系统各部分之间的连接与信息传输。

总线是接口的直接连接对象,与接口的关系直接而密切,接口设计者都应该了解并熟悉它。

2.1.2　总线的组成

简单地说,总线就是一组传输信息(数据、地址和控制信息)的信号线。微机系统使用的总线都由以下 4 部分组成。

1. 数据总线

数据总线传输数据,采用双向三态逻辑。ISA 总线有 16 位数据线,PCI 总线有 32 位或 64 位数据线。数据总线宽度表示总线的数据处理能力,反映了总线的性能。

2. 地址总线

地址总线传输地址信息,采用单向三态逻辑。总线中的地址线数目决定了该总线构成的微机系统所具有的寻址能力。例如,ISA 总线有 20 位地址线,可寻址 1MB。PCI 总线有 32 位或 64 位地址线,可寻址 4GB(2^{32}B)或 16EB(2^{64}B)。

3. 控制总线

控制总线传输控制和状态信号,如 I/O 读写信号线、存储器读写线、中断请求/应答线、地址锁存线等。控制总线有的为单向,有的为双向;有的为三态,有的为非三态。控制总线是最能体现总线特色的信号线,它决定了总线功能的强弱和适应性。一种总线标准与另一种总线标准最大的不同就体现在控制总线上,而它们的数据总线、地址总线往往都是相同或相似的。

4. 电源线和地线

不同总线使用的电源种类及地线分布和用法不同。例如,ISA 总线采用±12V 或

±5V,PCI 总线采用＋5V 或＋3V,笔记本电脑早期 MCIA 采用＋3.3V。总线电源种类目前向 3.3V、2.5V 和 1.7V 方向发展,这表明计算机系统正在向低电平、低功耗的节能方向发展。

2.2　总线的性能参数

评价总线性能的参数一般有如下几个。

1. 总线频率

总线频率即总线的工作频率,单位是 MHz。它是反映总线工作速率的重要参数。

2. 总线宽度

总线宽度即数据总线的位数,单位是 b(位),如 8 位、16 位、32 位和 64 位总线宽度。

3. 总线传输率

总线传输率是单位时间内总线上可传输的数据总量,用每秒最大传输数据量表示,单位是 MB/s。其计算公式如下:

$$总线传输率＝(总线宽度÷8)×总线频率$$

例如,若 PCI 总线的工作频率为 33MHz,总线宽度为 32 位,则总线传输率为 132MB/s。

4. 同步方式

总线上主、从模块之间的传输操作有同步和异步之分。

在同步方式下,总线上主模块与从模块进行一次传输所需的时间(即传输周期或总线周期)是固定的,并严格按系统时钟对主、从模块之间的传输操作统一定时,只要总线上的设备都是高速的,总线的带宽便允许很大。

在异步方式下,主、从模块之间采用应答式传输技术,允许从模块自行调整响应时间,即传输周期是可以改变的,故总线带宽比较小。

5. 多路复用

若地址线和数据线共用一条物理线,即某一时刻该线传输的是地址信号,而另一时刻该线传输的是数据或指令,则称为多路复用。若地址线和数据线是物理上分开的,即分设两条线,就属非多路复用。采用多路复用,可以减少总线的线数。PCI 总线为地址与数据分时复用总线,ISA 总线为非多路复用总线。

6. 负载能力

负载能力一般用可连接的扩增电路板的数量来表示。其实这并不严密,因为不同电路插板给总线带来的负载是不一样的,即使是同一电路插板,在不同工作频率的总线上所表现出的负载也不一样。尽管如此,上述表示基本上反映了总线的负载能力。

7. 信号线数

信号线数表明总线拥有多少信号线,是数据线、地址线、控制线及电源线的总和。信号线数与总线性能不成正比,但与总线复杂度成正比。

8. 总线控制方式

总线控制方式包括传输方式(突发方式)、设备配置方式(如设备自动配置 PNP)和中断分配及仲裁方式等。

9. 其他性能指标

其他性能指标包括电源电压等级、能否扩展 64 位宽度等。

2.3 总线数据传输过程及其握手方式

2.3.1 总线数据传输过程

总线传输数据是在主模块的控制下进行的,只有 CPU 及 DMA 这样的主模块才有控制总线的能力;从模块没有这个能力,但可对总线上传来的地址信号进行地址译码,并且接收和执行主模块的命令。总线完成一次数据传输操作(包括 CPU 与存储器之间或 CPU 与 I/O 设备之间的数据传输)一般经过 4 个阶段。

1. 申请与仲裁阶段

当系统中有多个主模块时,要求使用总线的主模块必须提出申请,并由总线仲裁机构确定把下一个传输周期的总线使用权授予哪个主模块。

2. 寻址阶段

取得总线使用权的主模块通过总线发出本次要访问的从模块的存储器地址或 I/O 端口地址,并通过译码选中参与本次传输的从模块,使之启动。

3. 传输阶段

主模块和从模块之间进行数据传输,数据由源模块发出,经数据总线流入目的模块(主模块和从模块都可能是数据传输的源模块或目的模块)。

4. 结束阶段

主从模块的有关信息均从系统总线上撤除,让出总线。总线为下一次传输做好准备或让给其他模块使用。

2.3.2 总线数据传输过程的握手方式

主模块和从模块之间的数据传输过程的握手方式通常有四种。

1. 同步方式

同步方式使用同一时钟控制数据传输的时间标准。主设备与从设备进行一次传输所需的时间(称为传输周期或总线周期)是固定的,并且总线上所有模块都在同一时钟的控制下步调一致地工作,从而实现整个系统工作的同步。同步握手方式简单,全部系统模块由单一时钟信号控制,便于电路设计。另外,由于主从模块之间不允许有等待,故这种方式完成一次传输的时间较短,适合高速运行的情况。只要总线上的模块都是高速的,总线频带便可以很宽。同步方式的问题是不适合高速模块和低速模块在同一系统中使用的情况。原因是总线上的各种模块都按同一时钟工作,所以只能按最慢的模块来确定总线的频带宽度或总线周期的长短,这就使得总线上的一些高速模块必须迁就最低速的模块,使系统的整体性能降低。当然,也可以将时钟频率设计得很高,发挥高速模块的快速传输性能;但是按高速需要设计好后,总线上就不能再接低速模块。解决这个矛盾的方法之一是采用异步方式。

2. 异步方式

异步方式采用应答式传输,用请求(REQ)和应答(ACK)两根信号线来协调传输过程,而不依赖于时钟信号。它可以根据模块的速度自动调整应答的时间,因此,高速模块可以高速传输,低速模块可以低速传输,连接任何类型的外围设备都不需要考虑该设备的速度,从而避免了同步方式的上述问题。正是由于全互锁异步传输的良好适应性和高可靠性,使它得到广泛的应用,Motorola 公司的 MC68000/68010/68020 微机系统就采用异步总线。异步方式具有以下特点:

(1) 应答关系完全互锁,即请求信号和应答信号之间有确定的制约关系:主模块的请求信号有效,由从模块的应答信号来响应;只有应答信号有效,才允许主模块撤销请求信号;只有请求信号已撤销,才允许撤销应答信号;只有应答信号已撤销,才允许下一传输周期的开始。这就保证了数据传输的可靠进行。

(2) 数据传输的速度不是固定的,它取决于从模块的速度。因而同一个系统中可以容纳不同速度的模块,每个模块都能以可能的最佳速度来配合数据的传输。

异步方式的缺点是不管从模块的速度如何,每完成一次传输,主从模块之间的互锁控制信号都要经过 4 个步骤:请求、响应、撤销请求、撤销响应,其传输延迟是同步方式的两倍。因此,异步方式比同步方式慢,总线的频带窄,总线传输周期长。

3. 半同步方式

半同步方式是前两种方式的折中。从总体上看,总线是一个同步系统,仍用时钟来定时,利用某一脉冲的前沿或后沿判断某一信号的状态,或控制某一信号的产生或消失,使传输操作与时钟同步。但是,它又不像同步方式那样传输周期固定,对于低速的从模块,其传输周期可延长时钟脉冲周期的整数倍。其方法是增加一条信号线(产生 WAIT 或 READY 信号)。WAIT 信号有效(或 READY 信号无效)时,反映选中的从模块未准备好数据传输(写时未做好接收数据的准备,读时数据未放在数据线上)。系统用一个适当的状态时钟沿检测 WAIT 信号,如其有效,系统就自动将传输周期延长一个时钟周期,强制主模块等待。在状态时钟的下一个时钟周期继续进行检测,直至检测到 WAIT 信号无效时,才不再延长传输周期。这又像异步方式:传输周期视从模块的速度而异。半同步方式允许不同速度的模块彼此协调地一起工作,但这个 WAIT 信号不是互锁的,只是单方向的状态传递,这又是与异步传输不同之处。

采用半同步方式,对于能按规定时刻一步步完成地址、命令和数据传输的从模块,完全按同步方式传输;而对于不能按规定时刻传输地址、命令、数据的低速模块,则借助 WAIT 信号强制主模块延迟等待若干时钟周期。这种方式用于工作速度不高,且包含多种速度差异较大的设备的系统。

采用半同步方式的总线,对于高速模块,就像同步方式一样,只由时钟信号单独控制,实现主从模块之间的握手;对于低速模块,又像异步方式一样,利用 WAIT 信号可以改变总线的传输周期。这种混合式总线兼有同步方式的速度以及异步方式的可靠性和适应性。采用这种总线握手方式的微机系统的代表是 Z80。严格来讲,IBM-PC 总线是半同步方式的总线。

2.4　总线的分类与层次化结构

2.4.1　总线的分类

总线的分类方法有很多。从总线的性质和应用来看,可分为如下几类,如图 2.1 所示。

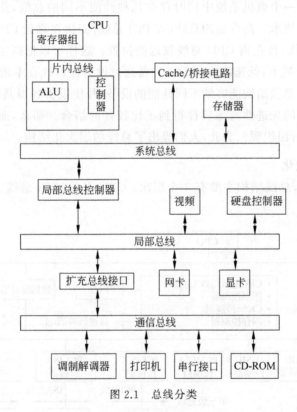

图 2.1　总线分类

(1) 片内总线。例如嵌入式 MIPS 微机系统中的 AMBA 总线以及升级版 AXI 总线。

(2) 系统总线。是微机系统内部各部件之间进行连接和传输信息的一组信号线,例如 ISA 总线。系统总线包括数据线、地址线以及控制线。系统总线是不同微机系统共有的总线,由于它用于插板之间的连接,故也叫板级总线。

(3) 局部总线。是为了连接高速外设和主存而设置的一级总线,例如 PCI 总线。如果把一些高速外设直接挂接到 PCI 总线上,使之与高速 CPU 总线相匹配,就会打破系统 I/O 瓶颈,充分发挥 CPU 的高性能。

(4) 通信总线。也叫外部总线,是系统之间或微机系统与外设之间进行通信的一组信号线,例如微机与微机之间的 RS-232C/RS-485 总线、微机与智能仪器之间的 IEEE-488/VXI 总线以及应用十分广泛的 USB 通用串行总线等。与其把这种总线称为通信总线或外部总线,还不如把它叫接口标准更合适(因为它们更符合接口标准的特征)。

2.4.2 总线的层次化结构

1. 多总线技术

随着微机应用领域的扩大,微机中使用的 I/O 设备门类不断增加,且这些设备性能的差异(特别是传输速度的差异)越来越大。微机系统中传统的单一系统总线的结构已经不能适应发展的需要。为此,现代微机系统中采用多总线技术,以满足各种应用要求。

多总线技术是在一个微机系统中同时存在几种性能不同的总线,并按其性能的高低分层次构成总线系统的技术。高性能的总线(如 PCI 总线)安排在靠近 CPU 总线的位置,低性能的总线(如 ISA 总线)放在离 CPU 总线较远的位置。这样可以把高速的新型 I/O 设备通过总线桥挂在 PCI 总线上,低速的传统 I/O 设备通过设备接口挂在本地总线(如 ISA 总线)上。这种分层次的多总线结构能容纳不同性能的设备,并使设备各得其所。因此,多总线技术的应用使微机系统的先进性与兼容性得到了比较好的结合。那么,面对这种多总线的需求,如何对各总线进行组织呢? 为此,人们提出了总线的层次化结构。

2. 总线结构层次化

以 PC 系统为例,总线结构主要有 3 个层次: CPU 总线、PCI 总线、本地总线,如图 2.2 所示。

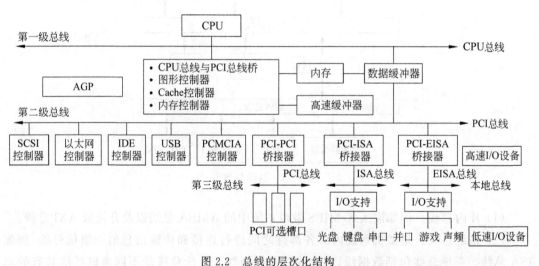

图 2.2　总线的层次化结构

(1) CPU 总线。是系统的数据、地址、控制、命令等原始信号线,构成 CPU 与系统中各功能部件之间信息传输的最高速度的通路,因此又称 Host 总线。Host 总线与内存及一些超高速外设(如图形显示器)相连,充分发挥系统的高速性能。

(2) PCI 总线。是系统中信息传输的高速通路,它处于 CPU 总线和本地总线之间,构成高速外设与 CPU 之间的信息传输通路,一些高速外设(如磁盘驱动器、网卡)挂在 PCI 总线上。PCI 总线由于具有高性价比和跨平台特点,已成为不同平台的微机乃至工作站的标准总线。

（3）本地总线。又称用户总线，如 ISA 总线，是早期微机使用的系统总线。本地总线提供系统与一般速度或低速设备的连接，用户自己开发的应用模块一般可挂在本地总线上。

在多总线结构中，总线与总线之间是通过总线桥进行连接与沟通的。

3. 总线桥

在采用多个层次的总线结构中，由于各层次的总线的频宽不同，总线协议也不同，故在总线的不同层次之间必须有桥作为过渡，也就是要使用总线桥。例如，AMBA 总线结构中的 AHB 总线与 APB 总线之间的桥，PC 总线结构中的 PCI 总线与 ISA 总线之间的桥，都是总线桥。

所谓总线桥，简单来说就是总线转换器和控制器，也可以视为两种不同总线之间的总线接口。它实现不同总线的连接与转换，并允许它们之间相互通信。总线桥的内部包含一些相当复杂的兼容协议以及总线信号和数据的缓冲电路，以便把一条总线映射到另一条总线上，实现 PnP（Plug-and-Play，即插即用）的配置地址空间也放在总线桥内。总线桥可以是一个独立的电路，即一个单独的、通用的总线桥芯片；也可以与内存控制器或 I/O 设备控制器组合在一起，如高速 I/O 设备的接口控制器中就包含总线桥的电路。

总线桥与接口之不同，除了它们所连接的对象不一样以外，两者最大的区别是传递信息的方法不同。总线桥是间接传递信息，总线桥两端的信息是映射关系，因此可动态改变；接口是直接传递信息，接口两端的信息通过硬件直接传递，是固定的关系。实现总线桥两端信息映射关系的是总线桥内的配置地址空间，它既不是 I/O 地址空间，也不是内存地址空间，而是专门用于在两种总线之间进行资源动态配置的特殊地址空间。正是由于这种可动态分配资源的特性，才使现代微机的即插即用技术得以实现。

4. 多总线层次化结构中设备与总线的连接

在多总线层次化结构中，总线分层次，各类外设接口与总线的连接也分层次，如图 2.3

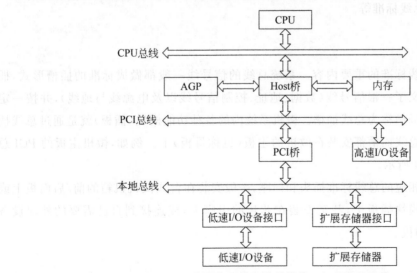

图 2.3　现代微机系统各类外设接口与总线的连接

所示。从图 2.3 可以看出,各类外设和存储器都是通过各自的接口电路连到 3 种总线上的。用户可以根据自己的要求,选用不同性能的外设,设置相应的接口电路或总线桥,分别挂到本地总线或 PCI 总线上,构成不同层次的、不同用途的应用系统。

图 2.3 所示的低速 I/O 设备接口包括并行设备、串行设备、定时/计数器、A/D 和 D/A 转换器及各类输入输出设备接口,它们与本地总线连接。而高速 I/O 设备通过其内部的总线桥直接挂在 PCI 总线上。另外,扩展存储器的接口与低速 I/O 设备的接口类似,处在本地总线与扩展存储器之间。而高速的内存通过自身的总线桥直接连到 Host 桥上。

现代微机将高速设备和低速设备分别连在不同层次的总线上,充分发挥各类总线的优势,大大提高了微机的整体性能。

2.5 总线标准和总线插槽

2.5.1 总线标准

组成微机系统的各部件之间通过总线进行连接与传输信息时应遵守的一些协议与规范称为总线标准,包括硬件和软件两个方面,如总线工作时钟频率、总线信号线功能定义、总线系统结构、总线仲裁机构与配置机构、电气规范、机械规范和实施总线协议的驱动程序与管理程序等。通常所说的总线,如 ISA 总线、AMBA 总线、PCI 总线,实际上指的是总线标准。不同的总线标准,就形成了不同类型和同一类型不同版本的总线。

由于有了总线标准,用户要在微机系统中添加功能模块或外设,则只需按照总线标准的要求,在功能模块或外设与总线之间设置一个接口并同总线连接起来即可。

除了上述微机系统内部的总线以外,还有外部(通信)总线,它们是系统之间或微机系统与外设之间进行通信的总线,也有各自的总线标准,例如 UART、SPI、I^2C、USB、SATA、GPIB、Centronics 总线标准等。

2.5.2 总线插槽

总线插槽是总线标准的重要内容。系统总线的信号线一般都做成标准的插槽形式,插槽的每个引脚都定义了一根信号线(数据、地址、控制信号线以及电源线与地线),并按一定的顺序排列。这种插槽称为总线插槽。微机系统内的各种功能模块(插板)就是通过总线插槽与系统连接的。总线插槽都安装在微机的主板(也称母板)上。例如,微机主板的 PCI 总线标准插槽如图 2.4 所示。

外部总线也有相应的总线标准插头和插座,一般安装在台式微机机箱的前/后面板上或嵌入式微机的功能模块插板上,甚至安装在芯片的引脚上,或连接到自己需要的外部设备上,以便用户随时插拔。

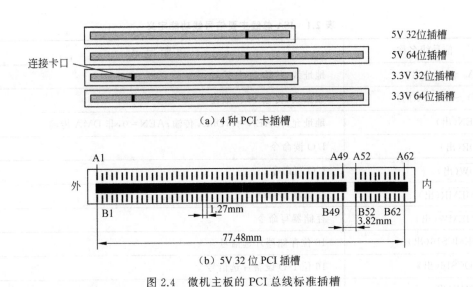

（a）4种PCI卡插槽

（b）5V 32位PCI插槽

图2.4　微机主板的PCI总线标准插槽

2.6　3种典型的总线

本节介绍3种典型的总线：ISA总线、PCI总线及AMBA总线，学习重点是了解与认识它们的组成、作用、特点以及应用。AMBA总线还将在第4章详细讨论。

2.6.1　ISA总线

2.6.1.1　ISA总线在多总线结构中的作用

ISA总线也称AT总线，是由Intel公司、IEEE公司和EISA集团联合开发的。ISA总线是Intel x86实模式微机系统中的系统总线，包括地址线、数据线和控制线，作为系统中各插板之间的信息传输通道，曾经得到广泛的应用，风靡一时。

在现代微机系统的多总线结构中，ISA总线称为本地总线或用户总线，是低速外设直接连接的对象，本书中讨论的一些接口也是直接面向本地总线（即ISA总线）的，而不是直接面向PCI总线的。因为在实际应用中还有不少对工作速度要求不高的设备存在，尤其是用户自行开发的微机应用模块有相当一部分是常规的设备或装置，它们不能直接挂到高速总线上，需要利用ISA总线，再通过总线桥与PCI总线连接，构成一种分层次的多总线结构。

2.6.1.2　ISA总线的信号线定义

ISA总线共有98根信号线，分成5类：地址线、数据线、控制线、时钟线和电源线。其主要信号线功能定义如表2.1所示。

表 2.1　ISA 总线主要信号线功能定义

信号线名称	功能定义
$SA_0 \sim SA_{19}$（出）	地址线，传输 20 位地址
$SD_0 \sim SD_{15}$（双向）	数据线，传输 16 位数据
AEN（出）	地址允许，AEN＝1，DMA 传输；AEN＝0，非 DMA 传输
$\overline{IOR}$（出）	I/O 读命令
$\overline{IOW}$（出）	I/O 写命令
$\overline{SMEMR}$（出）	存储器读命令
$\overline{SMEMW}$（出）	存储器写命令
MEMCS16（出）	16 位存储器片选信号
I/OCS16（出）	16 位 I/O 设备片选信号
SBHE（出）	总线高字节允许信号
$IRQ_2 \sim IRQ_7$（入）	INTR 中断请求线，连到主中断控制器
$IRQ_{10} \sim IRQ_{15}$（入）	INTR 中断请求线，连到从中断控制器
$DRQ_1 \sim DRQ_3$（入）	DMA 请求线，连到主 DMA 控制器
$DRQ_5 \sim DRQ_7$（入）	DMA 请求线，连到从 DMA 控制器
$\overline{DACK_1} \sim \overline{DACK_3}$（出）	主 DMA 控制器应答信号，表示进入 DMA 周期
$\overline{DACK_5} \sim \overline{DACK_7}$（出）	从 DMA 控制器应答信号，表示进入 DMA 周期
$\overline{MASTER}$（入）	请求占用总线，由有主控能力的 I/O 设备卡驱动
STDRV（出）	系统复位信号，复位和初始化接口和 I/O 设备
$\overline{IO/CHCK}$（出）	I/O 通道检查信号，当 I/O 奇偶校验错时，产生 NMI 中断
I/OCHRDY（入）	I/O 通道就绪信号，当该信号为低电平时，请求插入等待状态周期
$\overline{OWS}$（入）	零等待状态信号，当该信号为低电平时，无须插入等待状态周期
OSC/CLK（入）	时钟
±12V、±5V（入）	电源

2.6.1.3　ISA 总线的特点及连接

1. ISA 总线的特点

ISA 总线具有 16 位数据宽度和 20 位地址宽度，最高工作频率为 8MHz，数据传输率为 16Mb/s。支持 15 级外部硬件中断处理和 7 级 DMA 传输能力。

2. ISA 总线的连接

传统的外设和扩展存储器通过相应的接口电路挂到 ISA 总线上，构成不同用途、不同规模的应用系统。ISA 总线与外设接口的连接如图 2.5 所示。

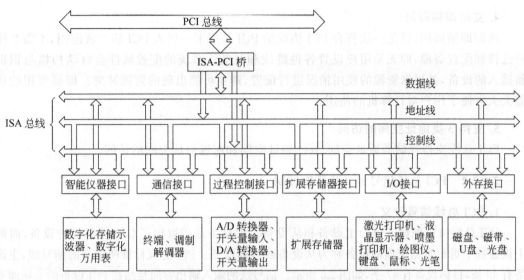

图 2.5　ISA 总线与外设接口的连接

2.6.2　PCI 总线

PCI(Peripheral Component Interconnect,外围元器件互连)总线是现代微机系统的多总线结构中的高速总线,已广泛用于当前高端微机、工作站及便携式微机。PCI 总线技术仍在不断发展与提升。继 PCI 总线之后又出现了 PCI-X 总线和 PCI Express 总线。

2.6.2.1　PCI 总线的特点

1. 独立于微处理器

PCI 总线是独立于各种微处理器的总线标准,不依附于某一具体微处理器。为 PCI 总线设计的外设是针对 PCI 总线协议的,而不是直接针对微处理器的,因此,这些外设的设计可以不考虑微处理器。PCI 总线支持多种微处理器。

2. 多总线共存

PCI 总线可通过总线桥与其他总线共存于一个系统中,容纳不同速度的设备一起工作。通过 Host-PCI 桥芯片,使 PCI 总线和 CPU 总线连接;通过 PCI-ISA 桥芯片,PCI 总线又与 ISA 总线连接,构成一个分层次的多总线结构,使高速设备和低速设备挂在不同的总线上,既满足了新设备的发展要求,又继承了原有资源,扩大了系统的兼容性。

3. 支持突发传输

PCI 总线的基本传输是突发传输。突发传输与单次传输不同,单次传输要求每传输一个数据之前都要在总线上先给出数据的地址,而突发传输只要在第一个数据开始传输之前将首地址发到总线上,然后,每次只传输数据,而地址自动加 1,这样就减少了地址操作的开销,加快了数据传输的速度。突发传输方式适合从某一地址开始顺序存取一批数据的情况,但要求这批数据一定是连续存放的,中间不能有间隔。

4. 支持即插即用

所谓即插即用,就是一块符合 PCI 协议的 PCI 扩展卡一插入 PCI 插槽就能用,不需要用户选择和配置资源,即无须用户设置各种跳线和开关。系统的配置软件会自动扫描与识别新插入的设备,并根据资源的使用情况进行配置,避免可能出现的资源冲突。即插即用的功能大大方便了用户对计算机的使用。

5. 支持 3 类地址空间的访问

PCI 总线支持存储器地址空间、I/O 地址空间和配置地址空间的访问。

2.6.2.2 PCI 总线信号定义及传输控制

1. PCI 总线信号定义

PCI 总线协议把设备分为主设备和从设备。主设备是指取得了总线控制权的设备,而被主设备选中进行数据交换的设备称为从设备或目标设备。PCI 总线标准所定义的信号线,主设备有 49 条,目标设备有 47 条,如图 2.6 所示。信号线的输入输出方向是站在 PCI 设备的立场而不是中央处理器的立场来定义的。因此,有些信号线对于主设备和从设备来说,其方向不同。

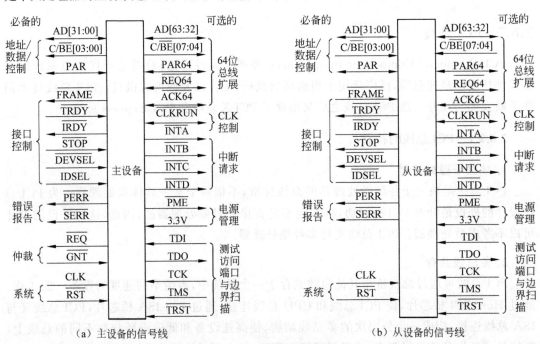

（a）主设备的信号线 　　　　　　　　（b）从设备的信号线

图 2.6　PCI 总线定义的信号线

一般用户在设计 PCI 总线接口电路时,只使用了这些信号线中的一部分。下面介绍几种主要信号的定义及作用。

1) 地址和数据信号

(1) AD[31:00]:地址和数据复用的输入输出信号。

PCI 总线上地址和数据的传输必须在$\overline{\text{FRAME}}$有效期间进行。当$\overline{\text{FRAME}}$有效时的第 1

个时钟周期,AD[31:00]上传输的是地址信号,称为地址期。地址期为一个时钟周期。对于I/O地址空间,仅需一字节的地址;而对于内存地址空间和配置地址空间,则需要两字节的地址。当$\overline{IRDY}$和$\overline{TRDY}$同时有效时,AD[31:00]上传输的是数据信号,称为数据期。

PCI总线的一个传输周期中包含一个地址期和接着的一个或多个数据期。数据期由多个时钟周期组成。数据分为4字节,其中AD[07:00]为最低字节,AD[31:24]为最高字节。传输数据的字节数是可变的,可以是1字节、2字节或4字节,这由字节允许信号来指定。

(2) $C/\overline{BE}$[03:00]:总线命令和字节允许复用信号。

在地址期,这4条信号线上传输的是总线命令(代码);在数据期,它们传输的是字节允许信号,用来指定在整个数据期中AD[31:00]上哪些字节为有效数据。其中,$C/\overline{BE}$[0]对应第1字节(最高字节),$C/\overline{BE}$[1]对应第2字节,$C/\overline{BE}$[2]对应第3字节,$C/\overline{BE}$[3]对应第4字节(最低字节)。

2) 接口控制信号

(1) $\overline{FRAME}$:帧周期信号。

$\overline{FRAME}$由当前主设备驱动,表示一次传输的开始和持续。当$\overline{FRAME}$变为有效时,表示总线传输开始,并且先传地址,后传数据;在$\overline{FRAME}$有效期间,数据传输继续进行;当$\overline{FRAME}$变为无效时,表示总线传输结束,并在$\overline{IRDY}$有效时进入最后一个数据期。

(2) $\overline{IRDY}$:主设备准备好信号。

$\overline{IRDY}$要与$\overline{TRDY}$联合使用,只有二者同时有效时,数据才能传输,否则进入等待周期。在写周期,$\overline{IRDY}$有效时,表示数据已由主设备提交到AD[31:00]信号线上;在读周期,$\overline{IRDY}$有效时,表示主设备已做好接收数据的准备。

(3) $\overline{TRDY}$:从设备准备好信号。

$\overline{TRDY}$要与$\overline{IRDY}$联合使用,只有二者同时有效,数据才能传输,否则进入等待周期。在写周期,$\overline{TRDY}$有效时,表示从设备已准备好接收数据;在读周期,$\overline{TRDY}$有效时,表示数据已由从设备提交到AD[31:00]信号线上。

(4) $\overline{DEVSEL}$:设备选择信号。

$\overline{DEVSEL}$有效,说明总线上某处的某一设备已被选中,并作为当前访问的从设备(即驱动它的设备已成为当前访问的主设备)。

(5) IDSEL:初始化设备选择信号。

IDSEL在参数配置读写传输期间用作片选信号。

3) 仲裁信号

(1) $\overline{REQ}$:总线占用请求信号。

$\overline{REQ}$有效,表明驱动它的设备要求使用总线。例如,在DMA控制器要求占用PCI总线时,就可以利用该信号提出请求。它是一个点到点的信号,任何主设备都有自己的$\overline{REQ}$信号,从设备没有$\overline{REQ}$信号。

(2) $\overline{GNT}$:总线占用允许信号。

$\overline{GNT}$有效,表示设备申请占用总线的请求已获得批准。它也是一个点到点的信号,任何主设备都有自己的$\overline{GNT}$信号,从设备没有$\overline{GNT}$信号。

4）中断请求信号

PCI 有 4 个中断请求信号，它们是 $\overline{\text{INTA}}$、$\overline{\text{INTB}}$、$\overline{\text{INTC}}$ 和 $\overline{\text{INTD}}$。中断请求信号是电平触发，低电平有效，使用漏极开路方式驱动。

中断请求信号在 PCI 总线中是可选项。单功能设备只有一条中断请求信号线，并且只能使用 $\overline{\text{INTA}}$，其他 3 条中断请求信号线没有意义。多功能设备最多可以使用 4 条中断请求信号线。一个多功能设备中的任何功能都可以连接到 4 条中断请求信号线中的任何一条上，功能与中断请求信号的最终对应关系由配置地址空间的中断引脚寄存器定义。对于多功能设备，允许多个功能共用同一条中断请求信号线，也可以各自占用一条中断请求信号线，还可以是上述两种情况的组合；但单功能设备只能使用 $\overline{\text{INTA}}$ 发出中断请求。

2. PCI 总线的传输控制

根据 PCI 总线协议，PCI 总线上的数据传输基本上是由 $\overline{\text{FRAME}}$、$\overline{\text{IRDY}}$ 和 $\overline{\text{TRDY}}$ 这 3 条信号线控制的。

当数据有效时，数据源要无条件设置 $\overline{\text{IRDY}}$ 和 $\overline{\text{TRDY}}$（写操作设置 $\overline{\text{IRDY}}$，读操作设置 $\overline{\text{TRDY}}$）。接收方也要在适当的时间发出相应的准备好信号。$\overline{\text{FRAME}}$ 信号有效后的第一个时钟前沿是地址期的开始，此时传送地址信息和总线命令；下一个时钟前沿开始一个（或多个）数据期，每当 $\overline{\text{IRDY}}$ 和 $\overline{\text{TRDY}}$ 同时有效时，对应的时钟前沿就使数据在主、从设备之间传输。在此期间，可由主设备或从设备分别利用 $\overline{\text{IRDY}}$ 和 $\overline{\text{TRDY}}$ 变为无效而插入等待周期。

一旦主设备使 $\overline{\text{IRDY}}$ 信号有效，就不能改变 $\overline{\text{IRDY}}$ 和 $\overline{\text{FRAME}}$，直到当前的数据期完成为止；而一旦从设备使 $\overline{\text{TRDY}}$ 信号和 $\overline{\text{STOP}}$ 信号有效，就不能改变 $\overline{\text{DEVSEL}}$、$\overline{\text{TRDY}}$ 和 $\overline{\text{STOP}}$，直到当前的数据期完成为止。也就是说，不管是主设备还是从设备，只要设定了要进行数据传输，就必须进行到底。

在最后一次数据传输时（有时紧接地址期之后），主设备应撤销 $\overline{\text{FRAME}}$ 信号，而建立 $\overline{\text{IRDY}}$ 信号，表明主设备已做好了最后一次数据传输的准备；当从设备发出 $\overline{\text{TRDY}}$ 信号后，表明最后一次数据传输已完成，此时，$\overline{\text{FRAME}}$ 和 $\overline{\text{IRDY}}$ 信号均撤销，总线回到空闲状态。

2.6.2.3 PCI 总线的 3 种地址空间

PCI 总线定义了 3 种地址空间：I/O 地址空间、内存地址空间和配置地址空间（一般简称配置空间）。其中，I/O 地址空间和内存地址空间是通常意义的地址空间；而配置地址空间用于支持硬件资源配置和进行地址映射，并且被安排在总线桥内。这 3 种地址空间的寻址范围、寻址数据的宽度及所处的位置不同。一般用户不使用配置地址空间。

1. I/O 地址空间

在 I/O 地址空间中，要用 AD[31:00]译码得到一个以任意字节为起始地址的 I/O 端口的访问。即 32 位 AD 线全部用来提供一个统一的字节地址编码以寻址 I/O 端口。可见，PCI 总线的 I/O 端口地址以字节为单位寻址，并且拥有 4GB 地址空间。

2. 内存地址空间

在内存地址空间中，要用 AD[31:02]译码得到一个以双字边界对齐为起始地址的内存地址空间的访问。在地址递增方式下，每个地址周期过后地址加 4（为 4 字节），直到传输结束。可见,PCI 的存储器地址是以双字(Double Word,DW)为单位寻址的,并且拥有 1 吉(G)双字地址空间。

3. 配置地址空间

在配置地址空间中,要用 AD[07:02]译码得到一个双字配置寄存器的访问。可见,PCI 的配置地址是以双字为单位寻址的,并且只有 64 双字地址空间,即 64 个双字配置寄存器。配置地址空间是既非 I/O 地址也非内存地址的特殊地址空间,因此对配置地址空间的访问与一般的 I/O 或内存访问不同,具体访问方法将在 2.6.2.6 节讨论。

2.6.2.4　PCI 设备

简单来讲,PCI 设备是能够理解 PCI 协议和支持标准的 PCI 操作,并且拥有由 PCI SIG(PCI Special Interest Group,PCI 特殊兴趣组)分配的唯一固定的厂商标志码的各类设备。PCI 设备必须具有相应的配置地址空间,在其中存放设备配置信息,以表示该设备需要的资源及如何对其进行操作。在 PCI 总线系统中所说的设备都是指 PCI 设备。

PCI 设备可以通过设备总线直接挂到 PCI 总线上,包括嵌入 PCI 总线的 PCI 器件或者插入 PCI 插槽的 PCI 卡,如 PCI-ISA 总线接口卡、高速 PCI 硬盘接口控制器卡、高速 PCI 显卡等。而低速设备,如键盘、打印机、鼠标、LED 显示器等不具备 PCI 设备的条件,就不能称为 PCI 设备,也不能与 PCI 总线直接连接,而是与本地总线(如 ISA 总线)直接连接,称为 ISA 设备。ISA 设备要经过 ISA 总线和 PCI-ISA 桥才能与 PCI 总线连接,从而进入微机系统,如图 2.7 所示。

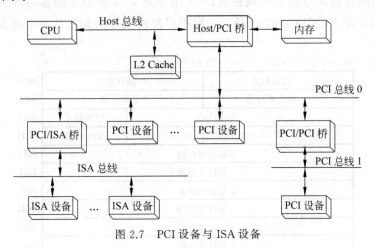

图 2.7　PCI 设备与 ISA 设备

PCI 功能是一个 PCI 物理设备可能包含的具有独立功能的逻辑设备,一个 PCI 设备可以包含 1~8 个 PCI 功能。例如,一个 PCI 卡上可以包含一个独立的打印机模块、两个独立的数据采集器模块和一个独立的 RS-485 通信模块等。这 4 个模块就是 PCI 功能,它们可以在一个 PCI 卡上同时工作而不会互相干扰。PCI 协议要求对每个 PCI 功能都配备一个 256B 的配置地址空间。

可见,PCI 设备和 PCI 功能在 PCI 协议中是有不同的含义的,但人们一般把两者都看成

PCI 设备。这对单功能设备是可以的,对多功能设备就要分开处理。

2.6.2.5 PCI 设备配置地址空间

1. 配置地址空间的作用

配置地址空间是 PCI 设备和 PCI 功能专用的地址空间。按照 PCI 协议,PCI 配置地址空间是指 PCI 设备的配置地址空间或 PCI 功能的配置地址空间。

为什么在 PCI 设备中要设置配置地址空间? 其主要原因有 3 个:一是为了支持设备的即插即用功能,设备通过配置地址空间提出资源需求,实现系统对资源的动态配置;二是为了满足多总线结构的要求,使得不同总线之间的信息不能直接传输,而是采用映射的方法传输,通过配置地址空间建立本地用户总线与 PCI 总线资源的映射关系;三是与 PCI 总线用于外设(部件)互连有关,在用 PCI 总线连接各部件构成的微机系统中,会把所有的部件都当作设备,包括微处理器、存储器、外围设备和扩展插卡,都是 PCI 总线连接的设备,各种设备只有主设备和目标设备之分。因此,PCI 协议要求给系统中的每个设备配备一个统一格式和大小的配置地址空间,存放必要的配置信息,以便分别处理。

2. 配置地址空间头区域的格式

每个 PCI 设备,即每个 PCI 卡都有 64 双字的配置地址空间。PCI 协议定义了这个配置地址空间的开头 16 双字的格式和用途,称为 PCI 设备的配置地址空间头区域、配置首部区或配置首部空间,剩下的 48 双字的用途根据设备支持的功能进行配置。目前 PCI 协议 2.2 版定义了 3 类配置地址空间头区域格式,0 类用于定义标准 PCI 设备,1 类用于定义 PCI-PCI 桥,2 类用于定义 PCI-CardBus 桥。一般用户都使用 0 类配置地址空间头区域,其格式如图 2.8 所示。

31　　　　24	23　　　　16	15　　　　8	7　　　　0	
设备标志		厂商标志		00H
状态寄存器		命令寄存器		04H
分类代码			版本标志	08H
内含自测试	头区域类型	延时计时器	Cache行大小	0CH
0 基址寄存器				10H
1 基址寄存器				14H
2 基址寄存器				18H
3 基址寄存器				1CH
4 基址寄存器				20H
5 基址寄存器				24H
CardBUS CIS指针				28H
子系统标志		子系统厂商标志		2CH
扩展 ROM 基址寄存器				30H
保留		新功能指针		34H
保留				38H
MAX-LAT	MIN-GNT	中断引脚寄存器	中断线寄存器	3CH

图 2.8　0 类配置地址空间头区域格式

所谓配置地址空间头区域的格式,是指配置地址空间内部设置的配置寄存器及其在配置地址空间中的位置的地址分配。从图 2.8 可以看出,配置地址空间头区域实际上是由一些配置寄存器组成的,其中有 8 位寄存器、16 位寄存器、24 位寄存器和 32 位寄存器(但访问时都是以 32 位进行读写),因此,配置地址空间头区域支持的功能主要就由这些配置寄存器来实现。对配置地址空间的访问也就是对配置寄存器的访问,并且,以后凡是提到配置地址空间的“双字”“双字地址”,就是指配置寄存器。因此,要特别注意分清楚这些配置寄存器所处的位置,即每个配置寄存器在配置地址空间头区域的偏移地址,以便寻址和访问它们。

3. 配置地址空间的功能

利用配置地址空间头区域的配置寄存器提供的信息,可以进行设备识别、设备地址映射、设备中断处理、设备控制以及提供设备状态等操作,这些信息为在 PCI 总线系统中搜索 PCI 设备和进行资源动态配置准备了条件。其中,设备识别、设备地址映射、设备中断处理这 3 种功能与 PCI 总线接口设计关系密切,故作重点介绍。在了解这些配置寄存器时,一定要对照图 2.8 进行查看。

1) 设备识别功能

设置配置地址空间的目的之一是为了支持设备即插即用和进行系统地址空间与本地地址空间之间的映射。系统加电后会对 PCI 总线上所有设备(卡)的配置地址空间进行扫描,检测是否有新的设备以及是什么样的设备,然后根据各设备提出的资源请求,给它们分配存储器及 I/O 基地址、地址范围和中断资源,对其进行初始化,实现设备即插即用功能。

在配置地址空间头区域中,共有 7 个配置寄存器(字段)支持设备的识别。所有的 PCI 设备都必须设置这些配置寄存器,以便配置软件读取它们,来搜索与确定 PCI 总线上有哪些设备以及是什么样的设备。

(1) 厂商标志(Vendor ID)寄存器(16 位,偏移地址为 00H)。

厂商标志寄存器用于存放设备的制造厂商标志。一个有效的厂商标志由 PCI SIG 分配,以保证它的唯一性。若从该寄存器读出的值为 0FFFFH,则表示 PCI 总线未配置任何设备。

(2) 设备标志(Device ID)寄存器(16 位,偏移地址为 02H)。

设备标志寄存器用于存放设备标志,具体代码由厂商分配。

(3) 版本标志(Revision ID)寄存器(8 位,偏移地址为 08H)。

版本标志寄存器用于存放一个设备特有的版本号,其值由厂商来选定。

(4) 分类代码(Class Code)寄存器(24 位,偏移地址为 09H)。

分类代码寄存器用于存放设备的分类代码。该寄存器分成 3 个 8 位的字段:在偏移地址 0BH 处,是一个基本分类代码;在偏移地址 0AH 处,是一个子分类代码;在偏移地址 09H 处,是一个专用的寄存器级编程接口。

(5) 头区域类型(Header Type)寄存器(8 位,偏移地址为 0EH)。

头区域类型寄存器有两个作用:一是用来表示配置地址空间偏移地址 10H~3FH 的格式,该寄存器的 0~6 位指出头区域类型,头区域类型根据 PCI 规范 2.2 有 3 类:即 0 类、1 类和 2 类,0 类头区域对应图 2.8 的格式;二是用来指出设备是否包含多个功能,该寄存器的位 7 指示设备是单功能还是多功能,为 0 表示单功能设备,为 1 则表示多功能设备。

(6) 子系统厂商标志(Subsystem Vendor ID)寄存器和子系统标志(Subsystem ID)寄存器(均为 16 位,偏移地址分别为 2CH 和 2EH)。

这两个寄存器用于唯一标识设备所驻留的插卡和子系统。利用这两个寄存器,即插即用管理器可以确定正确的驱动程序,并将其加载到存储器中。

系统利用上述寄存器可以配置和搜索系统中的 PCI 设备。例如,PLX 公司生产的 PCI 桥芯片 PLX9054,PCI SIG 分配给它的厂商标志为 10B5H,PLX 公司分配给它的设备标志为 5406H,子系统厂商标志为 10B5H,子系统标志为 PLX9054。PLX9054 属于其他桥路设备,它的分类代码为 0680H。将这些参数分别写入配置地址空间的相应寄存器中。当系统加电后,对 PCI 总线上所有 PCI 设备的配置地址空间进行扫描时,利用设备和厂商标志 540610B5H 就可以检测到 PCI 总线上是否有 PLX9054 这种 PCI 设备。

2) 设备地址映射功能

(1) 地址空间映射。

PCI 设备可以在系统地址空间中浮动,即 PCI 设备的起始地址不固定。这是 PCI 总线最重要的功能之一,它能够简化设备的配置过程。系统初始化软件在引导操作系统之前必须建立一个统一的系统地址空间与本地空间之间的地址映射关系。也就是说,系统初始化软件必须确定本地有多少存储器和 I/O 控制器,它们要求占用多少地址空间。在这些信息确定之后,系统初始化软件就可以把本地的存储器和 I/O 控制器映射到适当的系统地址空间,并引导系统。

为了使地址映射能够做到与相应的设备无关,在配置地址空间头区域中安排了供映射时使用的 6 个 32 位的基址寄存器。在配置地址空间头区域中,从偏移地址 10H 开始,到偏移地址 24H 为止,为基址寄存器分配了 6 双字的空间。0 基址寄存器位于偏移地址 10H 处,1 基址寄存器位于偏移地址 14H 处,以此类推,5 基址寄存器位于偏移地址 24H 处。

(2) 基址寄存器格式。

基址寄存器为 32 位,所有基址寄存器的位 0 为标志位,用来标记将 PCI 设备所需的地址空间映射到系统的内存地址空间还是 I/O 地址空间。若为 0,则表示映射到内存地址空间;若为 1,则表示映射到 I/O 地址空间。该位只能读,不能写。注意,要从该寄存器的内容中去除标志位和保留位(位 0 和位 1),才是实际的映射基址。

映射到 I/O 地址空间的基址寄存器的格式如图 2.9 所示。位 0 为标志位,恒为 1,表示映射到 I/O 地址空间。位 1 为保留位,并且该位的读出值必须为 0。其余各位用来把 PCI 设备的 I/O 地址空间的基址映射到系统的 I/O 地址空间的基址。

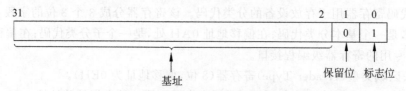

图 2.9　映射到 I/O 地址空间的基址寄存器的格式

映射到内存地址空间的基址寄存器的格式如图 2.10 所示。位 0 为标志位,恒为 0,表示映射到系统的内存地址空间。位 2 和位 1 这两位用来表示映射类型,即映射到 32 位或 64

位内存地址空间。位 3 为预取使能位,若数据是可预取的,就应将它置为 1,否则置为 0。其余各位用来将 PCI 设备的内存地址空间的基址映射到系统的内存地址空间的基址。

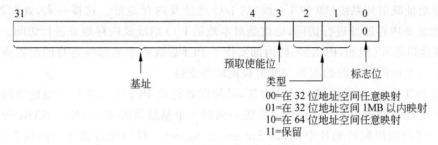

图 2.10　映射到内存地址空间的基址寄存器的格式

(3) 扩展 ROM 基址寄存器(32 位,偏移地址为 30H)。

有些 PCI 设备需要自己的 EPROM 作为扩展 ROM。为此,在配置地址空间头区域中定义了一个占一双字的寄存器,用来将 PCI 设备的扩展 ROM 映射到系统内存地址空间。该寄存器与 32 位的基址寄存器相比,除了寄存器各位的定义和用途不同之外,其映射功能一样。支持扩展 ROM 的 PCI 设备必须设置该寄存器。

3) 设备中断处理功能

在配置地址空间头区域有用于中断处理的中断线寄存器和中断引脚寄存器。

(1) 中断线寄存器(8 位,偏移地址为 3CH)。

中断线寄存器用于存放 PCI 设备的中断号,它指出设备的中断请求与中断控制器的哪一个中断输入线 IR 相连接。该寄存器的 $0 \sim 15$ 对应 $IRQ_0 \sim IRQ_{15}$,$16 \sim 254$ 为保留值,255 表示没有中断请求。POST 例程在系统进行初始化和配置时要将这些信息写入该寄存器。设备驱动程序和操作系统可以利用该寄存器的信息来确定中断的优先级和向量。凡是使用中断功能的 PCI 设备都必须配置该寄存器。

(2) 中断引脚寄存器(8 位,偏移地址为 3DH)。

中断引脚寄存器用于存放系统分配给 PCI 设备使用的中断申请线,也就是 PCI 总线的中断引脚(interrupt pin)。该寄存器的值为 1 表示使用$\overline{\text{INTA}}$,为 2 表示使用$\overline{\text{INTB}}$,而 3 和 4 分别表示使用$\overline{\text{INTC}}$和$\overline{\text{INTD}}$。单功能设备只能使用$\overline{\text{INTA}}$。如果设备不使用中断,则必须将该寄存器清零。

4. 配置地址空间的映射关系

1) PCI 配置地址空间整体结构

首先介绍用于资源动态配置和地址映射的配置地址空间整体结构。实际上,配置地址空间有两组寄存器:PCI 配置寄存器和本地配置寄存器。其中,PCI 配置寄存器是 PCI 协议规定的格式,即配置地址空间头区域的格式;本地配置寄存器是 PCI 接口芯片(桥)生产厂家(如 PLX 公司)设计的,包括两个本地地址空间,即 Space0 和 Space1。此外,为了在 PCI 总线下处理中断和 DMA 传输,在总线接口芯片(桥)内部还设置了作为中断控制/状态寄存器以及 DMA 控制器的若干 32 位寄存器,这些寄存器在 PCI 配置地址空间头区域中并不出现,它们的偏移地址是以本地配置地址空间的基址为起始地址的。

由于系统地址与本地地址空间的大小和描述方式不同,不能把用户访问的本地地址直接传送到系统的地址空间中,而要采用一种间接的方法,把本地总线(如 ISA 总线)的 I/O 地址及内存地址映射到系统(即 PCI 总线)的 I/O 地址及内存地址。这样一来,处理器对系统的 I/O 地址及内存地址进行访问,也就是对本地的 I/O 地址及内存地址进行访问。为此,在 PCI 总线接口芯片(例如,PLX9054)内部安排了 PCI 总线和本地总线各自的配置寄存器,为实现系统与本地两种资源的配置与映射提供硬件支持。

根据 PCI 协议,在总线接口芯片内部,必须设置符合 PCI 协议的配置地址空间头区域,其中用于地址空间映射的,除了 PCI 总线一侧的 6 个基址寄存器 $BAR_0 \sim BAR_5$ 外,还有本地总线一侧的两组配置地址空间,即 Space0 和 Space1。每组配置地址空间包含 3 个寄存器:本地地址空间范围寄存器 LASxRR、本地地址空间基址寄存器 LASxBA 和本地总线描述寄存器 LBRDx。这些寄存器的格式参见参考文献[16]。

2) 实现设备地址映射的基本方法

有了 PCI 总线和本地总线两侧的配置寄存器,设计者就可以利用本地总线一侧的两组寄存器提出(设置)要使用的地址空间,而系统则利用 PCI 总线一侧的 6 个基址寄存器分配(配置)用户要使用的地址空间。以此方法,对总线接口芯片的内部配置寄存器进行初始化,通过初始化,在总线接口芯片内部建立系统地址空间与本地地址空间的对应关系,以便实现 PCI 总线与本地总线两者的地址映射,如图 2.11 所示。图 2.11 中数字含义如下:

- 1 表示本地总线的配置地址空间内存地址映射(定位到系统的内存地址空间)。
- 2 表示本地总线的配置地址空间 I/O 地址映射(定位到系统的 I/O 地址空间)。
- 3 表示本地总线的设备 I/O 地址映射(定位到系统的 I/O 地址空间)。
- 4 表示本地总线的设备内存地址映射(定位到系统的内存地址空间)。

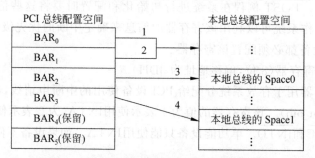

图 2.11 PCI 总线与本地总线的地址映射关系

现在以总线接口芯片 PCI9054 为例说明本地用户地址空间与系统地址空间的映射关系。在 PCI9054 总线接口芯片设计时,已经给其内部 PCI 总线与本地总线两侧的配置寄存器分配了任务,并确定了两侧配置寄存器对应的固定关系,如图 2.11 中的箭头连线所示。其中,PCI 总线的基址寄存器 BAR_2 与本地总线的 Space0 对应,实现本地设备的 I/O 地址与系统 I/O 地址的映射;基址寄存器 BAR_3 与本地总线的 Space1 对应,实现本地设备的内存地址与系统内存地址的映射;基址寄存器 $BAR_4 \sim BAR_5$ 未使用。

下面分别说明本地 I/O 地址和内存地址是如何映射到系统的 I/O 地址和内存地址的。

进行设备在系统与本地的 I/O 地址映射时,首先要根据本地设备的端口地址的要求设置 PLX9054 内部 Space0 的寄存器 LAS0RR、LAS0BA 和 LBRD0。例如，要对本地设备的 I/O 地址（300H～31FH）进行访问，其基址为 300H，地址范围大小为 1FH，因此 LAS0RR 的值为 E0H（1FH 的反码），LAS0BA 的值为 300H。在系统初始化过程中，会动态分配一个映射到 300H 的系统基址，并存放在 PCI 配置地址空间的基址寄存器 BAR_2 中（见图 2.11）。这样，当访问本地的 I/O 设备时，位于底层的设备驱动程序就可以根据 BAR_2 中动态分配的地址访问本地的 I/O 设备了。

同理，设备在系统与本地的内存地址映射也是如此。首先要设置 PLX9054 内部 Space1 的寄存器 LAS1RR、LAS1BA 和 LBRD1。例如，要对本地设备的 SRAM 进行访问，其基址为 20000000H，地址范围大小为 0001FFFFH。因此，SRAM 的 LAS1RR 的值为 FFFE0000H，LAS1BA 的值为 20000000H，LBRD1 的值为 00000143H。在系统初始化过程中，会动态分配一个映射到 20000000H 的 PCI 基址，并存放在 PCI 配置地址空间的基址寄存器 BAR_3 中（见图 2.11）。这样，当访问本地设备的内存 SRAM 时，位于底层的设备驱动程序就可以根据 BAR_3 中动态分配的地址访问本地的内存了。

另外，在图 2.11 中，PCI 的 BAR_0 和 BAR_1 两个基址寄存器都可以与本地总线配置地址空间的基址对应，用于将本地总线配置地址空间本身定位在系统的确定位置，以便 CPU 对它进行访问。有两种定位方法：一是把本地总线配置地址空间映射到系统的内存地址空间，其基址与 BAR_0 对应，用存放在 BAR_0 中（见图 2.11）的系统分配的内存基址作为本地总线配置地址空间的基址；二是把本地总线配置地址空间映射到系统的 I/O 地址空间，其基址与 BAR_1 对应，用存放在 BAR_1 中（见图 2.11）的系统分配的 I/O 基址作为本地总线配置地址空间的基址。在 PLX9054 中采用了后一种方法，即把本地总线配置地址空间映射到系统的 I/O 地址空间，其基址与 PCI 总线的 BAR_1 的内容对应。

5. 配置地址空间的初始化过程

现在以总线接口芯片 PLX9054 内部配置地址空间的初始化为例介绍配置地址空间初始化过程。PLX9054 需要由一片串行 EEPROM 对其内部配置寄存器进行初始化。事先把用户要用到的资源作为初始值烧入 EEPROM 中。在系统启动时，PLX9054 自动将 EEPROM 中的值读出并装入本地总线配置寄存器，然后系统的即插即用管理程序根据本地总线配置寄存器中的值分配中断号、内存地址空间、I/O 地址空间等系统资源，并装入相应的 PCI 总线配置寄存器。通过初始化，在 PLX9054 内部建立 PCI 总线配置地址空间与本地总线配置地址空间之间的地址空间对应关系，为实现 PCI 总线与本地总线两者的地址空间映射提供支持。

2.6.2.6　PCI 配置地址空间的访问

如何利用这种映射关系实现对本地总线一侧设备的 I/O 端口和内存访问是本节要讨论的内容。首先分析配置地址空间的访问与通常的 I/O 地址空间及内存地址空间访问的不同特点，然后讨论配置地址空间的访问方法。

1. 配置地址空间的访问特点

配置地址空间是 PCI 协议要求为每个 PCI 设备设置的特殊地址空间，它既不同于 I/O

地址空间,也不同于通常的内存地址空间。首先,微处理器不具备读写配置地址空间的能力,它只能对 I/O 地址空间和内存地址空间进行读写,因此要通过特殊的机构进行转换,将某些由微处理器发出的 I/O 或内存地址空间访问转换为配置地址空间访问,这种机构称为配置机构。PCI 协议定义了配置机构,以便通过微处理器发出 I/O 地址空间访问驱使 Host-PCI 桥进行配置访问。可见,配置机构的作用是将微处理器对 I/O 地址空间的访问转换成对配置地址空间的访问。关于访问配置地址空间的配置机构的详细情况见参考文献[7,8]。

访问配置地址空间就是访问配置地址空间的配置寄存器;而要访问配置寄存器,就必须先找到配置地址空间,然后再在配置地址空间内找到要访问的配置寄存器并对其进行读写。因此,对配置寄存器的访问要经过两次寻找。这有点类似于访问存储器时,要先找到存储器段,再在段内找要访问的存储单元进行读写。在此要说明的是,因为配置地址空间是 PCI 设备的,所以,找到了 PCI 设备,也就找到了配置地址空间,就能确定配置地址空间本身在系统中的地址。那么,PCI 设备的地址是怎么分配的?在 PCI 总线结构中,系统给挂在 PCI 总线上的每个 PCI 设备分配一个总线号与设备号(指单功能设备),并以此作为 PCI 设备在系统中的地址,为此专门设置了一个配置地址寄存器,为寻找 PCI 设备提供地址。配置地址寄存器的格式如图 2.12 所示。

图 2.12　配置地址寄存器的格式

配置地址寄存器的最高位(位 31)是使能位,用于设置是否允许访问配置地址空间标志位。当该位为 1 时,才允许访问 PCI 总线上的设备及其配置寄存器;当该位为 0 时,则只是一般的 PCI I/O 访问;位 30～24 保留,只读,且读时必须返回 0;位 23～16 共 8 位,存放总线号;位 15～11 共 5 位,存放设备号;位 10～8 共 3 位,存放功能号;位 7～2 共 6 位,存放双字寄存器号;位 0～1 为 00。

从图 2.12 可看出,配置地址寄存器包括 8 位总线号,故最多可寻址 256 条总线;每条总线包含 5 位设备号,故可挂 32 个设备;每个设备包含 3 位功能号,故可包括 8 个功能;每个功能有 64 双字(配置地址空间的配置寄存器)。

可见,配置地址寄存器的内容为 PCI 设备在系统中的定位提供了地址。为了在系统中找到 PCI 卡,就要把总线号、设备号作为 PCI 卡的地址进行搜索。这个地址也就是 PCI 卡的配置地址空间的基址。

2. 配置地址空间的访问方法

通过配置机构访问配置地址空间的方法是使用两个 32 位 I/O 端口寄存器访问 PCI 设备的配置地址空间。一个寄存器称为配置地址(config address)寄存器,其 I/O 地址为0CF8H～0CFBH,共 4B;另一个寄存器称为配置数据(config data)寄存器,其 I/O 地址为0CFCH～0CFFH,共 4B,可以通过这两个 32 位 I/O 端口寄存器搜索要访问的目标 PCI 设备并获取配置信息。所以,为了找到 PCI 设备并且访问配置寄存器,以获取 PCI 配置地址空间的配置信息,就要分两步进行。

第一步,执行一次对 32 位配置地址寄存器的写操作,将 0 号总线、0 号设备作为初始值写到 32 位配置地址寄存器中。

第二步,执行一次对 32 位配置数据寄存器的读操作,检查读取的值是否为目标设备。若不是,则改变配置地址寄存器中的设备号,再写入配置地址寄存器,然后再读配置数据寄存器。如此循环下去,直至获得要找的 PCI 设备为止。

2.6.3　AMBA 总线

AMBA(Advanced Microcontroller Bus Architecture,高级微控制器总线体系结构)是由 ARM 公司推出的片上总线,它提供了一种特殊的机制,可将 RISC 处理器集成在其他 IP 核和外设中。第一代 AMBA 标准(即 AMBA 1.0)定义了两个总线接口协议:ASB(Advanced System Bus,高级系统总线)和 APB(Advanced Peripheral Bus,高级外设总线)。AMBA 2.0 在此基础上增加了 AHB(Advanced High-performance Bus,高级高性能总线)。

AMBA 3.0 规范定义了 4 个总线接口协议,这些协议针对要求高数据吞吐量、低带宽通信、低门数、低功耗以及可执行片上测试和调试访问的数据集中处理的组件,提出了片上数据通信要求。这 4 个总线接口协议除 AHB、ASB 和 APB 外,第四个是 AXI(Advanced eXtensible Interface,高级可扩展接口)总线接口协议,它丰富了现有的 AMBA 标准内容,能满足超高性能和复杂的片上系统(System on Chip,SoC)设计的需求。

AMBA 4.0 规范在 AMBA 3.0 规范的基础上又新增了 3 个总线接口协议:AXI4、AXI4-Lite 和 AXI4-Stream。AXI4 协议是对 AXI3 协议的更新,在用于多个主接口时,可提高互连的性能和利用率。该协议包括以下增强功能:最多支持 256 位突发长度;可发送服务质量信号;支持多区域接口。AXI4-Lite 协议是 AXI4 协议的子协议,适用于与组件中更简单且更小的控件寄存器式的接口通信,该协议的主要功能如下:所有事务的突发长度均为 1 位;所有数据存取的大小均与数据总线的宽度相同;不支持独占访问。AXI4-Stream 协议可用于从主接口到辅助接口的单向数据传输,可显著降低信号路由速率。该协议的主要功能如下:使用同一组共享线支持单数据流和多数据流;在同一互连结构内支持多个数据宽度。

关于 AXI4 总线规范的详细介绍参见 4.3.2 节。

习题 2

1. 总线在微机系统中的作用是什么?
2. 微机系统中的总线一般由哪几种信号线组成?
3. 评价总线性能的指标有哪些?
4. 什么是总线标准?制定总线标准有什么好处?
5. ISA 总线在现代微机系统的多总线结构中有什么用途?使用 ISA 总线时要注意哪些问题?
6. 什么是多总线技术?多总线层次化结构主要有哪几个层次?
7. 什么是总线桥?为什么要使用总线桥?总线桥与接口有什么不同?
8. 比较图 2.3 和图 2.5 的主要不同点。

9. 现代微机总线层次化结构对接口技术有什么影响？

10. PCI 总线有哪些特点？

11. PCI 总线协议规定数据线与地址线复用,在实际操作时是如何分时使用的？

12. PCI 总线使用哪 3 种地址空间？这 3 种地址空间的寻址范围、寻址单元长度、存放位置有何不同？

13. 什么是 PCI 设备？什么是 PCI 功能？

14. 什么是 PCI 配置地址空间？为什么要设置配置地址空间？

15. PCI 配置地址空间有多大？其中 0 类 PCI 配置地址空间头区域的格式是怎样的？它是由哪些寄存器组成的？

16. PCI 配置地址空间头区域的 6 个基址寄存器 $BAR_0 \sim BAR_5$ 在 PCI 设备地址映射中各起什么作用？

17. 基址寄存器的格式是怎样的？如何识别映射到 I/O 地址空间的基址寄存器与映射到内存地址空间的基址寄存器？

18. 什么是设备地址映射？实现本地总线地址空间与 PCI 总线地址空间映射的硬件支持是什么？

19. 配置地址空间初始化的内容与目的是什么？

20. 微处理器不具备读写配置地址空间的能力,那么,采用什么方法来访问配置地址空间？

21. 访问配置地址空间的方法与步骤是什么？

22. PCI 配置地址空间的哪些配置寄存器是用于设备识别的？如何利用它们寻找 PCI 设备？

23. 在 PCI 总线系统中如何查找一个 PCI 设备？

24. AMBA 总线规范的具体内容有哪些？AMBA 4.0 规范相比于 AMBA 3.0 规范做了哪些更新和改进？

第3章 I/O端口地址译码技术

设备选择功能是接口电路应具备的基本功能之一,因此,进行设备端口选择的I/O端口地址译码电路是每个接口电路中不可缺少的部分。本章在介绍I/O地址空间、I/O端口基本概念和I/O端口译码基本原理与方法的基础上,着重讨论I/O端口地址译码电路的设计,其中包括采用GAL(PAL)器件的I/O端口地址译码电路设计。

3.1 I/O地址空间

如果忽略I/O地址空间的物理特征,仅从软件编程的角度来看,I/O地址空间和内存地址空间一样,也是一片连续的地址单元,专供各种外设与CPU交换信息时存放数据、状态和命令代码。实际上,I/O地址空间中的一个地址单元对应接口电路中的一个寄存器或控制器,所以把它们称为接口中的端口。

I/O地址空间的地址单元可以被任何外设使用,但是,一个I/O地址一经分配给某个外设(通过I/O端口地址译码进行分配),那么,这个地址就成了该外设固有的端口地址,系统中别的外设就不能同时使用这个端口地址,否则就会发生地址冲突。

I/O端口地址与内存的存储单元一样,都是以数据字节来组织的,因此有8位I/O端口、16位I/O端口、32位I/O端口等。一般情况下,单片机多使用8位或16位I/O端口,而PC和高档嵌入式微机使用32位I/O端口。

3.2 I/O端口

3.2.1 什么是端口

端口(port)是接口(interface)电路中能被CPU访问的寄存器的地址。微机系统给接口电路中的每个寄存器分配一个端口,因此,CPU在访问这些寄存器时,只需指明它们的端口,而不必指明寄存器。这样,在输入输出程序中就只看到端口,而看不到相应的具体寄存器。也就是说,访问端口就是访问接口电路中的寄存器。可见,端口是为了编程从抽象的逻辑概念来定义的,而寄存器是从物理含义来定义的。

CPU通过端口向接口电路中的寄存器发送命令、读取状态和传输数据,因此,一个接口电路中可以有几种不同类型的端口,如命令(端)口、状态(端)口和数据(端)口。并且,CPU的命令只能写到命令口,外设(或接口)的状态只能从状态口读取,数据只能写到数据口或从数据口读出。3种信息与3种端口类型一一对应,不能错位。否则,接口电路就不能正常工作,就会产生误操作。

3.2.2　端口的共用技术

一般情况下,一个端口只用于一种信息(命令、状态或数据)的访问;但有些接口芯片允许同一端口既作为命令口又作为状态口,或允许向同一个命令口写入多个命令字,这就产生端口共用的问题。对这种情况如何处理?

如果命令口和状态口共用一个端口,其处理方法是根据读写操作来区分。向该端口写,就是写命令,该端口作命令口用;从该端口读,就是读状态,该端口作状态口用。当多个命令字写到同一个命令口时,可采用两种办法解决:其一,在命令字中设置特征位(或设置专门的访问位),根据特征位,就可以识别不同的命令,加以执行,例如,在 UART 内部的除数寄存器就采用这种办法;其二,在编写初始化程序段时,按先后顺序向同一个端口写入不同的命令字,命令寄存器就根据这种先后顺序的约定来识别不同的命令。另外,还可以用前面两种方法相结合的手段来解决端口的共用问题,如中断控制器 82C59A。

3.2.3　I/O 端口编址方式

CPU 要访问 I/O 端口,就需要知道端口的编址方式,因为针对不同的编址方式,CPU 会采用不同的指令进行访问。端口有两种编址方式:一种是 I/O 端口与内存地址单元分别独立编址;另一种是 I/O 端口和内存地址单元统一编址。

1. 独立编址方式

独立编址方式是接口中的端口地址单独编址而不和内存地址空间合在一起。大型计算机通常采用这种方式,有些微机,如 Intel 系列微机,也采用这种方式。

独立编址方式的优点是:I/O 端口地址不占用内存地址空间;使用专门的 I/O 指令对端口进行操作,I/O 指令短,执行速度快;对 I/O 端口寻址不需要全地址线译码,地址线少,也就简化了地址译码电路;由于 I/O 端口访问的专门 I/O 指令与内存访问指令有明显的区别,使程序中的 I/O 操作与其他操作界线清楚、层次分明,程序的可读性好;因为 I/O 端口地址和内存地址是分开的,故 I/O 端口地址和内存地址可以重叠,而不会相互混淆。

独立编址方式的缺点是:I/O 指令类型少,只使用 IN 和 OUT 指令,对 I/O 的处理能力不如统一编址方式;由于单独设置 I/O 指令,故需要增加 $\overline{\text{IOR}}$ 和 $\overline{\text{IOW}}$ 的控制信号引脚,这对 CPU 芯片来说是一种负担。

2. 统一编址方式

统一编址方式是从内存地址空间中划出一部分地址空间给 I/O 设备使用,把 I/O 接口中的端口当作内存单元一样进行访问。微控制器、嵌入式微机(例如 MIPS 微机)和单片机采用统一编址方式。

统一编址方式的优点是:由于对 I/O 设备的访问是使用访问内存的指令,I/O 处理能力增强;统一编址可给 I/O 端口带来较大的寻址空间,对大型控制系统和数据通信系统是很有意义的。嵌入式微机系统广泛采用这种方式。

统一编址方式的缺点是:I/O 端口占用了内存的地址空间,使内存容量减小;指令长度比专门的 I/O 指令长,因而执行时间长;地址线多,地址译码电路复杂。

3.2.4 I/O端口访问

1. 独立编址方式的 I/O 端口访问

在对采用独立编址方式的 I/O 端口进行访问时,需要使用专门的 I/O 指令,并且需要采用 I/O 地址空间的寻址方式进行编程。下面以 Intel x86 微处理器为例讨论 I/O 指令及其寻址方式。

1) I/O 指令

访问 I/O 地址空间的 I/O 指令有两类:累加器 I/O 指令和串 I/O 指令。这里只介绍累加器 I/O 指令。

累加器 I/O 指令 IN 和 OUT 用于在 I/O 端口和 AL、AX、EAX 之间交换数据。其中,8 位端口对应 AL,16 位端口对应 AX,32 位端口对应 EAX。

IN 指令从 8 位(或 16 位、32 位)I/O 端口输入一字节(或一字、一双字)到 AL(或 AX、EAX)。OUT 指令刚好与 IN 指令相反,从 AL(或 AX、EAX)中输出一字节(或一字、一双字)到 8 位(或 16 位、32 位)I/O 端口。例如:

```
IN   AL,0F4H          ;从端口 0F4H 输入 8 位数据到 AL
IN   AX,0F4H          ;将端口 0F4H 和 0F5H 的 16 位数据送 AX
IN   EAX,0F4H         ;将端口 0F4H、0F5H、0F6H 和 0F7H 的 32 位数据送 EAX
IN   EAX,DX           ;从 DX 指出的端口输入 32 位数据到 EAX
OUT  DX,EAX           ;将 EAX 的内容输出到 DX 指出的 32 位数据端口
```

通常所说的 CPU 从端口读数据或向端口写数据,仅仅是指 I/O 端口与 CPU 的累加器之间的数据传输,并未涉及数据是否传输到内存的问题。

若要求将端口的数据传输到内存,在输入时,则除了使用 IN 指令把数据读入累加器之外,还要用 MOV 指令将累加器中的数据再传输到内存。例如:

```
MOV  DX,300H          ;I/O 端口
IN   AL,DX            ;从 I/O 端口读数据到 AL
MOV  [DI],AL          ;将数据从 AL 传输到内存
```

在输出时,数据用 MOV 指令从内存先送到累加器,再用 OUT 指令从累加器传输到 I/O 端口。例如:

```
MOV  DX,301H          ;I/O 端口
MOV  AL,[SI]          ;从内存取数据到 AL
OUT  DX,AL            ;数据从 AL 传输到 I/O 端口
```

2) I/O 端口寻址方式

I/O 端口寻址有直接 I/O 端口寻址和间接 I/O 端口寻址两种方式,其差别表现在 I/O 端口地址是否经过 DX 寄存器传输。若 I/O 端口地址不经过 DX 传输,直接写在指令中,作为指令的一个组成部分,称为直接 I/O 寻址;若 I/O 端口地址经过 DX 传输,称为间接 I/O 寻址。例如,在输入时:

```
IN   AX,0E0H          ;直接寻址,端口号 0E0H 在指令中直接给出
```

```
MOV  DX,300H
IN   AX,DX                    ;间接寻址,端口号 300H 在 DX 中间接给出
```

在输出时:

```
OUT  0E0H,AX                  ;直接寻址
MOV  DX,300H
OUT  DX,AX                    ;间接寻址
```

3) I/O 指令与 I/O 读写控制信号的关系

I/O 指令与 I/O 读写控制信号是完成 I/O 操作这一共同任务的软件(逻辑上的)和硬件(物理上的),是相互依存、缺一不可的两个方面。$\overline{IOR}$ 和 $\overline{IOW}$ 是 CPU 对 I/O 设备进行读写的硬件上的控制信号,低电平有效。该信号为低,表示对外设进行读写;该信号为高,则不读写。但是,这两个控制信号并不能激活自己,使自己变为有效,以控制读写操作;而必须通过编程,在程序中执行 IN/OUT 指令激活 $\overline{IOR}$ 和 $\overline{IOW}$,使之变为有效(低电平),对外设进行读写操作。在程序中,执行 IN 指令使 $\overline{IOR}$ 信号有效,完成读(输入)操作;执行 OUT 指令使 $\overline{IOW}$ 信号有效,完成写(输出)操作。在这里,I/O 指令与读写控制信号 $\overline{IOR}$ 和 $\overline{IOW}$ 的软件与硬件对应关系表现得十分明显。

2. 内存映射的 I/O 端口访问

以 MIPS 微处理器为例,看看两个内存映射 I/O 端口访问的表现形式。代码如下:

```
//把 0x543 写到 LED
addiu  $7,$0,0x543           ;$7 = 0x543
lui    $5,0xbf80             ;$5 = 0xbf800000(LED 地址)
sw     $7,0($5)              ;LED = 0x543
//把开关的值读到 10 号寄存器中
lui    $5,0xbf80             ;$5 = 0xbf800000
lw     $10,8($5)            ;$10 为开关的值
```

3.3 I/O 端口地址分配及选用的原则

I/O 端口地址是微机系统的重要资源,I/O 端口地址的分配对接口设计十分重要。因为要把新的 I/O 设备添加到系统中,就要在 I/O 地址空间给它分配确定的 I/O 端口地址。只有了解了哪些地址被系统占用,哪些地址已分配给了别的设备,哪些地址是计算机厂商申明保留的,哪些地址是空闲的,等等,才能做出合理的地址选择。不同的微机系统,端口地址的分配方案不同。下面以 Intel x86 微机为例介绍 I/O 地址分配情况。

3.3.1 早期微机 I/O 地址的分配

早期微机只使用低 10 位地址线 $A_0 \sim A_9$,故其 I/O 端口地址范围是 0000H~03FFH。同时,I/O 地址空间分成系统级 I/O 接口芯片的端口地址和外设接口卡的端口地址两部分,分别如表 3.1 和表 3.2 所示。

表 3.1 系统级 I/O 接口芯片的端口地址

I/O 接口芯片	端口地址
DMA 控制器 1	000H～01FH
DMA 控制器 2	0C0H～0DFH
DMA 页面寄存器	080H～09FH
中断控制器 1	020H～03FH
中断控制器 2	0A0H～0BFH
定时器	040H～05FH
并行接口芯片	060H～06FH
RT/CMOS RAM	070H～07FH
协处理器	0F8H～0FFH

表 3.2 外设接口卡的端口地址

外设接口卡	端口地址
并行口控制卡 1	378H～37FH
并行口控制卡 2	278H～27FH
串行口控制卡 1	3F8H～3FFH
串行口控制卡 2	2F8H～2FFH
原型插件板(用户可用)	300H～31FH
同步通信卡 1	3A0H～3AFH
同步通信卡 2	380H～38FH
彩显 EGA/VGA	3C0H～3CFH
硬驱控制卡	320H～32FH

　　随着微机硬件技术的发展,淘汰了许多外设,新增了许多新型外设,但有一部分作为接口上层应用程序的 I/O 设备的地址仍被保留,以便保持逻辑上的兼容。另外,从接口技术分层次的观点来看,现代微机接口分为设备接口和总线接口两个层次,上述 I/O 地址的分配属于接口上层(即设备接口)的资源分配,是整体接口的一部分,因此,这些 I/O 地址对接口上层应用程序可照常使用。

　　由于早期微机系统没有即插即用的资源配置机制,因此,上述 I/O 端口地址的分配是固定的,不能按照系统资源的使用情况动态分配。

3.3.2　现代微机 I/O 地址的分配

　　现代微机的操作系统具有即插即用的资源配置机制,因此,作为系统重要资源的 I/O 端口地址的分配是动态变化的。操作系统根据现代微机系统资源的使用情况动态地重新分配用户应用程序要使用的 I/O 地址,即用户程序使用的 I/O 端口地址与操作系统分配的系统端口地址是不一致的,两者之间通过配置地址空间进行映射,即操作系统利用配置地址空间对用户程序要使用的 I/O 端口地址进行重新分配。用户在原创性开发时使用现代微机系统的地址(通过驱动程序使用),而在二次性开发时使用早期微机系统的地址,两种不同系统的地址之间要进行映射。

　　这种 I/O 地址映射(或者说 I/O 地址重新分配)的工作对用户是透明的,不影响用户对 I/O 端口地址的使用,在用户程序中仍然可以使用早期微机系统的 I/O 地址对端口进行访问。I/O 地址映射已在 2.6.2 节中作了介绍,也可见参考文献[24,25]。

3.3.3　I/O 端口地址选用的原则

　　用户在使用 PC 系统的 I/O 地址时,为了避免 I/O 端口地址发生冲突,应遵循如下原则:

　　(1)凡是由系统配置的外设占用的地址一律不能使用。

　　(2)未被占用的地址,用户可以使用,但计算机厂家申明保留的地址不要使用。

（3）一般情况下，用户可使用 300H～31FH 的地址，这是早期微机留给原型插件板使用的，用户可以使用。

根据上述系统对 I/O 端口地址的分配情况和 I/O 端口地址的选用原则，在本书接口设计举例中使用的端口地址分为两部分：涉及系统配置的接口芯片和接口卡使用表 3.1 和表 3.2 中分配的 I/O 端口地址；用户扩展的接口芯片使用表 3.3 中分配的 I/O 端口地址。

表 3.3　用户扩展的接口芯片 I/O 端口地址

接口芯片	端口地址
82C55A	300H～303H
82C54A	304H～307H
8251A	308H～30BH
82C79A	30CH～30DH

3.4　I/O 端口地址译码

CPU 通过 I/O 地址译码电路把地址总线上的地址信号翻译成要访问的 I/O 端口，这就是 I/O 端口地址译码。

3.4.1　I/O 端口地址译码的方法

微机系统的 I/O 端口地址译码有全译码、部分译码和开关式译码 3 种方法，其中全译码很少使用。

1. 全译码

全译码是指将所有 I/O 地址线全部作为译码电路的输入参加译码。一般在要求产生单个 I/O 端口时采用，在 PC 中很少使用。

2. 部分译码

部分译码的具体做法是把 I/O 地址线分为两部分：一是高位地址线，参加译码，经译码电路产生 I/O 接口芯片的片选 CS 信号，实现接口芯片之间的寻址；二是低位地址线，不参加译码，直接连到接口芯片，进行接口芯片的片内端口寻址，即寄存器寻址。所以，低位地址线（又称接口电路中的寄存器寻址线）由接口芯片内部进行译码。

3. 开关式译码

开关式译码是指在部分译码方法的基础上，加上地址开关来改变 I/O 端口地址，一般在要求 I/O 端口地址需要改变时采用。地址开关不能直接接到 I/O 地址线上，而必须通过某种中介元件将地址开关的状态（ON/OFF）转移到 I/O 地址线上，能够实现这种中介转移作用的有比较器、异或门等。

3.4.2　I/O 端口地址译码电路的输入与输出信号线

在微机系统中，通过 I/O 端口地址译码电路把来自地址总线上的地址信号翻译成要访问的 I/O 端口，因此 I/O 端口地址译码电路的工作原理实际上就是它的输入与输出信号之间的关系。

1. I/O 端口地址译码电路的输入信号

I/O 端口地址译码电路的输入信号首先是地址信号,其次是控制信号。所以,在设计 I/O 端口地址译码电路时,其输入信号除了 I/O 地址线之外,还包括控制线。

2. I/O 端口地址译码电路的输出信号

I/O 端口地址译码电路的输出信号中只有 1 根 $\overline{\text{CS}}$ 片选信号,且低电平有效。$\overline{\text{CS}}=0$ 时有效,芯片被选中;$\overline{\text{CS}}=1$ 时无效,芯片未被选中。

3.4.3　$\overline{\text{CS}}$ 的物理含义

$\overline{\text{CS}}$ 的物理含义是:如果 $\overline{\text{CS}}$ 有效,选中一个接口芯片时,这个芯片内部的数据线打开,并与系统的数据总线接通,从而打通了接口电路与系统数据总线的通路;而其他芯片的 $\overline{\text{CS}}$ 无效,即未被选中,于是芯片数据线呈高阻抗,自然就与系统的数据总线隔离开,从而关闭了接口电路与系统总线的通路。此时,虽然那些未被选中的芯片的数据线与系统数据总线在外部看起来是连在一起的,但因内部并未接通,呈断路状态,也就不能与 CPU 交换信息。每一个外设接口芯片都需要一个 $\overline{\text{CS}}$ 信号去接通/断开其数据线与系统数据总线,从这个意义来讲,$\overline{\text{CS}}$ 是一个起开/关作用的控制信号。

3.5　设计 I/O 端口地址译码电路时应注意的问题

设计 I/O 端口地址译码电路时应注意以下几个问题。

1. 合理选用 I/O 端口地址范围

根据系统对 I/O 地址的分配情况和用户对 I/O 端口地址选用的原则,合理选用 I/O 端口地址范围,即选用用户可用的地址段或未被占用的地址段,以避免地址冲突。

2. 正确选用 I/O 端口地址译码方法

根据用户对 I/O 端口地址的设计要求,正确选用译码方法。一般情况下,单个端口地址译码采用全译码法,多个端口地址译码采用部分译码法。

3. 灵活选用 I/O 端口地址译码电路

I/O 端口地址译码电路设计的灵活性很大,产生同样的 I/O 端口地址的译码电路不是唯一的,可以有多种选择。首先,电路可以采用不同的元器件组成;其次,参加译码的地址信号和控制信号之间的逻辑组合可以不同。因此,在设计 I/O 端口地址译码电路时,对元器件和参加译码的信号之间的逻辑组合可以不拘一格地进行恰当的选择,只要能满足 I/O 端口地址的要求就行。

3.6　I/O 端口地址译码电路举例

I/O 端口地址译码电路设计包括采用不同元器件(IC 电路、译码器、GAL 器件)、不同译码方法以及不同译码电路结构形式(固定式、开关式)的地址译码电路设计。

下面从不同侧面举几个 I/O 端口地址译码电路设计的例子。

例 3.1 固定式单端口地址译码电路的设计。

要求

设计 I/O 端口地址为 2F8H 的只读译码电路。

分析

由于是单个端口地址的译码电路,不需要产生片选信号 $\overline{CS}$,故采用全译码方法。地址线全部作为译码电路的输入线参加译码。为了满足端口地址是 2F8H 的要求,对于只使用 10 位 I/O 地址线的情况,输入地址线的值必须如表 3.4 所示。

表 3.4 固定式单端口地址 2F8H 输入地址线的值

地址线	$A_9 A_8$	$A_7 A_6 A_5 A_4$	$A_3 A_2 A_1 A_0$
二进制值	1 0	1 1 1 1	1 0 0 0
十六进制值	2	F	8

设计

能够实现上述地址线取值的译码电路有很多种,一般采用 IC 门电路就可以实现,而且很方便。本例采用门电路实现地址译码,译码电路如图 3.1 所示。

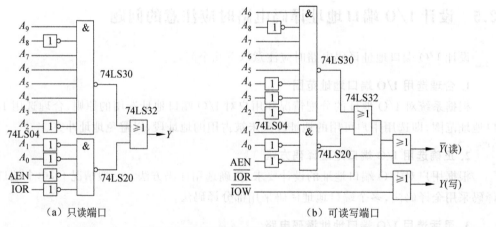

(a) 只读端口　　　　　　　　　(b) 可读写端口

图 3.1 固定式单端口地址译码电路

图 3.1 中参加译码的除地址线 $A_0 \sim A_9$ 之外,还有控制线 $\overline{IOR}$(读端口)、$\overline{IOW}$(写端口)等,以控制端口可读或可写。例如,图 3.1(a)中,只有 $\overline{IOR}$ 参加译码,故该端口只能读,不能写;而图 3.1(b)中,$\overline{IOR}$ 和 $\overline{IOW}$ 都参加译码,故该端口既可读又可写。

例 3.2 多个端口的 I/O 地址译码电路的设计。

要求

使用 74LS138 设计一个系统板上的 I/O 端口地址译码电路,要求可选 8 个接口芯片并且让每个接口芯片内部的端口数目为 32 个。

分析

为了让每个被选中的芯片内部拥有 32 个端口,留出 5 根低位地址线不参加译码,其余的高位地址线作为 74LS138 的输入线参加译码,或作为 74LS138 的控制线控制 74LS138 的译码操作,由此可以得到多个端口的 I/O 地址译码电路输入地址线的值,如表 3.5 所示。

表 3.5 多个端口的 I/O 地址译码电路输入地址线的值

地 址 线	$A_9 A_8$	$A_7 A_6 A_5$	$A_4 A_3 A_2 A_1 A_0$
用途	控制	片选	片内端口寻址
十六进制值	0H	0H~7H	00H~1FH

对于译码器 74LS138 的分析有两点很重要。一是它的控制信号线 G_1、$\overline{G}_{2A}$ 和 $\overline{G}_{2B}$,只有当满足控制信号线 $G_1=1$,$\overline{G}_{2A}=\overline{G}_{2B}=0$ 时,74LS138 才能进行译码;二是译码的逻辑关系,即输入$(C、B、A)$与输出$(\overline{Y}_0 \sim \overline{Y}_7)$的对应关系,74LS138 输入与输出的逻辑关系(即真值表)如表 3.6 所示。

表 3.6 74LS138 的真值表

输		入				输			出				
G_1	$\overline{G}_{2A}$	$\overline{G}_{2B}$	C	B	A	$\overline{Y}_7$	$\overline{Y}_6$	$\overline{Y}_5$	$\overline{Y}_4$	$\overline{Y}_3$	$\overline{Y}_2$	$\overline{Y}_1$	$\overline{Y}_0$
1	0	0	0	0	0	1	1	1	1	1	1	1	0
1	0	0	0	0	1	1	1	1	1	1	1	0	1
1	0	0	0	1	0	1	1	1	1	1	0	1	1
1	0	0	0	1	1	1	1	1	1	0	1	1	1
1	0	0	1	0	0	1	1	1	0	1	1	1	1
1	0	0	1	0	1	1	1	0	1	1	1	1	1
1	0	0	1	1	0	1	0	1	1	1	1	1	1
1	0	0	1	1	1	0	1	1	1	1	1	1	1
0	×	×	×	×	×	1	1	1	1	1	1	1	1
×	1	×	×	×	×	1	1	1	1	1	1	1	1
×	×	1	×	×	×	1	1	1	1	1	1	1	1

从表 3.6 可知,若满足 G_1 接高电平、$\overline{G}_{2A}$ 和 $\overline{G}_{2B}$ 接低电平的控制条件,则由输入端 C、B、A 来决定输出:当 $CBA=000$ 时,输出端 $\overline{Y}_0=0$,其他输出端为高电平;当 $CBA=001$ 时,输出端 $\overline{Y}_1=0$,其他输出端为高电平……当 $CBA=111$ 时,则输出端 $\overline{Y}_7=0$,其他输出端为高电平。由此可分别产生 8 个译码输出信号(低电平),可选用 8 个接口芯片。若控制条件不满足,则输出全为 1,不产生译码输出信号,即译码无效。

设计

采用 74LS138 译码器设计的 I/O 端口地址译码电路如图 3.2 所示。

图 3.2 中的地址线的高 5 位参加译码,其中 $A_5 \sim A_7$ 经 3-8 译码器分别产生 $\overline{\text{DMACS}}$(82C37A)、$\overline{\text{INTRCS}}$(82C59A)、$\overline{\text{T/C CS}}$(82C54A)、$\overline{\text{PPICS}}$(82C55A)的片选信号,而地址线

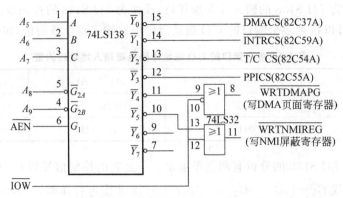

图 3.2 采用 74LS138 译码器设计的 I/O 端口地址译码电路

的低 5 位 $A_0 \sim A_4$ 作为芯片内部寄存器的访问地址线。从表 3.6 给出的 74LS138 译码器的真值表可知,82C37A 的端口地址范围是 000~01FH,82C59A 的端口地址范围是 020~03FH,正好与表 3.1 中所列出的系统级 I/O 接口芯片的端口地址一致。

另外,图 3.2 中的 A_9、A_8 和 $\overline{AEN}$ 分别连接到 $\overline{G_{2A}}$、$\overline{G_{2B}}$ 和 G_1 端,作为 74LS138 的控制信号,$\overline{IOW}$ 信号用来控制 DMA 页面寄存器与不可屏蔽中断寄存器只能写不能读,而其他 4 个支持芯片既可写又可读。

例 3.3 开关式 I/O 端口地址译码电路的设计。

要求

设计某微机实验平台板的 I/O 端口地址译码电路,要求实验平台板上每个接口芯片的内部 I/O 端口数目为 4 个,并且 I/O 端口地址可选,其地址选择范围为 300H~31FH。

分析

开关式 I/O 端口地址译码电路可由译码器、DIP 开关、比较器或异或门这几种元器件组成。先分析 DIP 开关、比较器的工作原理,然后根据要求进行电路设计。

DIP 开关有两种状态,即通(ON)和断(OFF)。所以,要对这两种状态进行设置,可以设置 DIP 开关状态为 ON=0、OFF=1。

对于比较器有两点要考虑:一是比较的对象;二是比较的结果。本例采用 4 位比较器 74LS85,把它的 A 组 4 根线与地址线连接,B 组 4 根线与 DIP 开关相连,这样就把比较器 A 组与 B 组的比较转换成了地址线的值与 DIP 开关状态的比较。74LS85 比较的结果有 3 种:$A>B$,$A<B$,$A=B$。本例采用 $A=B$ 的结果,并令 $A=B$ 时 74LS85 输出高电平。这意味着,当 4 位地址线的值与 4 个 DIP 开关的状态相等时,74LS85 输出高电平;否则,74LS85 输出低电平。

将 74LS85 的 $A=B$ 输出线连到译码器 74LS138 的控制线 G_1 上,因此,只有当 4 位地址线($A_6 \sim A_9$)的值与 4 个 DIP 开关的状态($S_0 \sim S_3$)各位均相等时,才能使 74LS138 的控制线 $G_1=1$,译码器工作;否则,译码器不能工作。所以,如果改变 DIP 开关的状态,则迫使地址线的值发生改变,才能使两者相等,从而达到利用 DIP 开关改变地址的目的。

设计

根据上述分析可设计出实验平台板的 I/O 端口地址译码电路,如图 3.3 所示。

从图 3.3 中可看出,在高位地址线中,$A_9A_8A_7A_6$ 的值由 DIP 开关的状态 $S_3S_2S_1S_0$ 决

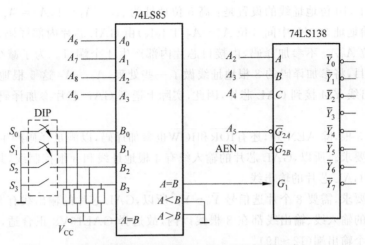

图 3.3 实验平台板的 I/O 端口地址译码电路

定,4 位开关有 16 种不同的组合,也就是可改变 16 种地址。按图 3.3 中开关的状态不难看出,由于 S_3 和 S_2 断开,S_1 和 S_0 合上,故使 $A_9 = A_8 = 1$,$A_7 = A_6 = 0$,而 A_5 连在 74LS138 的 $\overline{G_{2A}}$ 上,故 $A_5 = 0$。$A_4 A_3 A_2$ 这 3 根地址线作为 74LS138 的输入线,经译码后可产生 8 个低电平有效的选择信号 $\overline{Y}_0 \sim \overline{Y}_7$,作为实验平台板上的接口芯片选择信号。最后剩下两根低位地址线 A_1 和 A_0 未参加译码,作为寄存器选择信号,以实现每个接口芯片内部拥有 4 个 I/O 端口的设计要求。以上设计完全满足 300H～31FH 端口地址范围和每个接口芯片内部具有 4 个 I/O 端口的设计要求,正好与表 3.3 中所列出的 I/O 端口地址一致。

例 3.4 可编程端口地址译码电路设计。

可编程端口地址译码电路采用 FPGA 来实现。主要工作有两点:一是选择 GAL 芯片;二是编写 GAL 编程输入源文件中的逻辑表达式,其中输入与输出信号之间的逻辑表达式的编写是译码电路设计的关键。另外就是借助于编程工具生成 GAL 芯片熔丝状态分布图及编程代码文件,并烧写到 GAL 芯片内部。

要求

利用 GAL 芯片设计 MFID 多功能微机接口实验平台的 I/O 端口地址译码电路,其地址范围为 300H～31FH,包括 8 个接口芯片,每个接口芯片内部拥有 4 个 I/O 端口,每个 I/O 端口可读可写。

分析

首先分析 GAL 芯片的输入线。

根据设计要求,参加译码的有地址线和控制线,从地址范围 300H～31FH 可知,10 根地址线取值如表 3.7 所示。其中,Ix 代表可变输入位,为 0 或 1。

表 3.7 GAL 芯片的地址线取值

地址线	A_9	A_8	A_7	A_6	A_5	A_4	A_3	A_2	A_1	A_0
取值	1	1	0	0	0	I_x	I_x	I_x		

在表 3.7 中,10 位地址线的设置是:高 5 位地址为 $A_9 = A_8 = 1, A_7 = A_6 = A_5 = 0$,固定不变,保证起始地址 300H;中间 3 位 $A_4 \sim A_2 (I_X I_X I_X)$ 由 GAL 芯片内部译码,产生 8 个片选信号;最低两位 $A_1 A_0$ 不参加译码,由接口芯片内部产生 4 个端口。为了减少送到 GAL 芯片的输入线数目,将参加译码的 8 根地址线做了一些处理,$A_9 \sim A_5$ 这 5 根地址线经过与非门之后,其输出线 YM 接到 GAL 芯片,因此,实际上送到 GAL 芯片参加译码的只有 4 根地址线。

控制线有 3 根,除 AEN 外,还有 $\overline{IOR}$ 和 $\overline{IOW}$ 也参加译码,以满足译码产生的 I/O 端口可读可写的设计要求。所以,GAL 芯片的输入线有 4 根地址线和 3 根控制线,共 7 根。

其次分析 GAL 芯片的输出线。

根据设计要求,需要 8 个片选信号 $\overline{Y}_0 \sim \overline{Y}_7$,所以,GAL 芯片的输出线有 8 根。

由于需要的输入线、输出线都在 8 根线以内,故选择 GAL16V8 正合适,它有 8 个输入端(2～9)和 8 个输出端(12～19)。

设计

首先进行硬件设计。

根据上述分析,采用 GAL16V8 设计的 MFID 多功能微机接口实验平台的 I/O 端口地址译码电路如图 3.4 所示。

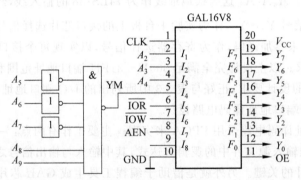

图 3.4 采用 GAL16V8 设计的 I/O 端口地址译码电路

其次进行软件设计。

使用 GAL 芯片进行译码电路设计。与以往采用 SSI,MSI 等 IC 器件的情况不同,本例除了进行硬件设计外,还要根据要实现的逻辑功能和编程工具要求的格式编写 GAL 芯片的编程输入源文件。该文件把逻辑变量之间的函数关系(输入与输出的关系)变换为阵列结构的与或关系(和积式)。再借助于编程工具生成 GAL 芯片熔丝状态分布图及编程代码文件,最后将编程代码烧写到 GAL 芯片内部。

下面是 GAL 芯片的编程输入源文件中产生 8 个输出信号($\overline{Y}_0 \sim \overline{Y}_7$)的逻辑表达式[1]。

$\overline{Y}_0$:A9 * A8 * /A7 * /A6 * /A5 * /A4 * /A3 * /A2 * /AEN * /IOR+ A9 * A8 * /A7 * /A6 * /A5 * /A4 * /A3 * /A2 * /AEN * /IOW

$\overline{Y}_1$:A9 * A8 * /A7 * /A6 * /A5 * /A4 * /A3 * A2 * /AEN * /IOR+ A9 * A8 * /A7 * /

---

① 按照 GAL 芯片的编程输入源文件的格式要求,逻辑表达式中的逻辑符号"非"使用斜线,而不使用上画线。

A6 $*$ /A5 $*$ /A4 $*$ /A3 $*$ A2 $*$ /AEN $*$ /IOW

$\overline{Y}_2$：A9 $*$ A8 $*$ /A7 $*$ /A6 $*$ /A5 $*$ /A4 $*$ A3 $*$ /A2 $*$ /AEN $*$ /IOR＋ A9 $*$ A8 $*$ /A7 $*$ /A6 $*$ /A5 $*$ /A4 $*$ A3 $*$ /A2 $*$ /AEN $*$ /IOW

$\overline{Y}_3$：A9 $*$ A8 $*$ /A7 $*$ /A6 $*$ /A5 $*$ /A4 $*$ A3 $*$ A2 $*$ /AEN $*$ /IOR＋ A9 $*$ A8 $*$ /A7 $*$ /A6 $*$ /A5 $*$ /A4 $*$ A3 $*$ A2 $*$ /AEN $*$ /IOW

$\overline{Y}_4$：A9 $*$ A8 $*$ /A7 $*$ /A6 $*$ /A5 $*$ A4 $*$ /A3 $*$ /A2 $*$ /AEN $*$ /IOR＋ A9 $*$ A8 $*$ /A7 $*$ /A6 $*$ /A5 $*$ A4 $*$ /A3 $*$ /A2 $*$ /AEN $*$ /IOW

$\overline{Y}_5$：A9 $*$ A8 $*$ /A7 $*$ /A6 $*$ /A5 $*$ A4 $*$ /A3 $*$ A2 $*$ /AEN $*$ /IOR＋ A9 $*$ A8 $*$ /A7 $*$ /A6 $*$ /A5 $*$ A4 $*$ /A3 $*$ A2 $*$ /AEN $*$ /IOW

$\overline{Y}_6$：A9 $*$ A8 $*$ /A7 $*$ /A6 $*$ /A5 $*$ A4 $*$ A3 $*$ /A2 $*$ /AEN $*$ /IOR＋ A9 $*$ A8 $*$ /A7 $*$ /A6 $*$ /A5 $*$ A4 $*$ A3 $*$ /A2 $*$ /AEN $*$ /IOW

$\overline{Y}_7$：A9 $*$ A8 $*$ /A7 $*$ /A6 $*$ /A5 $*$ A4 $*$ A3 $*$ A2 $*$ /AEN $*$ /IOR＋ A9 $*$ A8 $*$ /A7 $*$ /A6 $*$ /A5 $*$ A4 $*$ A3 $*$ A2 $*$ /AEN $*$ /IOW

每个逻辑表达式都是两个与式之和,而前后两个与式的不同在于读项和写项的差别,前者是读有效($\overline{IOR}$＝0),后者是写有效($\overline{IOW}$＝0),这表示该 I/O 端口既可读又可写。各逻辑表达式前面的 Y 项是逻辑表达式的输出值,即 GAL 芯片译码输出的片选信号。

由 $\overline{Y}_0 \sim \overline{Y}_7$ 产生 8 个接口芯片的片选信号,再加上不参加译码的最低两位 00～11 的变化可得

$$\overline{Y}_0 = 300H \sim 303H$$

$$\overline{Y}_1 = 304H \sim 307H$$

$$\overline{Y}_2 = 308H \sim 30BH$$

$$\overline{Y}_3 = 30CH \sim 30FH$$

$$\vdots$$

$$\overline{Y}_7 = 31CH \sim 31FH$$

习题 3

1. PC 系统的 I/O 地址空间有多少字节?

2. 什么是端口?

3. 什么是端口共用技术? 采用哪些方法来识别共用的端口地址?

4. I/O 端口的编址方式有几种? 各有何特点?

5. 输入输出指令 IN/OUT 与 I/O 读写控制信号 $\overline{IOR}/\overline{IOW}$ 是什么关系?

6. 设计 I/O 设备接口卡时,为防止地址冲突,选用 I/O 端口地址的原则是什么?

7. I/O 端口地址译码电路在接口电路中起什么作用?

8. 微机系统的 I/O 端口地址译码有哪几种方法? 各用在什么场合?

9. 设计 I/O 端口地址译码电路应注意什么问题?

10. 在 I/O 端口地址译码电路中常常设置 AEN＝0,这有何意义?

11. 说明 I/O 端口地址译码电路的输出信号$\overline{CS}$的物理含义。

12. I/O 地址线的高位地址线和低位地址线在 I/O 端口地址译码时分别有什么用途？

13. 可选式 I/O 端口地址译码电路一般由哪几部分组成？

14. 采用 GAL 芯片进行 I/O 端口地址译码电路设计的关键是什么？

15. 若要求 I/O 端口读写地址为 374H,则图 3.1(b)中的输入地址线要做哪些改动？

16. 图 3.2 是 PC 系统板的 I/O 端口地址译码电路,它有何特点？根据图 3.2 中地址线的分配,分别写出 DMA 控制器(DMAC)、中断控制器(INTR)、定时/计数器(T/C)以及并行接口(PPI)等芯片的地址范围。

17. 在图 3.3 所示的 I/O 端口地址译码电路中,若将地址开关的状态改为 S_3 和 S_0 断开,S_2 和 S_1 接通,则此时译码电路译出的地址范围是多少？

18. 要求在例 3.4 中将 I/O 地址范围为从 300H～31FH 改为 340H～34FH,其他不变,此时 GAL 芯片的编程输入源文件中的逻辑表达式应如何改写(可参考例 3.4)？

第4章 基于 MIPSfpga 的微处理器系统

4.1 MIPSfpga 处理器

4.1.1 概述

MIPS 是很流行的一种 RISC 处理器。MIPS 的意思是无内部互锁流水级的微处理器 (Microprocessor without Interlocked Piped Stages),其机制是尽量利用软件的方法避免流水线中与数据相关的问题。它是在 20 世纪 80 年代初期由美国斯坦福大学 John Hennessy 教授领导的研究小组研制出来的,随后成立 MIPS 计算机公司,完成了 MIPS 处理器的商业化。

MIPS 计算机公司成立于 1984 年,1986 年推出 R2000 处理器,1988 年推出 R3000 处理器,1991 年推出第一款 64 位商用微处理器 R4000。1992 年,SGI 公司收购了 MIPS 计算机公司。1998 年,MIPS 计算机公司脱离 SGI 公司,成为 MIPS 技术公司。随后,MIPS 技术公司的战略发生变化,把重点放在嵌入式系统上。1999 年,MIPS 技术公司发布 MIPS32 和 MIPS64 架构标准,为未来 MIPS 处理器的开发奠定了基础。MIPS 技术公司于 2013 年被 Imagination Technologies 公司收购。

MIPS 处理器在 20 世纪 80 年代和 90 年代是 SGI 高性能图形工作站的核心。MIPS R3000 拥有 5 级流水线,是 MIPS 公司第一个在商业上取得成功的处理器;随后是 R4000,该处理器新增了 64 位指令;R8000 则是超标量处理器;R10000 进而实现了乱序执行流水线。它们均是高性能处理器的代表。

MIPS 处理器架构在高性能处理器领域取得成功的同时,也开始进军消费类产品市场,将其拓展为低功耗、低成本的处理器,应用领域包括消费电子、网络和微控制器。其中 M4K 系列是基于经典的 5 级流水结构的处理器;M14K 则在 M4K 的基础上通过增加 16 位的 microMIPS 指令集来减少应用程序的代码,以便更好地应用于成本敏感的嵌入式系统; microAptiv 则对 M14K 进行了进一步延伸,添加了可选的数字信号处理指令。microAptiv 其实是微控制器(MicroController,μC)和微处理器(MicroProcessor,μP)的变种,通过在微处理器中增加高速缓存和虚拟内存来支持操作系统,以便运行 Linux 或 Android 等操作系统。市场上广泛应用的美国微芯科技(Microchip Technology)公司的 PIC32 微控制器系列就是基于 M4K 架构开发的。

MIPS M4K、M14K 和 microAptiv 是 Imagination Technologies 公司以微体系结构方式 (MicroArchitecture,MA)提供的最简单的处理器核。但是,它们与 Imagination Technologies 公司的中档处理器(interAptiv)和高端处理器(proAptiv)系列以及以这些处理器为核心构成的多核处理器在软件方面是兼容的。中档的 MIPS interAptiv 系列定位于 Cortex-A5/A7/A9 的竞争产品,是 32 位处理器核,流水线深度为 9 级,不支持乱序执行;但是,它在硬件上支持多线程以及双发射超标量的 64 位 MIPS I6400 体系结构。高端的 MIPS proAptiv 系列包括 1~6 个处理器核。每个 proAptiv 核都是一颗超标量并支持乱序执行的处理器,拥有 32 位 MIPS P5600 架构和可扩展 SIMD 等高级功能。

MIPSfpga 是 Imagination Technologies 公司推出的应用于教学目的的处理器,它是在 MIPS32 microAptiv 微处理器架构上通过增加高速缓存和 MMU 而来的,以 Verilog 硬件描述语言源代码方式提供,因此可以在 FPGA 开发板上进行仿真和执行。

4.1.2　MIPSfpga 处理器核

MIPSfpga 处理器核基于 microAptiv 处理器。microAptiv 处理器广泛应用于工业、办公自动化、汽车、消费电子、无线通信等商业领域。MIPSfpga 处理器核用 Verilog 硬件描述语言描述,因此是一个处理器软核,而不是一个处理器芯片。用于描述 MIPSfpga 的 Verilog 程序代码量大约 1 万行。具体来说,MIPSfpga 处理器核有如下特点:

(1) 5 级流水线结构。

(2) 运行 MIPS32 ISA 指令集,性能为 1.5DMIPS/MHz。

(3) 4KB 的两路组相联指令高速缓存和数据高速缓存。

(4) 带 16 个 TLB 表项的 MMU。

(5) AHB-Lite 总线接口。

(6) EJTAG 编程/调试接口,支持两条指令和一个数据断点。

(7) 性能计数器。

(8) 输入信号同步。

(9) CorExtend 接口,用于用户自定义指令。

(10) 不包括数字信号处理(Digital Signal Processing,DSP)扩展、协处理器 2(Co-Processor2 CP2)接口和影子寄存器(Shadow Registers,SR)。

MIPSfpga 仅可用于教学而非商业用途。它可以用来学习微处理器是如何工作的,通过仿真或者在 FPGA 中来观察处理器的工作情况,通过阅读代码了解和学习处理器的微体系结构是如何实现的,用汇编语言或 C 语言编写程序来了解程序在 Verilog 仿真器或 FPGA 开发板上的运行过程。可以通过其总线来连接外部设备,学习接口技术。同样,还可以修改源代码来得到新的指令或者对其微体系结构进行扩展,也可以运行 Linux 操作系统来学习处理器系统是如何从编写 Verilog 设计代码直至在操作系统中运行的整个过程。

MIPSfpga 处理器的结构如图 4.1 所示。处理器的核心是执行单元(Execution Unit,EU),它负责执行指令的操作,例如进行加法运算或减法运算。执行单元可扩展乘/除单元(Multiply/Divide Unit,MDU),用于乘法和除法运算。指令译码器(Instruction Decoder,ID)对从指令高速缓存中读取的指令进行译码处理,产生相应的控制信号,对执行单元进行控制。系统协处理器(system co-processor)为协处理器提供系统时钟、复位等系统级的接口信号;通用寄存器(General Purpose Registers,GPR)用于存放指令的操作数。

图 4.1 顶部的其他接口分别是 UDI 接口、CP2 接口和中断接口(interrupt interface),它们分别用于使处理器能够运行用户自定义指令、与协处理器 2(CP2)互连以及接收外部中断信号。

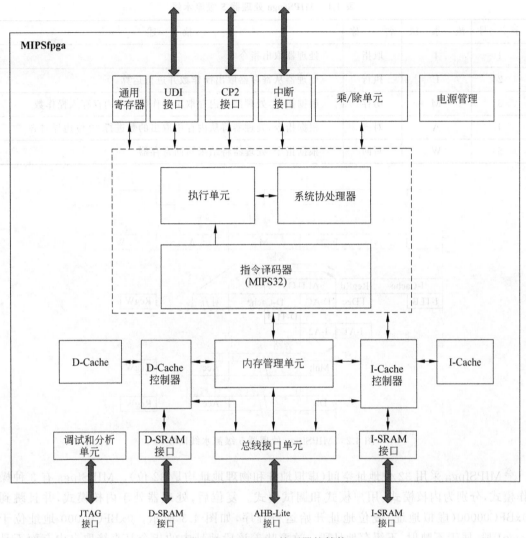

图 4.1　MIPSfpga 处理器核结构

指令高速缓存和数据高速缓存(I-Cache 和 D-Cache)分别通过各自的控制器连接到内存管理单元(Memory Management Unit,MMU)。MMU 负责内存的地址变换以及当指令或数据不在高速缓存中时将其从内存"搬运"到高速缓存中来。总线接口单元(Bus Interface Unit,BIU)使用户可以通过 AHB-Lite 总线协议给处理器外接存储器或者采用内存映射方式的外部设备(详见 4.2 节)。

数据和指令中间结果暂存寄存器(Scratchpad RAM,SRAM)接口使得处理器能够以低延迟访问片上存储器(on-chip memory)。调试和分析器单元(Debug and Profiler Unit)提供 JTAG 接口,用于调试、下载程序代码和对处理器的性能进行监控。

MIPSfpga 处理器采用 5 级流水线,但是与标准的 MIPS 5 级流水线稍有不同。MIPSfpga 处理器 5 级流水线如表 4.1 所示,其时空图如图 4.2 所示。

表 4.1　MIPSfpga 处理器 5 级流水线

序　号	流水级	名　称	描　　述
1	I	取指	处理器取出指令
2	E	执行	处理器从寄存器取出操作数并进行运算
3	M	访存	根据指令,处理器从内存取出操作数或向内存存入操作数
4	A	对齐	根据指令,处理器将从内存中取出的数进行 32 位边界对齐
5	W	写回	根据指令,处理器将结果写回寄存器

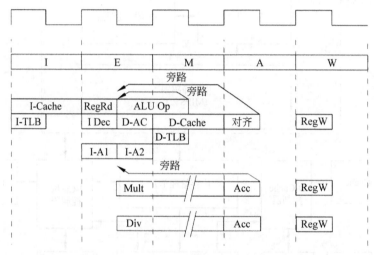

图 4.2　MIPSfpga 处理器 5 级流水线时空图

　　MIPSfpga 采用 32 位地址空间(虚拟地址和物理地址均是 32 位)。MIPSfpga 有 3 种操作模式,分别为内核模式、用户模式和调试模式。复位后,处理器处于内核模式,并且跳到 0xBFC00000(虚拟地址)复位地址开始运行程序,如图 4.3 所示。0xBFC00000 地址位于 kseg1 段,属于不映射、不缓存地址段。这意味着该段地址中的指令是直接取自内存而不是高速缓存,同时虚拟地址直接映射到物理地址,而不是通过 MMU 进行地址变换。这一点非常重要,因为复位时处理器的 MMU 和高速缓存都还没有完成初始化,不能正常工作。kseg1 段虚拟地址采用直接减 0xA0000000 的方式映射到物理地址,即复位地址 0xBFC00000 将映射到内存的物理地址 0x1FC00000。

　　图 4.4 为 MIPSfpga 处理器系统的关键部件。该处理器系统的时钟、复位和 EJTAG 编程信号来自 FPGA 开发板或仿真模拟测试平台。在系统最简化情况下,可以仅外接发光二极管 (LED)或开关,驱动 AHB 总线接口。在图 4.4 所示的系统中,除 MIPSfpga 处理器核(m14k_top)外,仅包含 mipsfpga_ahb 模块,该模块内含 RAM、GPIO 和 AHB-Lite 总线接口。

　　mipsfpga_ahb 模块提供的物理地址映射关系如图 4.5 所示。它包括以下几部分:一个起始地址从 0x1FC00000 开始的 128KB RAM,用于存放处理器复位后将执行的程序代码;一个起始地址从 0x00000000 开始的 256KB RAM,用于存放其他的程序代码或数据;另外,还包括 4 个 GPIO 寄存器,用于控制发光二极管和开关的输入和输出(详见 5.3 节)。

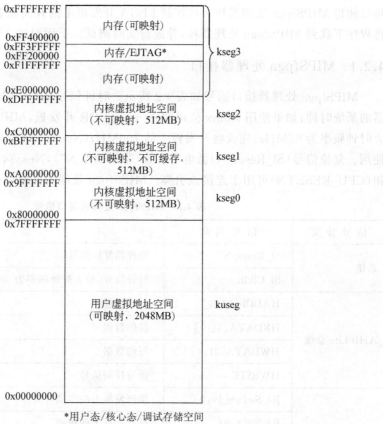

图 4.3 MIPSfpga 虚拟地址映射图

*用户态/核心态/调试存储空间

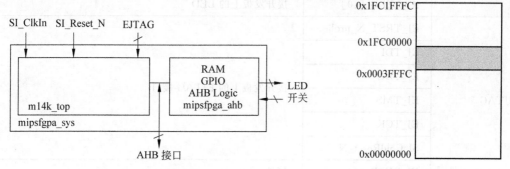

图 4.4 MIPSfpga 处理器系统的关键部件

图 4.5 mipsfpga_ahb 模块提供的物理地址映射关系

4.2 MIPSfpga 处理器的接口

MIPSfpga 处理器系统的接口主要有 3 个：AHB-Lite 总线接口、FPGA 开发板接口和 EJTAG 接口。MIPSfpga 处理器核通过 AHB-Lite 总线与内存和外设连接；FPGA 开发板接口使得 MIPSfpga 处理器核可以控制 FPGA 开发板上的开关和 LED；EJTAG 接口则用于将程序下载到 MIPSfpga 处理器核，并进行实时调试。下面对这 3 个接口进行详细介绍。

4.2.1 MIPSfpga 处理器接口

　　MIPSfpga 处理器接口信号如表 4.2 所示。时钟信号(SI_ClkIn)是整个 MIPSfpga 处理器的系统时钟；如果使用 Xilinx 公司的 Nexys4 DDR 开发板，MIPSfpga 可以正常运行的最大时钟频率为 62MHz；建议将开发板上的 100MHz(Nexys4 DDR)时钟分频为 50MHz 输入使用。复位信号(SI_Reset_N)低电平有效(带后缀"_N")，Nexys4 DDR 开发板上的复位按钮(CPU_RESETN)可用于连接该引脚。MIPSfpga 处理器上电后必须先进行复位。

表 4.2　MIPSfpga 处理器接口信号

信号分类	信号名称	备注
系统	SI_Reset_N	处理器复位信号
	SI_ClkIn	时钟信号，最大时钟频率为 62MHz，建议值为 50MHz
AHB-Lite 总线	HADDR[31:0]	总线地址
	HRDATA[31:0]	读的数据
	HWDATA[31:0]	写的数据
	HWRITE	读写控制信号
开发板引脚	IO_Switch[17:0]	接开发板上的滑动开关
	IO_PB[4:0]	接开发板上的按钮
	IO_LEDR[17:0]	接开发板上的 LED
	IO_LEDG[8:0]	接开发板上的 LED
EJTAG	EJ_TRST_N_probe	
	EJ_TDI	
	EJ_TDO	
	EJ_TMS	接开发板上的 EJTAG 接口
	EJ_TCK	
	SI_ColdReset_N	
	EJ_DINT	接地

表 4.2 各个信号名称前缀的意义如下：
* SI 为系统接口信号。
* H 为 AHB-Lite 总线信号。
* IO 为开发板输入输出引脚。
* EJ 为 EJTAG 接口信号。

4.2.2 AHB-Lite 总线接口

AHB 总线是一个开源总线接口规范,广泛应用于嵌入式系统。AHB 总线能够方便微处理器连接多个设备。AHB-Lite 总线是 AHB 总线规范的简化版本,仅支持单一的总线主设备。本节仅对 MIPSfpga 处理器系统使用的 AHB-Lite 总线的基本操作进行简要的介绍,关于 AHB 总线的详细内容参见 4.3 节。

MIPSfpga 处理器系统使用的 AHB-Lite 总线如图 4.6 所示。AHB-Lite 总线上有以下设备:一个主设备,即 MIPSfpga 处理器;3 个从设备,分别是 RAM0、RAM1 和 GPIO。RAM0 和 RAM1 是两个内存模块,GPIO 则是用于访问 FPGA 开发板上的开关和 LED 的输入输出模块。MIPSfpga 处理器作为主设备发送时钟(HCLK)、写使能(HWRITE)、地址(HADDR)和要写的数据(HWDATA),接收来自其中一个从设备的输入数据(HRDATA)。MIPSfpga 处理器具体读入的是哪个从设备的数据要根据地址译码得到的 HSEL 信号确定。

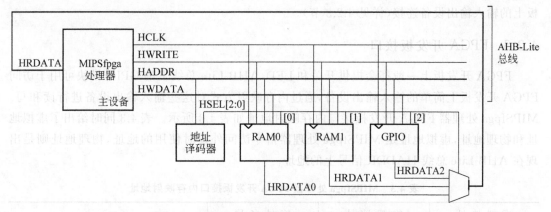

图 4.6 MIPSfpga 处理器使用的 AHB-Lite 总线

AHB-Lite 总线的一次传输过程包括两个时钟周期:第一个时钟周期为地址周期,第二个时钟周期为数据周期。在地址周期,处理器作为主设备送出要访问的地址(HADDR),如果是写数据使能,则读写控制信号(HWRITE),否则使该信号无效。在数据周期,如果是写数据,则在总线上送出要写的数据(HWDATA),否则读取总线上由从设备送入的数据(HRDATA)。AHB-Lite 总线读写数据的时序图如图 4.7 和图 4.8 所示。

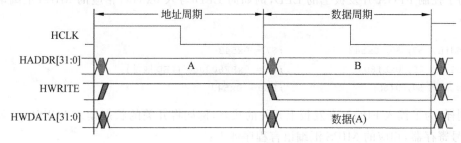

图 4.7 AHB-Lite 总线写数据的时序图

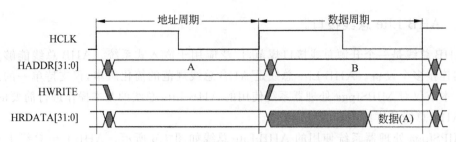

图 4.8　AHB-Lite 总线读数据的时序图

MIPSfpga 处理器的从设备模块和地址译码模块在 mipsfpga_ahb 模块中实现(具体见 mipsfpga_ahb.v 文件)。RAM0 中存放 MIPSfpga 的启动运行代码,复位时,处理器的程序计数器(PC)指向复位地址,即物理地址 0x1FC00000(虚拟地址为 0xBFC00000)。RAM1 模块的起始物理地址为 0x00000000,用于存放用户程序和数据。GPIO 模块则与 FPGA 开发板上的输入输出设备连接(详见 4.2.3 节)。

4.2.3　FPGA 开发板接口

FPGA 开发板上一般都会提供开关和 LED,AHB-Lite 总线上的 GPIO 模块可用于访问 FPGA 开发板上简单的输入输出设备,通过内存映射方式对这些输入输出设备进行读和写。 MIPSfpga 处理器 FPGA 开发板接口内存映射地址如表 4.3 所示。表 4.3 同时给出了虚拟地址和物理地址,虚拟地址是 MIPSfpga 处理器指令访问外设时使用的地址,物理地址则是出现在 AHB-Lite 总线 HADDR 信号上的地址。

表 4.3　MIPSfpga 处理器 FPGA 开发板接口内存映射地址

虚 拟 地 址	物 理 地 址	信 号 名 称	备　　注
0xBF800000	0x1F800000	IO_LEDR	连接开发板上的 LED
0xBF800004	0x1F800004	IO_LEDG	连接开发板上的 LED
0xBF800008	0x1F800008	IO_SW	连接开发板上的开关
0xBF80000C	0x1F80000C	IO_PB	连接开发板上的按钮

为了控制 FPGA 开发板上的 LED,例如向 LED 写入 0x543,相应的 MIPS 汇编语言程序如下:

```
addiu   $7, $0, 0x543          ;$7 = 0x543
lui     $5, 0xbf80             ;$5 = 0xBF800000 (LED 地址)
sw      $7, 0($5)              ;LED = 0x543
```

同样,为了读入 FPGA 开发板上开关的状态,例如将开关的状态读入 MIPSfpga 处理器的 10 号寄存器,相应的 MIPS 汇编语言程序如下:

```
lui     $5,0xbf80              ;$5 = 0xBF800000
lw      $10, 8($5)            ;$10 = 开关状态值
```

由于 FPGA 开发板上的开关信号只有 18 位(见表 4.2),因此开关的状态信息只占用了 MIPSfpga 处理器 10 号寄存器的低 18 位,其高 14 位全部为 0。

MIPSfpga 处理器内存映射 I/O 地址方式的具体实现参看 MIPSfpga 的源程序代码(mipsfpga_ahb_gpio.v)。

4.2.4　EJTAG 接口

EJTAG(Enhanced Joint Test Action Group,增强联合测试行动组)是 MIPS 公司根据 IEEE 1149.1 协议的基本构造和功能扩展制定的规范,是一个硬件/软件子系统,在处理器内部实现了一套基于硬件的调试特性,用于支持片上调试。EJTAG 接口利用 JTAG 的 TAP (Test Access Port,测试访问端口)访问方式将调试数据传入或者传出处理器核。EJTAG 可实现的功能包括访问处理器的寄存器、访问系统内存空间、设置软件/硬件断点、单步/多步执行等。EJTAG 调试功能模块由 4 部分组成:CPU 核内部的组件扩展、硬件断点单元、调试控制寄存器(Debug Control Register,DCR)以及 TAP 接口。EJTAG 并不需要与 CPU 紧密结合,但 CPU 必须提供调试寄存器、进入调试模式和在调试模式下执行指令的能力,更重要的是调试异常(exception)的优先级必须高于其他处理器的异常优先级(详见 7.3 节)。EJTAG 在调试时通过处理器的调试异常将 CPU 从非调试模式(non-debug mode)转到调试模式。

EJTAG 接口信号的名称及功能具体如下:
- EJ_TCK 为调试时钟信号。
- EJ_TMS 为调试模式选择信号。
- EJ_TDI 为调试数据输入信号,处理器读入数据。
- EJ_TDO 为调试数据输出信号,处理器写出数据。
- EJ_TRST_N_probe 为测试复位信号,低电平有效,用于复位 EJTAG 控制器。
- EJ_DINT 为调试中断请求信号。

绝大多数情况下,MIPSfpga 的用户不需要对 EJTAG 接口有比较深入的了解。

4.3　MIPSfpga 处理器系统

MIPSfpga 处理器的总线接口为 AHB-Lite。AHB 总线主要应用于高性能、高时钟频率的系统模块,实现高性能模块(如 CPU、DMA 和 DSP 等)之间的连接,从而构成高性能的系统骨干总线。然而,AHB 总线如果作为种类繁多、速度各异的外设的总线接口,其实并不是十分合适。由 4.2 节可知,MIPSfpga 处理器通过 AHB-Lite 总线接口仅连接了简单的外设(内存、开关、LED),从而构成简单的计算机系统;如果要构建拥有数量较大且多种类型的外设的复杂的计算机系统,基于 AHB-Lite 总线接口是很不方便的。因此,需要采用更为方便和合适的总线接口形式。

4.3.1　AMBA 总线规范

AMBA 总线规范是一个总线规范协议簇,对它的介绍参见 2.6.3 节。

4.3.2 AXI4 总线规范

1. AXI4 总线规范架构

AXI4 是 AMBA 的重要成员。AXI4 总线规范定义了 5 个通道,独立地进行数据的读写传输,这 5 个通道分别是读地址通道(Read Address,RA)、读数据通道(Read Data,RD)、写地址通道(Write Address,WA)、写数据通道(Write Data,WD)和写响应通道(Write Response,WR)。

读地址通道和写地址通道提供数据传输所需的控制信息,数据传输则是通过下述两种方式之一在主设备和从设备之间进行的:

(1)写通道用于将主设备的数据传输到从设备,此时写响应通道用于数据传输结束后从设备向主设备提供写数据完成确认,如图 4.9 所示。

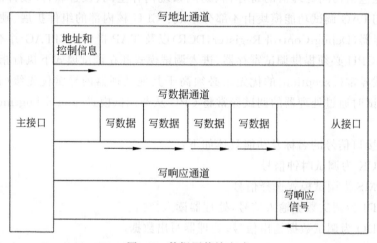

图 4.9 数据写传输方式

(2)读通道用于将从设备的数据传输到主设备,如图 4.10 所示。

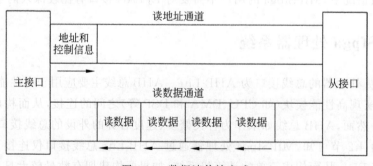

图 4.10 数据读传输方式

AXI4 协议规定:不论采用哪种传输方式,数据传输之前允许先提供地址信息,支持多个未完成传输过程同时进行(multiple outstanding transaction),支持数据传输乱序完成(out-of-order completion of transactions)。

读数据通道传输读的数据以及从设备对主设备读操作的响应信息,其中数据线的宽度可以是 8、16、32、64、128、256、512 或 1024 位中的一种,读响应信息主要用于标明这次读传输操作的结束。

写数据通道传输主设备要写到从设备的数据,其中数据线的宽度可以是 8、16、32、64、128、256、512 或 1024 位中的一种,同时由字节使能信息标明有效的写数据字节;写数据通道上传输的信息通常被当作缓存内容处理,因此主设备可以在上一次数据传输未被从设备确认的情况下开始下一次写传输。

写响应通道供从设备向主设备反馈写操作的信息,所有写操作的完成确认都通过写响应通道传输。如图 4.9 所示,写完成确认信号仅用于表明一个传输操作的完成,并不用于表示一个传输操作过程中每个数据的传输。

2. AXI4 互连方式

使用 AXI4 总线时,系统互连的典型结构如图 4.11 所示,通常由一个互连结构将多个主、从设备连接起来。

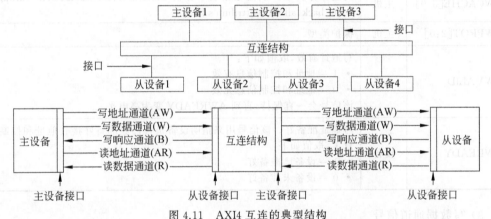

图 4.11 AXI4 互连的典型结构

如图 4.11 所示,每个主设备与互连结构以及互连结构与从设备之间都通过一个 AXI4 接口连接,这些接口都遵循 AXI4 总线规范。

3. AXI4 总线信号

下面对 AXI4 总线的一些信号进行描述,主要包括全局信号、写地址通道信号、写数据通道信号、写响应通道信号、读地址通道信号、读数据通道信号和低功耗接口信号。为了简明扼要地将 AXI4 总线信号介绍清楚,所有通道信号表都是以 32 位的数据总线、4 位的写数据使能和 4 位的 ID 段为例给出的。

1) 全局信号

AXI4 总线全局信号如表 4.4 所示。

表 4.4 AXI4 总线全局信号

信 号 名 称	源	描 述
ACLK	时钟源	全局时钟信号
ARESETn	复位源	全局复位信号,低电平有效

2）写地址通道信号

AXI4 总线写地址通道信号如表 4.5 所示。

表 4.5　AXI4 总线写地址通道信号

信号名称	源	描述
AWID[3:0]	主机	写地址 ID，该信号是写地址信号组的 ID
AWADDR[31:0]	主机	写地址
AWLEN[3:0]	主机	突发式写的长度。此长度决定突发式写所传输的数据的个数
AWSIZE[2:0]	主机	突发式写的大小
AWBURST[1:0]	主机	突发式写的类型
AWLOCK[1:0]	主机	锁类型
AWCACHE[3:0]	主机	高速缓存类型。该信号指明事务的 bufferable、cacheable、write-through、write-back、allocate attributes 信息
AWPROT[2:0]	主机	保护类型
AWVALID	主机	写地址有效，取值如下： • 1＝地址和控制信息有效 • 0＝地址和控制信息无效 该信号会一直保持，直到 AWREADY 变为高电平
AWREADY	设备	写地址准备好。该信号用来指明设备是否已经准备好接收地址和控制信息了，取值如下： • 1＝设备已准备好 • 0＝设备未准备好

3）写数据通道信号

AXI4 总线写数据通道信号如表 4.6 所示。

表 4.6　AXI4 总线写数据通道信号

信号名称	源	描述
WID[3:0]	主机	写数据 ID，WID 的值必须与 AWID 的值匹配
WDATA[31:0]	主机	写的数据
WSTRB[3:0]	主机	写触发。 WSTRB[n]标示的区间为 WDATA[$(8n+7:8n)$]
WLAST	主机	写的最后一个数据
WVALID	主机	写有效，取值如下： • 1＝写数据和写触发有效 • 0＝写数据和写触发无效
WREADY	设备	写就绪。指明设备是否已经准备好接收数据了，取值如下： • 1＝设备已就绪 • 0＝设备未就绪

4）写响应通道信号

AXI4 总线写响应通道信号如表 4.7 所示。

表 4.7　AXI4 总线写响应通道信号

信 号 名 称	源	描　　述
BID[3:0]	设备	写响应 ID,这个数值必须与 AWID 的数值匹配
BRESP[1:0]	设备	写响应。该信号指明写事务的状态。可能的响应有 OKAY、EXOKAY、SLVERR、DECERR
BVALID	设备	写响应有效,取值如下: • 1＝写响应有效 • 0＝写响应无效
BREADY	主机	接收响应就绪。该信号指明主机是否已经能够接收响应信息,取值如下: • 1＝主机已就绪 • 0＝主机未就绪

5）读地址通道信号

AXI4 总线读地址通道信号如表 4.8 所示。

表 4.8　AXI4 总线读地址通道信号

信 号 名 称	源	描　　述
ARID[3:0]	主机	读地址 ID
ARADDR[31:0]	主机	读地址
ARLEN[3:0]	主机	突发式读的长度
ARSIZE[2:0]	主机	突发式读的大小
ARBURST[1:0]	主机	突发式读的类型
ARLOCK[1:0]	主机	锁类型
ARCACHE[3:0]	主机	高速缓存类型
ARPROT[2:0]	主机	保护类型
ARVALID	主机	读地址有效。该信号一直保持,直到 ARREADY 为高,取值如下: • 1＝地址和控制信息有效 • 0＝地址和控制信息无效
ARREADY	设备	读地址就绪。该信号指明设备是否已经准备好接收数据了,取值如下: • 1＝设备已就绪 • 0＝设备未就绪

6）读数据通道信号

AXI4 总线读数据通道信号如表 4.9 所示。

表 4.9 AXI4 总线读数据通道信号

信 号 名 称	源	描 述
RID[3:0]	设备	读数据 ID。RID 的数值必须与 ARID 的数值匹配
RDATA[31:0]	设备	读数据
RRESP[1:0]	设备	读响应。该信号指明读传输的状态,包括 OKAY、EXOKAY、SLVERR、DECERR
RLAST	设备	读事务传送的最后一个数据
RVALID	设备	读数据有效,取值如下: • 1 = 读数据有效 • 0 = 读数据无效
RREADY	主机	读数据就绪,取值如下: • 1 = 主机已就绪 • 0 = 主机未就绪

7) 低功耗接口信号

AXI4 总线低功耗接口信号如表 4.10 所示。

表 4.10 AXI4 总线低功耗接口信号

信 号 名 称	源	描 述
CSYSREQ	时钟控制器	系统低功耗请求。该信号使外设进入低功耗状态
CSYSACK	外设	低功耗请求应答
CACTIVE	外设	1 = 外设时钟有请求 0 = 外设时钟无请求

4. AXI4 基本的读写传输过程

AXI4 总线的 5 个通道都使用相同的 VALID/READY 握手机制传输数据及控制信息。传输源产生 VALID 信号来指明数据或控制信息何时有效,而目的源产生 READY 信号来指明已经准备好接收数据或控制信息,只有 VALID 信号和 READY 信号同时有效时才会发生真正的数据传输。

VALID 信号和 READY 信号之间可能出现以下 3 种时序关系:

(1) VALID 信号先变高,READY 信号后变高,如图 4.12(a)所示。

(2) READY 信号先变高,VALID 信号后变高,如图 4.12(b)所示。

(3) VALID 信号和 READY 信号同时变高,在这种情况下信息传输立即进行,如图 4.12(c)所示。

读写地址、读写数据和写响应通道之间的关系是灵活的。例如,写数据可以早于与其相关联的写地址出现在接口上,也有可能写数据与写地址在一个周期中同时出现。但是,必须保持下述两种关系:

(1) 读数据必须总是跟在与其数据相关联的写地址之后。

(2) 写响应必须总是在与其相关联的写事务的最后出现。

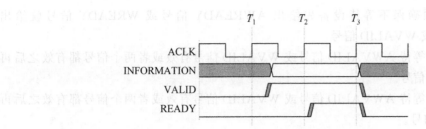

（a）VALID 信号先变高，READY 信号后变高

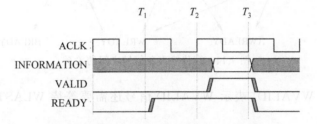

（b）READY 信号先变高，VALID 信号后变高

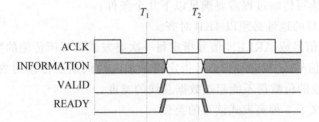

（c）VALID 信号和 READY 信号同时变高

图 4.12　VALID 信号和 READY 信号时序关系

读传输事务信号之间的关系如图 4.13 所示。它们之间必须满足下面的依赖关系：

（1）设备可以在 ARVALID 信号出现的时候再给出 ARREADY 信号；也可以先给出 ARREADY 信号，再等待 ARVALID 信号。

（2）设备必须等待 ARVALID 信号和 ARREADY 信号都有效才能给出 RVALID 信号，开始数据传输。

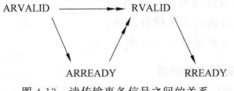

图 4.13　读传输事务信号之间的关系

在图 4.13 中，单箭头表示箭头两端信号的发生顺序无关紧要，双箭头表示箭头端信号必须在箭尾端信号有效的情况下才能发生。

写传输事务信号之间的关系如图 4.14 所示。它们之间必须满足下面的依赖关系：

（1）主机必须确保不等待设备先给出 AWREADY 信号或 WREADY 信号就给出 AWVALID 信号或 WVALID 信号。

（2）设备可以等待 AWVALID 信号或 WVALID 信号有效或者两个信号都有效之后再给出 AWREADY 信号。

（3）设备可以等待 AWVALID 信号或 WVALID 信号有效或者两个信号都有效之后再给出 WREADY 信号。

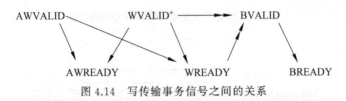

图 4.14　写传输事务信号之间的关系

在图 4.14 中，WVALID$^+$ 表示 WVALID 信号还需要等待 WLAST 信号有效时才能发生。

5. AXI4 突发式读写传输过程

AXI4 突发式读写传输过程需要满足以下几个条件：

（1）突发式读写的地址必须以 4KB 对齐。

（2）AWLEN 信号或 ARLEN 信号指定每一次突发式读写所传输的数据的个数。

（3）ARSIZE 信号或 AWSIZE 信号指定每一个时钟周期所传输的数据的最大位数，但是要注意，任何传输的位数都不能超过数据总线的宽度。

AXI4 协议定义了 3 种突发式读写的类型：

（1）固定式突发读写。

（2）增值式突发读写。

（3）包装式突发读写。

用 ARBURST 信号或 AWBURST 信号来选择突发式读写的类型。

固定式突发读写的地址是固定的，每一次传输的地址都不变。这样的突发式读写是重复地对一个相同的位置进行存取，例如 FIFO。

增值式突发读写每一次的地址都比上一次的地址增加一个固定的值。

包装式突发读写与增值式突发读写类似。包装式突发读写的地址是包数据的低地址到达一个包边界。包装式突发读写有两个限制：

（1）起始地址必须以传输的最大位数对齐。

（2）突发式读写的长度必须是 2、4、8 或者 16。

6. AXI4 读写传输事务的设备响应

AXI4 协议对读事务和写事务都有响应。读事务将读响应与读数据一起发送给主机，而写事务将写响应通过写响应通道传送。通过 RRESP[1:0] 和 BRESP[1:0] 信号来编码响应信号。

AXI4 协议的响应类型有正常存取成功（OKAY）、独占式存取成功（EXOKAY）、设备错误（SLVERR）、译码错误（DECERR）4 种。

AXI4 协议规定：请求的需要传输的数据必须被全部传输，即使有错误报告；在一次突发式读写中的剩余数据不会被取消传输，即使有单个错误报告。

7. AXI4 读写传输事务的 ID

AXI4 协议用事务 ID 来支持处理多地址和乱序传输。主要有以下 5 个事务 ID：

（1）AWID：写地址群组信号。

（2）WID：在写事务中与写数据在一起，主机传送一个 WID 去匹配与 AWID 一致的事务。

（3）BID：在写响应事务中，设备会传送 BID 去匹配与 AWID 和 WID 一致的事务。

（4）ARID：读地址群组信号。

（5）RID：在读事务中设备传送 RID 去匹配与 ARID 一致的事务。

主机可以使用一个事务的 ARID 段或者 AWID 段提供的附加信息对事务进行排序。事务排序规则如下：

（1）从不同主机传输的事务没有顺序限制，它们可以以任意顺序完成。

（2）从同一个主机传输的不同 ID 的事务也没有顺序限制，它们可以以任意顺序完成。

（3）相同 AWID 的写事务数据序列必须按照顺序依次写入主机发送的地址。

（4）相同 ARID 的读事务数据序列必须遵循下面的规则：当从相同设备读取相同 ARID 的数据时，设备必须确保读数据按照相同的顺序接收；当从不同设备读取相同 ARID 的数据时，接口处必须确保读数据按照主机发送的顺序接收。

（5）在相同 AWID 和 ARID 的读事务和写事务之间没有顺序限制。如果主机要求有顺序限制，那么必须确保第一次事务完成后才开始执行第二个事务。

当一个主机接口与互连结构相连时，互连结构会在信号的 ARID、AWID、WID 段添加一位，每一个主机端口都是独一无二的。这样做有两个作用：

（1）主机不需要知道其他主机的 ID 值。这是因为，当将主机号添加到 ID 段中后，互连结构的 ID 值是唯一的。

（2）设备接口处的 ID 段比主机接口处的 ID 段宽。

对于读数据，互连结构会附加一位到 RID 段中，用来判断哪个主机端口读取数据；互连结构在将 RID 的值送往正确的主机端口之前会移除 RID 段中的这一位。

4.3.3　基于 AXI4 接口模块的 MIPSfpga 处理器系统

1. MIPSfpga 处理器封装

Block Design 是 Vivado 中用于 IP 集成的设计工具。为了能够使用 Block Design 功能搭建 MIPSfpga 处理器系统，首先要在 Vivado 中完成 MIPSfpga 处理器的 IP 模块封装。封装后的 MIPSfpga 处理器 IP 模块如图 4.15 所示。

2. MIPSfpga 处理器总线接口转换

MIPSfpga 处理器总线接口转换如图 4.15 所示。封装后的 MIPSfpga 处理器的总线接口还是 AHB-Lite，为了方便使用 Vivado 提供的 IP 模块，需要将其转换为 AXI4 总线接口。Vivado 已经提供了这样一个转换模块，只需按照图 4.16 所示完成转换即可。

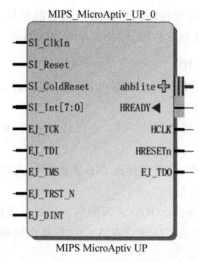

图 4.15　封装后的 MIPSfpga 处理器 IP 模块

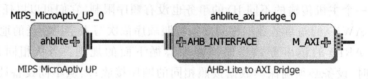

图 4.16　MIPSfpga 处理器总线接口转换

3. MIPSfpga 处理器系统集成

一旦 MIPSfpga 处理器的 AHB-Lite 总线接口转换为 AXI4 总线接口,就可以直接利用 Vivado 的 IP 模块搭建相应的处理器系统。图 4.17 所示就是一个通过 IP 集成方式搭建的基于 AXI4 接口的 MIPSfpga 处理器系统的实例。图 4.17 中的 MIPSfpga 处理器通过 AXI4 总线的互连结构连接了一个 GPIO 外设模块和一个 RAM 存储器。

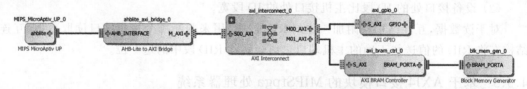

图 4.17　基于 AXI4 接口的 MIPSfpga 处理器系统

完成系统集成后,根据需要分配合适的地址,如图 4.18 所示。随后就可以通过软件对各个接口进行访问。

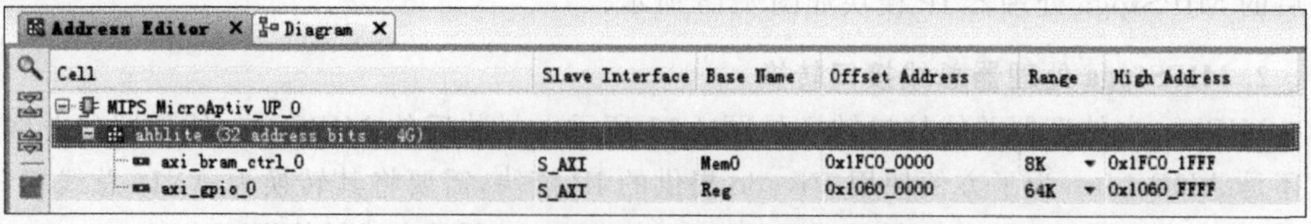

Cell	Slave Interface	Base Name	Offset Address	Range	High Address
⊟ MIPS_MicroAptiv_UP_0					
⊟ ahblite (32 address bits : 4G)					
⊶ axi_bram_ctrl_0	S_AXI	Mem0	0x1FC0_0000	8K	▼ 0x1FC0_1FFF
⊶ axi_gpio_0	S_AXI	Reg	0x1060_0000	64K	▼ 0x1060_FFFF

图 4.18　MIPSfpga 处理器系统地址分配

4. 用户自定义基于 AXI4 接口的外设模块

如果 MIPSfpga 系统需要使用一些 Vivado 没有的 IP 模块作为外设,可以通过用户自定义的方式很方便地在 Vivado 上制作出基于 AXI4 接口的 IP 模块,这样就能够通过同样的方式集成到 MIPSfpga 处理器系统中,作为外设使用。图 4.19 给出了一个包含自定义接口模块的 MIPSfpga 处理器系统的实例。

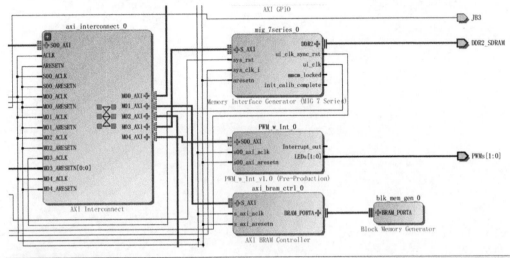

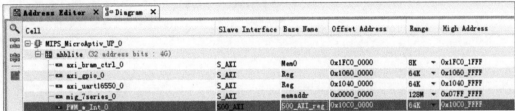

图 4.19　包含自定义接口模块的 MIPSfpga 处理器系统

习题 4

1. MIPSfpga 处理器核具有哪些特点?

2. MIPSfpga 处理器由哪几部分构成? 它们分别负责什么功能?

3. MIPSfpga 处理器 5 级流水线包括哪几段? 它们的功能分别是什么?

4. 在 MIPSfpga 处理器中,虚拟地址是如何映射到物理地址的?

5. MIPSfpga 处理器系统的接口主要有哪些? 它们的作用分别是什么?

6. AHB-Lite 总线传送过程有几个时钟周期? 分别是什么? 都要进行怎样的操作?

7. Nexys4 DDR FPGA 开发板接口内存映射地址是怎样的?

8. EJTAG 的功能有哪些? 其调试功能模块由哪几部分组成? EJTAG 接口信号的名称和功能是什么?

9. AXI4 总线有哪几个通道？它们的功能是什么？AXI4 总线的系统互连结构是怎样的？AXI4 总线信号有哪几类？

10. AXI4 基本的读写传输过程是怎样的？其突发式读写传输过程需要满足怎样的条件？AXI4 协议的响应类型包括哪些？

11. 在 Vivado 中如何实现 MIPSfpga 处理器总线接口转换？

第5章 并行接口

并行接口应用十分普遍,许多 I/O 设备乃至功能器件都使用并行接口与 CPU 进行连接和交换数据。目前,虽然有很多 I/O 设备使用 USB 串行总线进行连接,但在它们的信息进入微机系统时,仍然使用并行方式,所以,并行接口是最基本的接口形式。

本章对并行接口的特点进行分析,从应用的角度讨论通用接口芯片 PPI 和 GPIO 的外部特性与编程模型。在此基础上设计包括步进电机、扬声器、开关、指示灯、温度传感器等器件的并行接口以及并行存储器接口。

5.1 并行接口的特点

所谓"并行"不是针对接口与系统总线一侧的并行数据传输而言的,而是指接口与 I/O 设备一侧的并行数据传输。并行接口有如下基本特点。

(1) 以字节、字或双字宽度在接口与 I/O 设备之间的多根数据线上传输数据,因此数据传输速率高。

(2) 并行传输时,除数据线外,还需要地址线、控制线的支持,实际上,并行接口所使用的信号线是系统三总线的延伸。正因为如此,主机与外设之间进行数据传输时,通过地址线、数据线、控制线分别进行地址、数据、控制命令的传输,而不像串行接口那样把不同类型的信息混在一起。所以,并行方式不要求采用特殊的数据格式来分辨不同类型的信息。并行传输的数据是原始数据,而不是格式化的数据。

(3) 并行传输不要求固定的传输速率,传输速率由被连接或控制的 I/O 设备的操作要求决定。

(4) 在并行数据传输过程中,一般不做差错检验。

(5) 并行接口使用的信号线比较多,适用于近距离传输。

综上所述,并行接口不像串行接口那样通过各种通信协议与标准来规范通信双方共同遵守的数据格式、传输速率以及差错检验等操作规则。

从上述特点可以得知,并行接口是一种多线连接、使用自由、应用广泛、适于近距离传输的接口,是微机接口技术的基本内容。

5.2 PPI8255 并行接口

本节讨论 PPI8255 的目的是通过它了解并行接口的特点,并在采用它进行外设接口设计的过程中学习接口设计方法与步骤。PPI 是一个通用型、功能强且成本低的接口芯片,可与任意一个需要并行传输数据的 I/O 设备相连接。下面先分析它的外部特性与编程模型,然后讨论几种连接 I/O 设备和器件的并行接口设计。以后简称 PPI8255 为 PPI55。

5.2.1 PPI 接口芯片

1. PPI55 的外部特性

外部特性即芯片的引脚信号,用户利用这些引脚信号线进行接口的硬件设计。PPI55
的引脚信号如表 5.1 所示。

表 5.1　PPI55 外部信号引脚定义

引　脚　名	方　　向	功　　能
$D_0 \sim D_7$	双向	数据线
$\overline{CS}$	入	片选信号
A_1、A_0	入	片选寄存器
$\overline{RD}$	入	读信号
$\overline{WR}$	入	写信号
RESET	入	复位信号
$PA_0 \sim PA_7$	双向	A 端口的 I/O 线
$PB_0 \sim PB_7$	双向	B 端口的 I/O 线
$PC_0 \sim PC_7$	双向	C 端口的 I/O 线

表 5.1 中的 3 个 8 位端口 A、B、C 都可作为数据口与外设之间交换数据,其他为读写控
制线和地址线。

2. PPI55 的工作方式

PPI55 有 3 种工作方式:0 方式、1 方式、2 方式。其中,0 方式应用最多,2 方式很少
应用。

1) 0 方式的特点与功能

0 方式是一种无条件的数据传输方式,也是 PPI55 的基本输入输出方式。

特点:一次初始化只能把某个并行端口置成输入或输出,不能置成既输入又输出;不要
求固定的联络(应答)信号,无固定的工作时序和固定的工作状态字;适用于以无条件或查询
方式与 CPU 交换数据的情况,不能用于以中断方式交换数据的情况。因此,0 方式使用起
来不受什么限制。

功能:A 端口和 B 端口作为数据端口,8 位并行传送;C 端口作为数据端口,4 位并行传
送,分高 4 位和低 4 位,还可作为控制线,按位输出逻辑 1 或逻辑 0。

2) 1 方式的特点与功能

1 方式是一种选通方式,双方传输数据时,需要遵守握手/应答的约定。

特点:一次初始化只能把某个并行端口置成输入或输出;要求专用的联络(握手/应答)
信号,有固定的工作时序和专用的工作状态字;适用于以查询或中断方式与 CPU 交换数据
的情况,不能用于以无条件方式交换数据的情况。

功能:A 端口和 B 端口作为数据端口,8 位并行传送;C 端口有以下 4 种功能:

(1) 作为 A 端口和 B 端口的专用联络信号线。

(2) 作为数据端口,未分配作为专用联络信号线的引脚可作为数据线。

(3) 作为状态端口,读取 A 端口和 B 端口的状态字。

(4) 作为控制,按位输出逻辑 1 或逻辑 0。

3) 2 方式的特点与功能

2 方式是一种双向选通方式,即双方能够同时发送和接收数据。

特点:一次初始化可将 A 端口置成既输入又输出,具有双向性;要求有两对专用的联络信号,有固定的工作时序和专用的工作状态字;适用于以查询和中断方式与 CPU 交换数据的情况,特别是在要求与 I/O 设备进行双向数据传输时很有用。

功能:A 端口作为双向数据端口,8 位并行传送;B 端口作为单向数据端口,8 位并行传送;C 端口有 4 种功能,与 1 方式类似。

3. PPI55 的编程模型

PPI55 的编程模型包括内部寄存器、分配给寄存器的端口地址以及装入寄存器的命令字、状态字的格式。用户通过 PPI55 的编程模型进行并行接口的程序设计。

1) PPI55 内部寄存器及端口地址

内部设置命令寄存器、状态寄存器(从 C 口读出)以及 3 个独立的输入输出数据寄存器。命令寄存器占用一个 I/O 端口,设为 CTRL55;3 个数据寄存器各占用一个 I/O 端口,分别设为 DATD_PA、DATD_PB、DATD_PC。

2) PPI55 的命令字格式

PPI55 有两个命令字,分别为工作方式命令和按位置位/复位命令,共用一个端口。下面讨论这两个命令的功能及格式。

(1) 工作方式命令。

工作方式命令又称初始化命令,用于对 PPI55 进行初始化。

功能:指定 PPI55 的工作方式及其工作方式下 3 个并行端口的输入或输出功能。

格式:该命令字的格式与含义如图 5.1 所示。

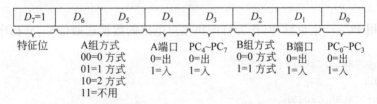

图 5.1 PPI55 工作方式命令的格式与含义

最高位 D_7 是特征位,因为 PPI55 有两个命令,用特征位加以区别。$D_7=1$,表示是工作方式命令;$D_7=0$,表示是按位置位/复位命令。

从工作方式命令的格式可知,A 组有 3 种工作方式(0 方式、1 方式、2 方式),而 B 组只有两种工作方式(0 方式、1 方式)。C 端口分成两部分,上半部分属于 A 组,下半部分属于 B 组。对 3 个并行端口的输入输出设置是:置 1 指定为输入,置 0 指定为输出。

例如,把 A 端口指定为 1 方式,输入;把 C 端口上半部分指定为输出;把 B 端口指定为 0 方式,输出;把 C 端口下半部分指定为输入。工作方式命令代码是 10110001B=B1H。

若将此工作方式命令代码写到方式命令寄存器中,就实现了对 PPI55 的初始化,即工作方式及端口功能的指定。其程序语句如下:

```
outportb(CTRL55,0x0B1);
```

（2）按位置位/复位命令。

按位置位/复位命令用于对 I/O 设备进行按位控制。

功能：指定 C 端口 8 个引脚中的任意一个引脚（只能一次指定一个引脚）输出高电平或低电平。

格式：按位置位/复位命令字的格式与含义如图 5.2 所示。

图 5.2　PPI55 按位置位/复位命令的格式与含义

利用按位置位/复位命令可以将 C 端口的 8 根线中的任意一根置成高电平输出或低电平输出，用于控制开关的通/断、继电器的吸合/释放、马达的启/停等操作。

例如，若命令 C 端口的 PC_2 引脚输出高电平，去启动步进电机，则命令字应该为 00000101B＝05H。其程序语句如下：

```
Outputb(CTRL55,0x05);
```

如果要使 PC_2 引脚输出低电平，去停止步进电机，则程序语句如下：

```
Outputb(CTRL55,0x04);
```

利用按位输出高、低电平的特性还可以产生正、负脉冲或方波输出，对 I/O 设备进行控制。

例如，利用 PC_7 产生负脉冲，作为打印机接口电路的数据选通信号，其程序如下：

```
outportb(CTRL55,0x0e);
delay(10);
outportb(CTRL55,0x0f);
```

又如，利用 PPI82C55A 的 PC_6 产生方波，送到喇叭，使其产生不同频率的声音，其程序段如下：

```
outportb(CTRL55,0x0d);          //写命令,置PC6=1
delay(100);                     //调用延时程序,延时 100ms
outportb(CTRL55,0x0c);          //写命令,置PC6=0
delay(100);
```

注意：按位置位/复位命令虽然是对 C 端口进行按位输出操作，但它不能写入作为数据口的 C 端口，只能写入命令口。原因是，它不是数据，而是命令，要按命令的格式来解释和执行。这一点初学者往往容易弄错，要特别留意。

5.2.2　PPI 接口实例：步进电机控制接口设计

1. 要求

设计一个四相六线式步进电机接口电路,要求按四相双八拍方式运行。当接通开关 SW₂ 时,步进电机开始运行;当接通开关 SW₁ 时,步进电机停止。

2. 分析

步进电机是将电脉冲信号转换成角位移的一种机电式 D/A 转换器。步进电机旋转的角位移与输入脉冲的个数成正比,步进电机的转速与输入脉冲的频率成正比,步进电机的转动方向与输入脉冲对绕组加电的顺序有关,因此,步进电机旋转的角位移、转速及方向均受输入脉冲的控制。

1）运行方式与运行方向控制

步进电机的运行方式是指各绕组循环轮流通电的方式。例如,四相步进电机有单四拍、双四拍、单八拍、双八拍 4 种运行方式,如图 5.3 所示。

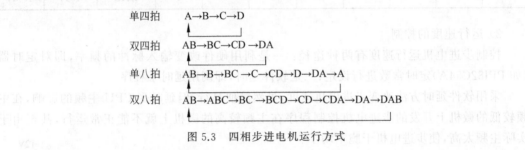

图 5.3　四相步进电机运行方式

步进电机的运行方向是指正转（顺时针）或反转（逆时针）。

为了实现对各绕组按一定方式轮流加电,需要一个脉冲循环分配器。脉冲循环分配器可用硬件实现,也可以软件实现,本例采用循环查表法来实现对运行方式与运行方向的控制。

循环查表法是将各绕组加电顺序的控制代码制成一张步进电机相序表,存放在内存区,再设置一个地址指针。当地址指针依次加1（或减1）时,即可从相序表中取出加电代码,然后输出到步进电机,使之产生一定运行方式的旋转。若改变相序表内的加电代码和地址指针的指向,则可改变步进电机的运行方式与运行方向。

表 5.2 是步进电机四相双八拍运行方式的一种相序表。若运行方式发生改变,则加电代码也会改变。

在表 5.2 所示的相序表中,若把地址指针从 400H 单元开始,依次加1,取出加电代码去控制步进电机的运行方向定为正方向,那么,地址指针从 407H 单元开始,依次减1的方向就是反方向。表 5.2 中的地址指针是随机给定的,在程序中要定义一个变量（数组）以指出相序表的首址。

可见,对步进电机运行方式的控制是通过改变相序表中的加电代码实现的,而运行方向的控制是通过设置相序表的指针实现的。

表 5.2　步进电机四相双八拍运行方式相序表

绕组与数据线的连接								运行方式	相	序
D		C		B		A		四相双八拍	加电代码	地址指针
D_7	D_6	D_5	D_4	D_3	D_2	D_1	D_0			
0	0	0	0	0	1	0	1	AB	05H	400H
0	0	0	1	0	1	0	1	ABC	15H	401H
0	0	0	1	0	1	0	0	BC	14H	402H
0	1	0	1	0	1	0	0	BCD	54H	403H
0	1	0	1	0	0	0	0	CD	50H	404H
0	1	0	1	0	0	0	1	CDA	51H	405H
0	1	0	0	0	0	0	1	DA	41H	406H
0	1	0	0	0	1	0	1	DAB	45H	407H

2）运行速度的控制

控制步进电机运行速度有两种途径：一是利用硬件改变输入脉冲的频率，即对定时器（如 PPI82C54A）定时常数进行设定；二是软件延时，即调用延时子程序。

采用软件延时方法改变步进电机速度，虽然简便易行，但延时受 CPU 主频的影响，在主频较低的微机上开发的步进电机控制程序在主频较高的微机上就不能正常运行，甚至由于实际主频太高，使步进电机干脆不动了。

3）步进电机的驱动

步进电机在系统中是一种执行元件，都要带负载，因此需要功率驱动。在电子仪器和设备中，一般所需功率较小，常采用达林顿管，如采用 TIP122 作为功率驱动级，其驱动原理如图 5.4 所示。

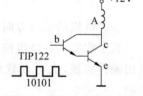

图 5.4　步进电机驱动原理

在图 5.4 中，在 TIP122 的基极上所加电脉冲为高。即，加电代码为 1 时，达林顿管导通，使绕组 A 通电；加电代码为 0 时，绕组 A 断电。

4）步进电机的启/停控制

为了控制步进电机的启/停，通常采用设置硬开关或软开关的方法。所谓硬开关，一般是在外部设置按键开关 SW，并且约定当开关 SW 按下时启动或停止步进电机运行；所谓软开关，就是在系统的键盘上定义某个键，当该键按下时启动或停止步进电机运行。

3. 设计

1）硬件设计

根据设计要求，需要使用 3 个端口。

- A 端口为输出，向步进电机的 4 个绕组发送加电代码（相序码），以控制步进电机的运行方式。
- C 端口的高 4 位（PC_4）为输出，控制 74LS373 的开关，起隔离作用。当步进电机不工

作时,关闭 74LS373,以使电机在停止运行后不会因为 PPI82C55A 的漏电流引起发
热而烧坏。

- C 端口的低 4 位(PC_0 和 PC_1)为输入,分别与开关 SW_2 和 SW_1 连接,以控制步进电
机的启动和停止。

步进电机控制接口原理如图 5.5 所示。

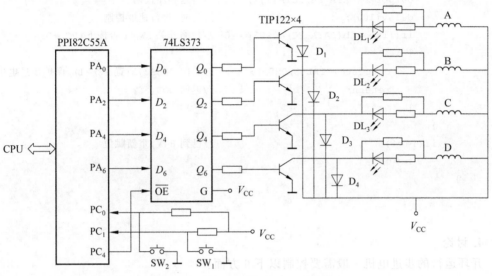

图 5.5　步进电机控制接口原理图

2) 软件设计

在开环控制方式下,四相步进电机的启停操作可以随时进行,是一种无条件的并行传送
方式。控制程序包括相序表和相序指针的设置、PPI55 初始化、步进电机启停控制、相序代
码传送以及电机的保护措施等内容。

步进电机控制程序如下:

```
#define CTRL55 0x303
#define DATA_PA 0x300
#define DATA_PB 0x301
#define DATA_PC 0x302
#include<stdio.h>
#include<conio.h>
#include<dos.h>
void main()
{
    unsigned char PSTA[8]={0x05,0x15,0x14,0x54,0x50,0x51,0x41,0x45};
    printf("Hit SW2 to Start,Hit SW1 to Quit!\n");
    outportb(CTRL55,0x81);                  //初始化 PPI82C55A
    outportb(CTRL55,0x09);                  //关闭 74LS373(置 PC4=1),保护步进电机
    while(inportb(DATA_PC)&0x01);           //检测开关 SW2 是否按下(PC0=0?)
```

```
    outportb(CTRL55,0x08);                  //打开 74LS373(置 PC₄=0),进行启动控制
    while(1)
    {
        for(i=0;i<8;i++)
        {
            outportb(DATA_PA,PSTA[i]);     //传送相序代码
            delay(100);                     //延时,进行速度控制
            if((inportb(DATA_PC)&0x02)==0) //检测开关 SW₁ 是否按下(PC₁=0?)
            {
                outportb(CTRL55,0x09);      //关闭 74LS373(置 PC₄=1),保护步进电机
                return;                     //返回 DOS
            }
        }
        if(i==8)                            //已到 8 次,重新赋值
            i==0;
    }
}
```

4. 讨论

开环运行的步进电机一般需要控制以下 6 方面:

(1) 运行方式。四相步进电机有 4 种运行方式,采用构造相序表的方法实现不同运行方式的要求。

(2) 运行方向。控制步进电机的正反方向,采用把相序表的地址指针设置在表头或表尾来确定运行方向。

(3) 运行速度。控制步进电机的快慢。可以采用在延时程序中改变延时常数的方法来实现,也可以用硬件方法实现。

(4) 运行花样。有点动、先正后反、先慢后快、走走停停等花样。

(5) 启停控制。设置开关,包括设置硬开关和软开关两种方法。

(6) 保护措施。在步进电机与接口电路之间设置隔离电路,如具有三态的 74LS373。

试分析本例实现了哪几项控制,并指出实现的每一项控制的相应程序段或程序行。

5.2.3 PPI 接口实例:声光报警器接口设计

1. 要求

设计一个声光报警器,要求:按下按钮开关 SW,开始报警,喇叭 SPK 发声,LED 灯同时闪光;当拨通 DIP 拨动开关的 0 位(DIP₀)时,结束报警,喇叭停止发声,LED 灯熄灭。

2. 分析

根据要求,该声光报警器包括 4 种简单的器件:喇叭、8 个 LED 灯、DIP 拨动开关及按钮开关 SW。它们都是并行接口的对象,虽然功能单一、结构简单,但都必须通过接口电路才能进入微机系统,受 CPU 的控制,发挥相应的作用。

3. 设计

1）硬件设计

根据设计要求，需要使用3个端口：

- A 端口为输出，连接 8 个 LED 灯（$LED_0 \sim LED_7$）。
- B 端口为输入，连接 DIP 开关的 8 位（$DIP_0 \sim DIP_7$）。
- C 端口的 PC_6 为输出，连接喇叭 SPK；C 端口的 PC_2 为输入，连接按钮开关 SW。

声光报警器电路原理如图 5.6 所示。

2）软件设计

声光报警器程序流程图如图 5.7 所示。

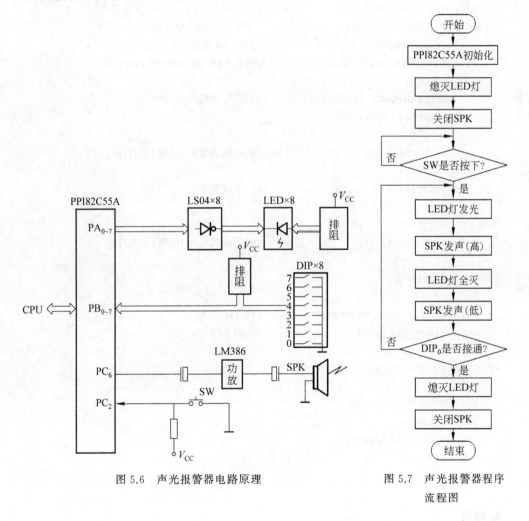

图 5.6　声光报警器电路原理　　　　图 5.7　声光报警器程序
流程图

声光报警器控制程序如下：

```
#define CTRL55 0x303
#define DATA_PA 0x300
```

```
#define DATA_PB 0x301
#define DATA_PC 0x302
#include<stdio.h>
#include<conio.h>
#include<dos.h>
void OutSpk(unsigned int time);
void main()
{
    unsigned char tmp,i=0;
    outportb(CTRL55,0x83);      //0方式,A端口和PC₄~PC₇为输出,B端口和PC₀~PC₃为输入
    outportb(DATA_PA,0x00);          //LED灯全灭(PA₀~PA₇全部置0)
    outportb(CTRL55,0x0c);           //关闭SPK(置PC₆=0)
    while(inportb(DATA_PC)&04);       //判断SW是否按下(PC₂=0?)
    while(inportb(DATA_PB)&0x01)      //判断DIP₀是否按下?(PB₀=0?)
    {
        outportb(DATA_PA,0x0ff);      //LED灯全亮
        for(i=0;i<200;i++)
        {
            OutSpk(30);               //调用喇叭发声(高频)子程序
        }
        outportb(DATA_PA,0x00);       //LED灯全灭
        for(i=0;i<200;i++)
        {
            OutSpk(270);              //调用喇叭发声(低频)子程序
        }
        delay(600);
    };
    outportb(DATA_PA,0x00);           //LED灯全灭
    outportb(CTRL55,0x0c);            //关闭SPK
}
void OutSpk(unsigned int time)
{
    outportb(CTRL55,0x0d);
    delay(time);
    outportb(CTRL55,0x0c);
    delay(time);
}
```

4. 讨论

从本例的电路还可以派生出多种应用,例如:

(1) LED走马灯花样(点亮花样)程序。利用DIP开关控制LED灯产生8种走马灯花样。例如,将DIP开关的1号开关合上时,8个LED灯从两端向中间依次点亮;将2号开关合上时,LED灯从中间向两端依次点亮。按下按钮开关SW时,LED灯熄灭。实现方法为:

先设置 LED 灯点亮花样的 8 组数据,再利用 DIP 开关调用这 8 组数据,并通过接口送到 LED 灯。

(2) 键控发声程序。在键盘上定义 8 个数字键(0~7)。每按一个数字键,使喇叭发出一种频率的声音,按 Esc 键停止发声。实现方法为:利用 C 端口输出高低电平的特性产生方波,再利用软件延时的方法改变方波的频率。

(3) 键控发光程序。在键盘上定义 8 个数字键(0~7)。每按一个数字键,使 LED 灯的 1 位发光,按 Q 或 q 键停止发光。

(4) 声光同时控制程序。利用 DIP 开关,控制 LED 灯在产生 8 种走马灯花样的同时,又控制喇叭产生 8 种不同频率的声音。按任意键,LED 灯熄灭,同时喇叭停止发声。

(5) LED 彩灯变幻程序。在 LED 走马灯花样变化的同时,LED 灯点亮时间长短也发生变化(由长到短或由短到长),可以采用不同的延时程序来实现。

5.3 GPIO 接口

5.3.1 GPIO 的基本概念

GPIO(General Purpose Input/Output),即通用并行输入输出接口,用于处理器与外设间的简单数据传输。嵌入式系统常常需要控制数量众多但结构比较简单的外设,许多这样的设备(如拨码开关)只需要提供一位控制信号就够了。传统的串行接口或并行接口虽通用性好、功能性强,但用作简单外设的数据传输接口显得过于复杂。GPIO 不仅能满足控制需求,而且具有结构及通信协议简单、开发周期短、功耗低、成本小的特点,所以嵌入式微控制器一般都会提供 GPIO 接口。

5.3.2 GPIO 的结构

GPIO 通过地址译码、输出数据锁存、输入数据缓冲功能实现总线信号与 I/O 设备信号间的转换。图 5.8 展示了 GPIO 的基本结构,它包含 3 部分:总线接口模块、中断逻辑模块和输入输出控制模块。总线接口模块实现了地址译码及外部总线和内部总线信号间的相互转换;中断逻辑模块根据设备的中断请求和中断控制条件产生中断信号 INTR 并将其传送至处理器;输入输出控制模块可以将内部总线信号转换为基本的输入输出信号,并且可以实现输出数据锁存、输入数据缓存的功能。

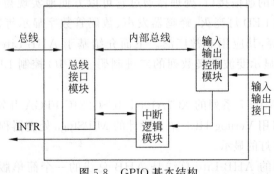

图 5.8 GPIO 基本结构

　　输入输出控制模块电路原理如图 5.9 所示。GPIO 可以支持多位数据的并行输入输出。为了便于简单直观地理解,图 5.9 中只给出了输入输出一位数据的原理,多组同样的结构即可控制多位数据。输入输出控制模块由一个内部译码控制模块、中断检测逻辑模块和 4 个寄存器组成。内部译码控制模块用来接收地址和控制信号,对内部的寄存器和多路选择器进行使能控制。中断检测逻辑模块负责识别输入信号,并根据中断信号的产生条件产生相应的中断请求信号。4 个寄存器分别是三态控制寄存器(GPIO_TRI)、数据输出寄存器(GPIO_DATA)、读取输入寄存器(READ_REG_IN)和数据输入寄存器(GPIO_DATA_IN)。当需要将外部引脚 GPIO_IO 的数据输入时,必须同时使能 GPIO_DATA_IN 和READ_REG_IN,并且使多路选择器(MUX)选择 GPIO_DATA_IN。同样可以控制多路选择器选择读取 GPIO_TRI 的数据。当需要向 GPIO_IO 输出数据时,首先要向 GPIO_TRI写 0,使能 GPIO_TRI,然后使能 GPIO_DATA 并将数据锁存到 GPIO_DATA 中,最终数据到达 GPIO_IO。

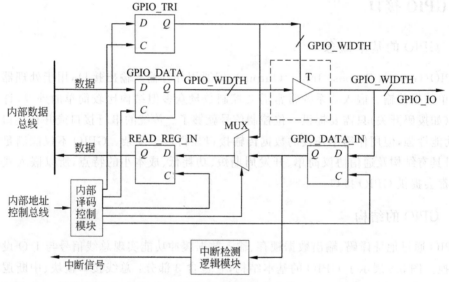

图 5.9　输入输出控制模块电路原理

5.3.3　基于 AHB-Lite 总线的 GPIO 应用实例

　　GPIO 是一种简单的通信接口,处理器通过它可以方便地实现与外设间的数据交互,以控制外设工作(如控制 LED 灯亮灭、蜂鸣器发声、数码管数字显示等)并读取设备的工作状态信号(如中断信号)等,其应用非常广泛。下面介绍基于 AHB-Lite 总线的 GPIO 接口实例:控制 LED 灯循环显示斐波那契数列的二进制码。GPIO 控制 LED 灯的显示的原理如图 5.10 所示。

　　采用 Xilinx 公司 Artix-7 系列的 XC7A100T-1CSG324C FPGA 开发板(简称 Nexys4 开发板)作为实验平台,并将用 Verilog HDL 语言设计的 MIPSfpga 处理器程序下载到 Nexys4 开发板,运行程序控制 LED 灯的显示。

　　MIPSfpga 中使用的 AHB-Lite 总线是 AHB 总线的一个简单版本,AHB-Lite 总线是

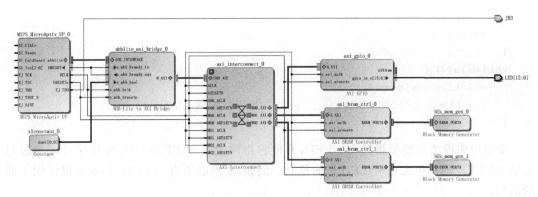

图 5.10 GPIO 控制 LED 灯显示的原理

MIPSfpga 处理器和外设间的总线接口,内存和外设都通过这个接口接收和发送数据。
MIPSfpga 支持 C 语言编程,对已经编写好的 C 程序可使用 Imagination 公司提供的
Codescape 编译器进行编译,并生成可以下载到 MIPSfpga 处理器上运行的文件。详细的编
译和下载过程参见 12.2.3 节。

　　MIPSfpga 还提供了一个很方便的外设访问方式——存储映射。MIPSfpga 存储映射
I/O 端口允许处理器像读写内存一样访问外设。每一个外设分配一个或者多个内存地址,
当 MIPSfpga 处理器访问这些地址的时候,实际访问的是外设而不是内存。在编写程序的
时候使用的是虚拟内存地址(虚拟内存地址=物理内存地址+0xA000000)。LED 灯对应的
虚拟内存地址为 0xBF800000。

　　Nexys4 板上的 16 个 LED 灯表示 16 位二进制数。LED 灯亮表示该位的值为 1,灭则表
示该位的值为 0。将 16 位二进制数转化为十进制数,即可得到对应的斐波那契数。

　　最终的 C 语言程序段如下:

```
void delay();
int main(){
    volatile int * IO_LEDR = (int *)0xbf800000;
    int f1;
    int f2;
    while(1){
        int i;
        f1=0;
        f2=1;
        for(i=1;i<=20;i++){
            * IO_LEDR = f2;
            delay();
            f1= f1+ f2;
            int temp = f1;
            f1 = f2;
            f2 = temp;
        }
```

```
    }
    return 0;
}
void delay() {
    volatile unsigned int j;
    for (j = 0; j < 5000000; j++) ;          //循环计数,延长结果显示时间
}
```

变量声明段给出整型指针 IO_LED,并使它指向地址 0xBF800000,使程序可以通过对变量 IO_LED 的赋值完成对 LED 灯的控制。例如,要点亮所有的 LED 灯,则可以使用下面的语句:

```
* IO_LEDR = 0xFFFF;
```

需要注意的是,程序中的变量和硬件相关时,必须使用关键字 volatile,这样编译器就不会在优化时去掉它们。volatile 提醒编译器它后面的变量随时都有可能改变,因此编译后的程序每次需要存储或读取这个变量的时候,都会直接从变量地址中读取数据。如果没有 volatile 关键字,则编译器可能优化读取和存储,有时会暂时使用寄存器中的值,如果这个变量已经被别的程序更新了,将出现不一致的现象。

delay 函数中用到一个 5 000 000 次的循环,其目的就是使 LED 灯延长显示时间,便于观察。

习题 5

1. 并行接口的"并行"是针对什么而言的?

2. 并行接口有哪些基本特点?

3. 设计并行接口电路可以采用哪些器件(芯片)?

4. 在可编程并行接口芯片 PPI55 的外部特性中,有 3 个 8 位端口 A、B、C,其中端口 C 的使用有哪些特点与端口 A、B 不同?

5. 指出 PPI55 编程模型的内容。

6. 如何对 PPI55 进行初始化编程?

7. 0 方式下的 PPI55 能采用中断方式与 CPU 交换数据吗?

8. 1 方式和 2 方式下的 PPI55 与 CPU 之间交换数据时,能采用无条件传输吗?

9. 编写一个从 PC_0 输出连续方波的程序段。

10. 设计一个四相步进电机接口电路,要求按双八拍方式运行,并且步进电机行进 100 步,当按下键盘上的 S 键时,停止走步(参考 5.2.2 节实例)。

11. 如何利用 PPI55 设计一个声光报警器接口(参考 5.2.3 节实例)?

12. GPIO 的作用是什么? 它有哪些优点?

13. GPIO 包含哪些模块? 它们分别实现怎样的功能? GPIO 怎样实现输入输出的控制?

第6章　串行接口

目前串行传输方式越来越多地用来在 CPU 与外设,或设备与设备之间交换信息,原来一些传统的并行接口都开始串行化。同时,各种串行总线标准不断推出,人们熟悉的 USB、IEEE 1943、RS-232/485、SPI、I²C 等串行总线的应用越来越广泛。

本章在讨论串行通信的基本概念、串行通信协议与串行接口标准的基础上,具体给出了按 RS-232/485 标准、由 UART 构成的串行接口电路设计实例。

6.1　串行通信的基本概念

6.1.1　串行通信的基本特点

串行通信有以下基本特点:

(1) 串行通信的信息传输是在 1 根(或 1 对)传输线上一位一位按顺序进行的。传输线既作为数据线又作为联络线,因而传输线上所传输的是数据、地址、联络信号混在一起的信息。同时,这种串行数据与处理器使用的并行数据不兼容,因此必须进行串/并转换。

(2) 串行通信传输的数据要求固定的格式。为了识别串行传输的信息流中哪一部分是数据、哪一部分是地址,以及传送何时开始、何时结束,就要求通信双方通过某种约定将数据格式固定下来,以便通信双方识别和处理。数据格式有异步数据格式和同步数据格式之分。

(3) 串行通信要求双方数据传输的速率必须一致,以免因速率的差异而丢失数据,故需进行传输速率的控制,采用双方约定的波特率传输。

(4) 串行通信易受干扰,特别是远距离传输,出错难以避免,故需要进行差错的检测与控制。常用的方法有奇偶校验和循环冗余码(Cyclic Redundancy Code,CRC)校验。

(5) 在串行通信中,对信号的逻辑定义与 TTL 不一定兼容。例如,RS-232C 标准的 EIA 逻辑电平与逻辑关系与 TTL 完全不同,需要进行逻辑电平及逻辑关系的转换。

(6) 在利用电话线进行远距离串行通信时,必须在发送端和接收端配置调制解调器,进行模拟信号和数字信号的转换。

从上述串行通信的特点不难看出,在串行通信时,双方需要协调解决的问题比并行接口要复杂得多。为此,对串行通信制定了各种协议与标准并推出了相应的接口芯片,从硬件和软件两方面解决这些问题。

6.1.2　串行通信的工作方式

在串行通信中,数据通常是在两个站之间进行传输,按照数据流的方向可分成 3 种基本的工作方式(也称制式):全双工、半双工和单工。

1. 全双工

全双工是通信双方同时进行发送和接收操作。为此,要设置两根(或两对)传输线,分别发送和接收数据,使数据的发送与接收分流,如图 6.1 所示。全双工方式在通信过程中无须进行接收/发送方向的切换,因此,没有切换操作所产生的延时,有利于远程实时监测与控制。

2. 半双工

半双工是通信双方分时进行发送和接收操作,即双方都可发可收,但不能在同一时刻发送和接收。因为半双工只设置一根(或一对)传输线,用于发送时就不能接收,用于接收时就不能发送,如图 6.2 所示,所以在半双工通信过程中,需要进行接收/发送方向的切换,会有延时产生。

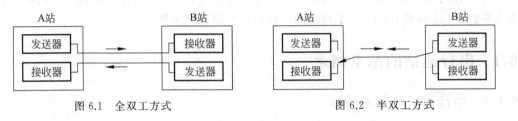

图 6.1 全双工方式　　　　　　　　图 6.2 半双工方式

3. 单工

通信双方只能进行一个方向的传输,不能有双向传输。此方式目前很少使用了。

6.1.3 串行通信数据传输的基本方式

串行通信数据传输的基本方式分为异步和同步两种。

1. 异步通信方式

异步通信是以字符为单位传的,每个字符经过格式化之后,作为独立的一帧数据,可以随机由发送端发出去,即发送端发出的每个字符在通信线上出现的时间是任意的。因此异步通信不要求在收发双方之间使用同一时钟。

2. 同步通信方式

同步通信是以数据块(字符块)为单位传输的,每个数据块经过格式化之后,形成一帧数据,作为一个整体进行发送与接收,因此,传输一旦开始,就要求每帧数据内部的每一位都要同步。为此,收发双方必须使用同一时钟来控制数据块内部位与位之间的定时,即在同步通信的双方之间必须设置一根时钟线。

异步通信方式的传输速率低,同步通信方式的传输速率高。异步传输设备简单,易于实现;同步传输设备复杂,技术要求高。因此,异步串行通信一般用在数据传输时间不能确定、发送数据不连续、数据量较少和数据传输速率较低的场合,而同步串行通信则用在要求快速、连续传输大批量数据的场合。

6.1.4 串行通信中的调制与解调

串行通信是数字通信,包含了从低频到高频的谐波成分,因此要求传输线的频带很宽。在远距离通信时,为了降低成本,通信线路利用普通电话线,而这种电话线的频带宽度有限。

如果让数字信号直接在电话线上传输,高频谐波的衰减就会很快,从而使传输的信号产生严重的畸变和失真;而在电话线上传输模拟信号则失真较小。因此,通信双方采用调制解调器进行数字信号与模拟信号转换。在发送端,用调制解调器将数字信号调制成模拟信号,从通信线上发送出去;在接收端,用调制解调器把从通信线上接收的模拟信号解调还原成数字信号。调制解调器如图 6.3 所示。

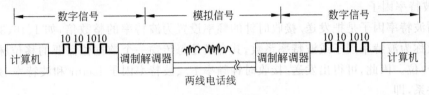

图 6.3　调制与解调

但在近距离(不超过 15m)时,无须使用调制解调器,而是直接在 DTE(Data Terminal Equipment,数据终端设备)和 DCE(Data Communication Equipment,数据通信设备)之间传输。通常把这种不使用调制解调器的方式称为零调制解调器方式。在微机系统中的应用,绝大部分是近距离的,因此都使用零调制解调器方式。

6.2　串行通信协议

所谓通信协议(也称为通信控制规程)是指通信双方的约定,其中包括对数据格式、同步方式、传输速度、传送步骤、检错/纠错方式以及控制字符定义等问题作出统一规定,通信双方必须共同遵守。

6.2.1　串行通信中的传输速率控制

1. 传输速率控制的实现方法

串行通信时,要求双方的传输速率严格一致并在传输开始之前就预先设定好,否则会发生错误。

在数字通信中,传输速率的控制是通过波特率时钟发生器和设置波特率因子来实现的。

1) 波特率

波特率是每秒传输串行数据的码元个数,单位是波特(baud)。串行传输中一位为一个码元,因此,在串行传输中,也将每秒传输的数据位数称为波特率。在不严格的意义下,串行传输的波特率的单位可以写为 b/s。例如,每秒传输 1b,波特率就是 1baud;每秒传输 1200b,波特率就是 1200baud。可见,波特率是用来衡量串行数据传输速率的。在串行通信中采用标准的波特率系列,如 110b/s、150b/s、300b/s、600b/s、1200b/s、2400b/s、4800b/s、9600b/s 等。

有时也用位周期来表示传输速率,即传输 1 位数据所需的时间。位周期是波特率的倒数。例如,串行通信的波特率为 1200b/s,则其位周期 T_d 为波特率的倒数,即

$$T_d = \frac{1}{1200}s = 0.833ms$$

2）发送/接收时钟

发送/接收时钟的作用是进行移位，实现数据的发送和接收。发送时，发送端在发送时钟脉冲 TxC 的作用下，将发送移位寄存器的数据按位串行移位输出，送到通信线上；接收时，接收端在接收时钟脉冲 RxC 的作用下，对来自通信线上的串行数据按位串行移位输入到接收移位寄存器中。因此，发送/接收时钟脉冲又可称为移位脉冲。

3）波特率因子

所谓波特率因子是把发送/接收时钟的频率设置为波特率的整数倍，如 1、16、32、64 倍，这个倍数称为波特率因子或波特率系数，其含义是每传输一个数据位需要的移位脉冲个数，单位为个/位。因此，可得出发送/接收时钟频率 F_c、波特率因子 factor 和波特率 Baud 三者之间的关系，即

$$F_c = \text{factor} \times \text{Baud} \tag{6.1}$$

一般，波特率因子取 1、16 或 64，在异步通信中常采用 16，在同步通信中则必须取 1。

例如，某一串行接口电路的波特率为 1200b/s，波特率因子为 16，则发送/接收时钟频率为

$$F_c = (16 \times 1200)\text{Hz} = 19\ 200\text{Hz}$$

实际上，波特率因子可理解为发送/接收 1b 数据所需的时钟脉冲个数。即，在发送端，需要多少个发送时钟脉冲才移出 1b 数据；在接收端，需要多少个接收时钟脉冲才移入 1b 数据。引入波特率因子的目的是为了提高定位采样的分辨率。

图 6.4 给出了一个接收时钟频率为 16 倍波特率的采样过程。从中可看出，利用这种频率为 16 倍波特率的接收时钟对串行数据流进行检测和定位采样的过程为：在停止位的后面，接收器利用每个接收时钟周期对从通信线上传来的输入数据流进行采样，并检测是否有 8 个连续的低电平以确定它是否为起始位。如果检测到 8 个连续的低电平，则确认为起始位，且对应的是起始位中心，然后以此为时间基准，每 16 个接收时钟周期采样一次，以定位检测一个数据位；如果不是 8 个连续的低电平（即使 8 个采样值中有 1 个非 0），则认为这一位是干扰信号，把它删除。可见，采用 16 倍频措施后，有利于鉴别干扰和提高异步串行通信的可靠性。

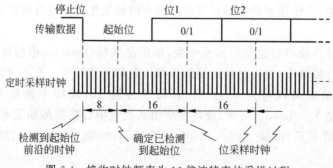

图 6.4　接收时钟频率为 16 倍波特率的采样过程

如果没有这种倍频关系，定位采样频率和传输波特率相同，则在一个接收时钟周期中只能采样一次。例如，为了检测起始位下降沿的出现，在起始位开始前采样一次，下次采样要

到起始位结束前才进行,假若在这个接收时钟周期内,因某种原因恰好使接收端时钟往后偏移了一点,就会错过起始位,从而造成后面各位检测和识别的错误。

2. 波特率时钟发生器

波特率时钟发生器可由定时/计数器来实现,关键是要找出波特率的发送/接收时钟脉冲与定时/计数器的定时常数之间的关系。

根据定时/计数器的工作原理可得到如下关系式:

$$T_c = \text{CLK}/(\text{Baud} \times \text{factor}) \tag{6.2}$$

其中,T_c为定时常数,CLK为输入时钟频率(通常是晶振的输出频率),Baud和factor分别为波特率和波特率因子。

式(6.2)表明,当输入时钟频率CLK和波特率因子factor选定后,求波特率Baud的问题就变成了求定时/计数器的定时常数T_c的问题了。而这个定时常数也就是波特率时钟发生器的输入时钟频率的分频系数,也称波特率除数。

例如,要求串行通信的波特率为9600b/s,波特率因子为16,输入时钟频率为1.193 18MHz,则利用式(6.2)可得定时常数为

$$T_c = 1.193\ 18 \times 10^6/(9600 \times 16) = 8$$

因此,利用定时/计数器作为波特率时钟发生器,就需要利用式(6.2)计算出与波特率相对应的定时常数,然后,将定时常数装入定时/计数器的计数初值寄存器,启动定时/计数器即可。

波特率时钟发生器的硬件设计及软件编程见参考文献[24,25]。

6.2.2 串行通信中的差错检测

1. 误码率的控制

所谓误码率,是指数据经过传输后发生错误的位数与总传输位数之比。在计算机通信中,一般要求误码率为10^{-6}数量级。

为降低误码率,应从两方面做工作:一方面,从硬件和软件着手对通信系统进行可靠性设计,以达到尽量少出差错的目的;另一方面,对传输的数据采用检错/纠错编码技术,以便及时发现和纠正传输过程中出现的差错。

2. 检错/纠错编码方法

在实际应用中,具体实现检错/纠错编码的方法有很多,常用的有奇偶校验、循环冗余码校验、汉明码校验、交叉奇偶校验等。而在串行通信中应用最多的是奇偶校验和循环冗余码校验。前者易于实现,后者适用于逐位出现的信号的运算。

应该指出的是,错误信息的检验与信息的传输效率之间存在矛盾,或者说信息传输的可靠性是以牺牲传输效率为代价的。为了保证串行传输信息的可靠性而采用的检错/纠错编码的方法都必须在有效信息位的基础上附加一定的冗余信息位,利用各种二进制位的组合来监督数据误码情况。一般来说,附加的冗余位越多,监督作用和检错/纠错能力就越强,但有效信息位所占的比例越小,信息传输效率也就越低。

3. 错误状态的分析与处理

异步串行通信过程中常见的错误有奇偶校验错、溢出错、帧格式错以及超时。这些错误

状态一般都存放在接口电路的状态寄存器中,以供 CPU 进行分析和处理。

1) 奇偶校验错

奇偶校验错是指在接收方接收到的数据中 1 的个数与奇偶校验位不符。这通常是由噪声干扰引起的。发生这种错误时,接收方可要求发送方重发。

2) 溢出错

接收方没来得及处理收到的数据,发送方已经发来下一个数据,造成数据丢失,这种情况称为溢出错。这通常是由收发双方速率不匹配引起的,可以采用降低发送方的发送速率或者在接收方设置 FIFO 缓冲区的方法减少这种错误。

3) 帧格式错

帧格式错是指接收方收到的数据的格式与预先约定的格式不符。这种错误大多是由于双方数据格式约定不一致或干扰造成的,可通过核对双方的数据格式减少这种错误。

4) 超时

超时一般是由于接口硬件电路速度跟不上而产生的。

4. 错误检测只在接收方进行

错误检测只在接收方进行,并且采用软件方法进行检测。一般是在接收程序中采用软件编程方法,从接口电路的状态寄存器中读出错误状态位,进行检测,判断有无错误,或者通过调用软中断的状态查询子程序来检测。

6.2.3 串行通信中的数据格式

格式化数据是通信协议中的重要内容之一,其中包含了通信双方进行联络的握手信息,通过格式化数据来解决一帧数据何时开始发送与接收、何时结束以及判断有无错误的问题。串行通信中有异步和同步两种数据格式。

1. 起止式异步通信数据帧格式

所谓起止式是在每个字符的前面加起始位,后面加停止位,中间可以加奇偶校验位,形成一个完整的数据帧格式,如图 6.5 所示。

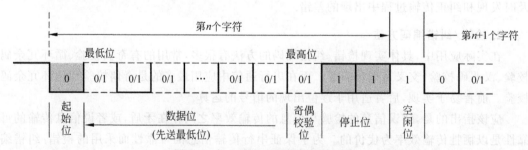

图 6.5 起止式异步通信数据帧格式

在图 6.5 中,每一帧由 4 部分组成:

(1) 1 位起始位(低电平,逻辑值 0)。

(2) 5~8 位数据位(紧跟在起始位后,是要传输的有效信息,从低位到高位依次传输)。

(3) 1 位奇偶校验位(也可以没有该位)。

(4) 1位、1位半或2位停止位。

停止位后面是不定长度的空闲位。停止位和空闲位按规定都为高电平(逻辑值1),这样就保证了起始位开始处一定有一个下降沿。

起始位和停止位是作为联络信号附加进来的,它们在异步通信格式中起着至关重要的作用。当起始位由高电平变为低电平时,表示下面接着是数据位,接收方要准备接收。停止位表示一个字符传输结束。这样,就为通信双方提供了何时开始收发、何时结束的标志。

了解了数据格式之后,再来看看通信过程。传输开始后,接收端不断检测传输线,看是否有起始位到来。当收到一系列1(停止位或空闲位)之后,检测到一个下降沿,说明起始位出现。起始位经确认后,就开始接收数据位、奇偶校验位及停止位。经过处理将停止位去掉,把数据位拼装成一个并行字节,经奇偶校验无错后才算正确地接收了一个字符。一个字符接收完毕,接收端继续测试传输线,检测下降沿的到来(即下一字符的开始),直到全部数据传输完毕。

由上述工作过程可以看出,异步通信是一次传输一帧数据,即一个字符,每传输一个字符,都用起始位通知接收方,以此重新核对收发双方的同步。即使接收方和发送方两者的时钟频率略有偏差,也不会因偏差的累积而导致错位,字符之间的空闲位也为这种偏差提供了一种缓冲,所以异步串行通信的可靠性较高。异步串行通信也比较易于实现。但是,在每个字符的前后加起始位和停止位这样一些附加位的操作使得有效数据位减少,传输效率变低。再加上起止式数据格式允许上一帧数据与下一帧数据之间有空闲位,故数据传输速率低。为了克服起止式数据格式的不足,又出现了同步通信数据帧格式。

2. 面向字符的同步通信数据帧格式

面向字符的同步通信数据帧格式的典型代表是 IBM 公司的二进制同步通信(Binary Synchronous Communication,BSC)协议。它的特点是一次传送由若干字符组成的数据块,而不是只传送一个字符,并规定了10个特殊字符作为这个数据块的开头与结束标志以及整个传输过程的控制信息(它们也称为通信控制字)。面向字符的同步通信数据帧格式如图 6.6 所示。

SYNC	SYNC	SOH	标题	STX	数据块	ETB/ETX	校验码

图 6.6　面向字符的同步通信数据帧格式

从图 6.6 中可以看出,在数据块的前后都加了几个特殊字符。SYNC 是同步(SYNChronous)字符,每一帧开始处都有 SYNC,加一个 SYNC 的称单同步,加两个 SYNC 的称双同步。接着的 SOH 是标题开始(Start of Header)字符,标题中包括源地址、目标地址和路由指示等信息。STX 是正文开始(Start of Text)字符,它标志着传送的正文(数据块)开始。数据块就是被传送的正文内容,由多个字符组成。数据块后面的 ETB 是组传输块结束(End of Transmission Block)字符,ETX 是正文结束(End of Text)字符。一帧的最后是校验码,校验方式可以是纵横奇偶校验或循环冗余校验。

当这种格式化的数据传输到接收端时,接收端就可以通过搜索1个或2个同步字符来判断数据块的开始,再通过帧格式中其他字段,就可以知道数据块传输何时结束以及传输过程中有无错误。

3. 面向比特的同步通信数据帧格式

面向比特的协议有同步数据链路控制规程(Synchronous Data Link Control,SDLC)、高级数据链路控制规程(High-level Data Link Control,HDLC)、先进数据通信协议规程(Advanced Data Communication Control Protocol,ADCCP)等。这些协议的特点是传输的一帧数据可以是任意位,而且是约定的位组合模式,而不是字符,故称面向比特的协议。面向比特的同步通信数据帧格式如图6.7所示。

8位	8位	8位	≥0位	16位	8位
01111110	A	C	I	FC	01111110
开始标志	地址场	控制场	信息场	校验场	结束标志

图 6.7　面向比特的同步通信数据帧格式

由图6.7可知,SDLC/HDLC协议规定,所有信息传输必须以一个标志字符开始,且以同一个标志字符结束。这个标志字符是01111110,称为标志场(Flag,F)。从开始标志到结束标志之间构成一个完整的信息单位,称为一帧(frame)。接收端可以通过搜索01111110来检测帧的开头和结束,以此建立帧同步。在标志场之后,可以有一个地址场(Address,A)和一个控制场(Control,C)。地址场用来规定与之通信的另一站的地址,控制场可规定若干命令。跟在控制场之后的是信息场(Information,I),包含要传送的数据,所以也叫数据场,并不是每一帧都必须有数据场。即数据场的位数可以为0,当它为0时,则这一帧是传输控制命令。紧跟在信息场之后的是两字节的帧校验场(Frame Check,FC),采用16位循环冗余校验码进行校验。

4. I²C串行总线数据格式

I²C串行总线是Philips公司开发的可连接多个主设备及具有不同速度的设备的串行总线,它只使用两根双向信号线:串行数据线(Serial Data,SDA)和串行时钟线(Serial CLock,SCL)。

I²C串行总线的数据传输速率达100kb/s,总线长度可达4m。在连接的设备数方面仅要求总线电容量不超过400pF。I²C串行总线的数据传送采用主从结构。有主控能力的设备既可以作为主设备,也可以作为从设备,各个设备既可以作为发送数据的发送器,也可以作为接收数据的接收器。

I²C串行总线的数据格式是以主设备通过数据线发送启动信号(Start)开始,发送停止信号(Stop)结束。在启动信号后发送的第一字节称为地址字节。此字节的高7位为从设备地址,最低位为指明数据传送方向的R/$\overline{\text{W}}$(读写)位,该位为0表示主设备向从设备发送数据,为1表示从设备向主设备发送数据。在地址字节后面,接着就可发送需传输的数据字节(DATA)。在通信过程中,每次传送的字节数没有限制,即在Start与Stop之间的字节数可以是任意多个,但各字节之间必须插入一个应答位(ACK),以表示是否收到对方传来的数据。数据字节从最高位开始发送,全部数据发送完后,就发送停止信号,结束一次数据传输。

总线不忙时,串行数据线及串行时钟线都保持高电平。启动信号是当串行时钟线为高电平、串行数据线送出由高到低的电平时产生的,停止信号是当串行时钟线为高电平、串行数据线送出由低到高的电平时产生的。应答位是主设备在发送1B(8b)之后,在发出的第9个时钟脉冲的高电平期间由接收设备拉低串行数据线而产生的低电平,以这一低电平作为数据字节已被接收的应答信号,发送设备也于此期间释放(拉高)串行数据线。I^2C总线完整的数据帧格式如图6.8所示。

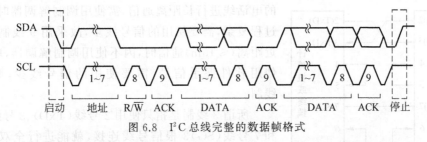

图 6.8 I^2C 总线完整的数据帧格式

各从设备在收到地址字节后将它和自己的地址进行比较,如果相符,则为主设备要寻访的从设备,即从设备被选中。被选中的从设备应在第9个时钟周期向串行数据线送出低电平应答信号,再根据主设备设定的 R/$\overline{W}$ 位,把自己设置为接收器方式或发送器方式。

6.3 串行通信接口标准

串行接口直接面向的并不是某个具体的通信设备,而是某种串行通信的接口标准。目前使用的串行通信接口标准有 RS-232C、RS-422、RS-485、I^2C、SPI 等。其中,RS-232C 标准的历史最长,也比较复杂。所以,这里以 RS-232C 为主来讨论,同时也对其他几种标准进行介绍。

6.3.1 RS-232C 标准

RS-232C 的全称是 EIA-RS-232C(Electronic Industrial Associate Recommend Standard 232C),它是美国电子工业联合会与 Bell 等公司一起开发的通信协议。它适用于数据传输速率为 0~20 000b/s 的通信,广泛用于计算机与计算机、计算机与外设的近距离串行连接。

1. RS-232C 标准对信号线定义

RS-232C 定义的主信道信号使用 9 根线,包括 2 根数据线、1 根地线以及用于联络的 6 根控制线。在近距离通信不使用调制解调器时,用以下 3 根信号线就能实现全双工通信:

- 2 号线,发送数据线 TxD。
- 3 号线,接收数据线 RxD。
- 7 号线,信号地线 SG。

其余的信号线用于 DTR、DSR、调制解调器之间的联络,具体如下:

- 4 号线,请求发送信号线 RTS。

- 5号线,清除发送信号线CTS。
- 6号线,数传机就绪信号线DSR。
- 20号线,数据终端就绪信号线DTR。
- 8号线,数据载体检出信号线DCD。
- 22号线:振铃指示信号线RI。

RS-232C标准在实际应用中有9线制与3线制两种使用方法:当通过交换式电话系统的电话线进行长距离通信,需使用调制解调器时,因联络过程复杂,需要使用的信号线多,故采用9线制;当进行近距离(≤15m)通信时,因不使用调制解调器,联络过程使用软件握手信号,需要使用的信号线少,则采用3线制。

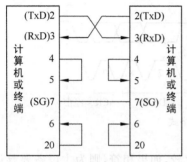

图6.9 零调制解调器方式的连接

所谓3线制是指只使用2号线(TxD)、3号线(RxD)和7号线(SG)3根信号线连接,就能进行全双工通信。在微机系统中,通常都采用3线制的零调制解调器方式进行通信,其连接方式如图6.9所示。其中,通信双方的2号线与3号线交叉对接,7号线直接对接,同时均将自身的4号线与5号线以及6号线与20号线短接。

2. RS-232C标准对信号的逻辑定义

RS-232C采用单端非平衡的传输方式,即传输的数据位的电平是以公共地作为参考的。

1) RS-232C标准对信号的逻辑定义(EIA逻辑)

RS-232C标准对信号的逻辑定义如下:

- 逻辑1(Mark)在驱动器输出端为−5～−15V,在负载端要求小于−3V。
- 逻辑0(Space)在驱动器输出端为5～15V,在负载端要求大于3V。

可见,RS-232C采用的是负逻辑,并且逻辑电平幅值很高,摆幅很大。EIA逻辑与TTL的差异如表6.1所示。显然,RS-232C标准所采用的EIA逻辑与计算机终端所采用的TTL在逻辑电平和逻辑关系上并不兼容,故需要经过转换,才能与计算机或终端进行数据交换。

表6.1 EIA逻辑与TTL的差异

特 性	EIA	TTL
逻辑关系	负逻辑	正逻辑
逻辑电平幅值	高(15V)	低(5V)
电平摆幅	大(−15～15V)	小(0～5V)

2) EIA逻辑与TTL之间的转换

EIA逻辑与TTL之间的转换采用专用芯片来完成。常用的转换芯片有以下两种:

(1) 单向转换芯片。例如,MC1488、SN75150可实现TTL向EIA逻辑的转换;MC1489、SN75154可实现EIA逻辑向TTL的转换。

(2) 双向转换芯片。例如,MAX232可实现TTL与EIA逻辑之间的双向转换。

MAX232 的内部逻辑如图 6.10 所示。从图 6.10 可知,一个 MAX232 芯片可实现两对接收/发送数据线的转换,即 TTL/CMOS 逻辑电平(0～5V)转换成 RS-232C 的 EIA 逻辑电平(10～−10V)。

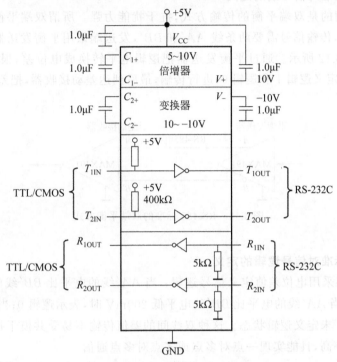

图 6.10　MAX232 的内部逻辑

3. RS-232C 标准的连接器及通信电缆

1) 连接器

连接器即插头和插座。目前 RS-232C 标准的连接器大多数采用 DB-9 型连接器,DB-25 型几乎不用了。DB-9 型连接器的外形及信号引脚分配如图 6.11 所示。如前所述,若采用 3 线制进行近距离通信时,还应将 DB-9 型连接器的 4 号线与 5 号线以及 6 号线与 20 号线分别短接。

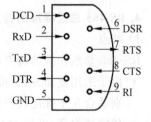

图 6.11　DB-9 型连接器的外形及信号引脚分配

2) 通信电缆长度

RS-232C 标准规定,当采用双绞线屏蔽电缆,传输速率为 20kb/s 时,在零调制解调器方式下,两台计算机或终端直接连接的最大物理距离为 15m。

6.3.2　RS-485 标准

RS-485 标准是在 RS-232C 的基础上,针对在不使用调制解调器的情况下进行远距离串行通信而提出的,因此 RS-485 标准只对数据信号线和电气特性重新进行了定义。RS-485 的主要变化是采用双线平衡方式传输数据,发送端和接收端分别使用平衡发送器和差动接收器,而未涉及其他控制信号线的定义,通信过程中传输的数据帧格式沿用 RS-232C 的数据帧格式。

1. RS-485 标准对信号线的定义

RS-485 采用的是双端平衡的传输方式,抗干扰能力强。所谓双端平衡方式,是指双端发送和双端接收,传输信号需要两条线 AA' 和 BB',发送端采用平衡发送器,接收端采用差动接收器,如图 6.12 所示。通过平衡发送器把逻辑电平转换成电位差,根据两条传输线之间的电位差值来定义逻辑 1 和逻辑 0,进行传输,最后到达差动接收器,把差动信号转换为逻辑电平。

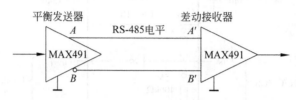

图 6.12 RS-485 标准的双端平衡方式

2. RS-485 标准对信号逻辑的定义

RS-485 标准采用电位差值定义信号逻辑:当 AA' 线的电平比 BB' 线的电平高 200mV 时,表示逻辑 1;当 AA' 线的电平比 BB' 的电平低 200mV 时,表示逻辑 0;当这两个电平之差为其他值时,处于未定义逻辑状态。这种双线间的差值传输不易受共模干扰,所以直接传输距离远,传输速率高,且能实现一点对多点或多点对多点通信。

3. RS-485 标准的连接器与通信电缆

RS-485 标准采用 4 芯水晶头连接器进行全双工异步通信,4 芯水晶头连接器类似于电话线的接头,比 RS-232C 标准的 DB-9 型连接器使用方便且价格低廉。RS-485 标准的通信电缆为屏蔽双绞线,采用半双工方式时是一对双绞线,采用全双工方式时是两对双绞线。RS-485 标准的最大传输距离与传输速度有关,若传输速度提高,则传输距离会降低。

4. RS-485 总线标准的特点及应用

1) 特点

RS-485 总线标准的特点如下:

- 由于采用差动发送/接收和双绞线平衡传输,共模抑制比高,抗干扰能力强,因此特别适合在干扰比较严重的环境下工作,如在大型商场和车间使用。
- 传输速率高,可达 10Mb/s(传输距离为 15m),传输信号摆幅小(200mV)。
- 传输距离长。不使用调制解调器,采用双绞线时传输距离为 1.2km(100kb/s)。
- 能实现一点对多点、多点对多点通信。

2) 应用

由于 RS-485 标准和 RS-232C 标准的通信协议相同,因此在软件上两者是兼容的,为 RS-232C 系统设计的通信程序可以不加修改直接应用到 RS-485 系统。

RS-485 标准目前已在许多方面得到应用,尤其是在不使用调制解调器的多点对多点通信系统中,如工业集散分布式系统、商业 POS 收银机、考勤机以及智能大楼的联网中用得很多。

RS-485 标准采用共线电路结构,可实现多个驱动器(32 个)和多个接收器(32 个)共用同一传输线的多点对多点通信,如图 6.13 所示。

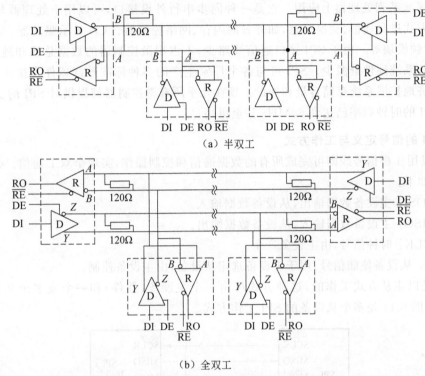

（a）半双工

（b）全双工

图 6.13　RS-485 标准多点对多点的共线电路结构

图 6.13 中的各信号和器件如下:

- DI 是驱动器输入信号。DI 上的低电平强制输出 Y 为低电平,而输出 Z 为高电平;DI 上的高电平强制输出 Y 为高电平,而输出 Z 为低电平。
- DE 是驱动器输出使能信号。DE 为高电平时,驱动器输出 Y 与 Z 有效;DE 为低电平时,驱动器输出为高阻状态。在驱动器输出有效时,器件被用作线驱动器;在高阻状态下,若 RE 为低电平,则器件被作为线接收器。
- RO 是接收器输出信号。若 A 的电平比 B 的电平高 200mV,则 RO 为高电平;若 A 的电平比 B 的电平低 200mV,则 RO 为低电平。
- R 是接收器。
- D 是驱动器。
- A 是接收器同相输入端。
- Y 是驱动器同相输出端。
- B 是接收器反向输入端。
- Z 是驱动器反向输出端。

6.3.3 SPI 标准

1. 什么是 SPI

SPI(Serial Peripheral Interface)意为串行外设接口,由 Motorola 公司首先推出并在其MC68HC××系列处理器上应用。它是一种同步串行外设接口,可以用于处理器与各种外设以串行方式进行通信、交换信息,如外置的闪存、网络控制器、LCD 显示驱动器、A/D 转换器、无线射频模块等。由于 SPI 接口通信线路少,不占用微控制器的数据总线和地址总线,因此占用的系统硬件资源少。SPI 可与各个厂家生产的多种标准外部器件直接连接,能够方便和经济地扩展系统存储容量和外设。现在几乎所有微控制器都提供对 SPI 的支持。目前高速 SPI 的时钟频率已达到 60MHz 甚至更高。

2. SPI 的信号定义与工作方式

SPI 只用 4 根信号线即可完成所有的数据通信和控制操作,实现全双工通信。4 种信号线的定义如下:

- MOSI:主设备数据输出,从设备数据输入。
- MISO:主设备数据输入,从设备数据输出。
- SCLK:时钟信号,由主设备产生。
- $\overline{\text{SS}}$:从设备使能信号,用于主设备选定从设备,由主设备控制。

SPI 是以主从方式工作的,这种方式可由一个主设备(器件)和一个或多个从设备(器件)构成。图 6.14 是多个从设备的 SPI 工作方式。

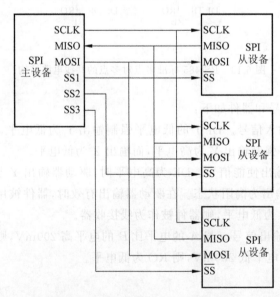

图 6.14 多个从设备的 SPI 工作方式

3. SPI 的数据传输

SPI 的通信是由主设备发起的,从设备响应,并通过 SPI 主/从设备接口完成数据的交换。主设备负责产生系统时钟并作为移位以发起通信。在主设备的移位脉冲作用下,数据按位传输,高位在前,低位在后,以主设备为参照,数据在移位脉冲的上升沿(或下降沿)由SDO输出,在紧接着的下降沿(或上升沿)由SDI读入,这样经过8次(或16次)时钟的改变,完成8位(或16位)数据的传输。如图6.15所示,在SCLK的上升沿将移位寄存器的数据左移一位,由SDO输出一位数据;在SCLK的下降沿数据改变,同时将后面一位数据存入移位寄存器。

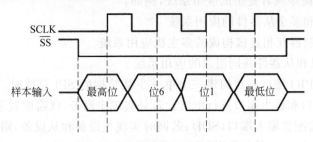

图6.15　上升沿模式的SPI数据传输时序

由于SPI器件并不一定遵循同一时序标准,例如EEPROM、DAC、ADC、实时时钟及温度传感器等器件的SPI接口的时序都有所不同,为了能够满足不同接口的时序要求,可对时钟的极性和相位进行配置,以调整SPI的通信时序。

4. SPI的工作原理

SPI接口内部硬件实际上是两个简单的移位寄存器,其结构如图6.16所示。

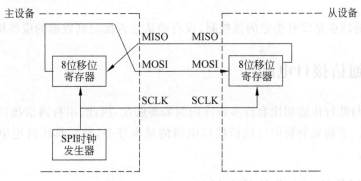

图6.16　SPI接口内部硬件结构

SPI设备在传输数据过程中总是先发送或先接收高字节数据,在每个时钟周期接收器或发送器左移1位数据。小于16位的数据在发送之前必须左对齐;接收的数据如果小于16位,则在程序中将无效的数据位屏蔽,如图6.17所示。

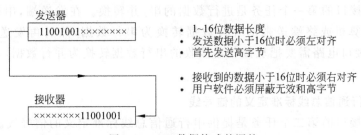

图6.17　SPI数据格式的调整

5. SPI 的应用及特点

1）SPI 的应用

根据设计目标,可将几个带有 SPI 接口的微控制器和几个兼容 SPI 接口的器件在软件的控制下构成多种简单或者复杂的应用系统,例如:

（1）一个主机和多个从器件的应用系统。

（2）几个微控制器互相连接构成的多主机应用系统。

（3）主机、从机和从器件共同组成的应用系统。

当用户采用 GPIO 接口芯片构建一个单一主从结构的 SPI 总线时,要根据设备在系统中的角色对输入端口和输出端口进行配置。若只实现主设备,仅需配置输出端口（SDO）;若只实现从设备,仅需配置输入端口（SDI）;若同时实现主设备和从设备,则需配置输入端口和输出端口。

2）SPI 的特点

SPI 有以下优点:

（1）SPI 是一种高效、数据位数可编程设置的输入输出串行接口。

（2）由主设备时钟信号的出现与否来确定主从设备间的通信。一旦检测到主设备的时钟信号,数据就开始传输。

（3）SPI 支持全双工通信,数据传输速度总体来说比 I^2C 总线要快,速度可达到每秒兆位级（Mb/s）。

SPI 接口的缺点是没有指定的流控制,没有确认是否接收到数据的应答机制。

6.4 串行通信接口电路

串行传输与并行传输相比有许多特殊问题需要解决,因此,串行通信接口设计涉及的内容要复杂得多。下面先分析串行通信接口电路的基本任务,然后具体讨论串行通信接口电路的解决方案。

6.4.1 串行通信接口电路的基本任务

由于各个串行总线的功能及用途不一样,串行通信接口电路的任务也不同,有的复杂,有的简单,其基本任务有如下几个方面。

1. 进行串/并转换

串行通信接口的第一个任务是进行数据的串/并转换。在发送端,串行通信接口电路需要把由计算机或终端送来的并行数据转换为串行数据,然后再发送出去;在接收端,串行通信接口电路需要把从接收器接收的串行数据转换为并行数据,再送至计算机或终端。

2. 提供串行通信总线标准定义的信号线

串行通信接口的第二个任务是提供串行通信总线标准定义的信号线。例如,对 RS-232C 标准,在远距离通信使用调制解调器时,接口电路需要提供 9 根信号线;在近距离零调制解调器方式时,接口电路只需提供 3 根信号线:2 号线(TxD)、3 号线(RxD)和 7 号线(SG)。

对 I²C 标准,接口电路提供两根双向信号线:串行数据线(SDA)和串行时钟线(SCL)。

对 SPI 标准,接口电路提供 4 根信号线:串行数据输入线(SDI)、串行数据输出线(SDO)、串行移位时钟信号线(SCK)、从设备使能信号线(CS)。

3. 实现串行通信协议的数据格式化

串行通信接口的第三个任务是实现执行串行通信协议的数据格式化。因为来自计算机的数据是普通并行数据,所以串行通信接口电路应具有使数据格式化的功能,实现不同串行通信方式下的数据格式化。例如,对 RS-232C 标准,在异步方式下,串行通信接口电路需自动生成起止式的字符数据帧格式;在面向字符的同步方式下,串行通信接口电路需要自动生成数据块的帧格式。

对 I²C 标准,串行通信接口电路需自动生成包括启动、地址、读写、应答、数据、停止在内的 I²C 帧数据格式。

对 SPI 标准,串行通信接口电路需自动生成 SPI 通信数据格式,允许时钟信号的上升沿或下降沿采样有不同定义。

4. 进行错误检测

串行通信接口的第四个任务是检测并报告通信过程中产生的差错。在发送端,串行通信接口电路需对传输的字符数据自动生成奇偶校验码或其他校验码;在接收端,串行通信接口电路需要对接收的字符数据进行奇偶校验码或其他校验码的检测,以确定接收的数据中是否有错误信息以及是什么性质的错误,并记入状态寄存器中,以供 CPU 进行处理。

5. 进行数据传输速率的控制

串行通信接口的第五个任务是对数据传输速率进行控制,以确保串行通信双方的数据传输速率一致。这意味着串行通信接口电路需设置波特率时钟发生器,有的是 UART 收发器自带(内嵌)波特率时钟发生器,有的是把独立设计的波特率时钟发生器添加到串行通信接口电路中。

以上任务一般都可由串行通信接口芯片完成,USART8251、UART16550 等都是功能很强的串行通信接口芯片。在嵌入式微机系统中,通常把 UART 作为一个接口功能模块集成到微处理器中,使系统结构更加紧凑。

另外,在 RS-232C 标准的串行通信接口电路中,还要进行 TTL 与 EIA 逻辑关系及逻辑电平的转换,因为 RS-232C 采用的 EIA 负逻辑及高电平与计算机采用的正逻辑和 TTL 电平不兼容,需要在串行通信接口电路中相互转换。一般是将专门的转换芯片(如 MAX232)添加到串行通信接口电路中。

6.4.2 串行通信接口电路的解决方案

本节介绍的串行通信接口电路的解决方案采用可编程通用串行通信接口芯片构成外置式的接口电路。下面先介绍本方案所采用的串行通信接口电路的组成及布局,然后在

6.5 节～6.7 节中具体讨论几种不同串行通信接口芯片的特点及其应用。

1. 串行通信接口电路的组成

串行通信接口电路一般由串行通信接口芯片、波特率时钟发生器、EIA/TTL 转换器以及地址译码电路组成。若采用 RS-485 总线标准,则串行通信接口电路还应包括平衡发送器和平衡接收器。串行通信接口芯片是串行通信接口电路的核心,能完成上面提出的串行通信接口电路基本任务中的大部分工作。采用串行通信接口芯片设计串行通信接口电路,会使电路结构比较简单。

在微机系统中,使用较多的串行通信接口芯片有异步收发器 UART16550 和同步/异步收发器 USART8251A,两者的特点与实现的功能基本相同,UART16550 性能更优,而 USART8251A 应用更简单。通常把 UART16550 作为系统中的串行通信接口芯片,而用户常常采用 UART8251A 作为扩展串行通信接口芯片。后面将对这两种接口芯片的应用分别进行讨论。

2. 串行通信接口电路的配置方式

串行通信接口电路有 3 种配置方式:外置式独立的接口芯片、内置式接口模块以及用 FPGA 构建的接口。台式微机系统大都采用外置式独立的接口芯片,内置式接口模块在 ARM 和 MCU 中使用较为普遍,而采用 FPGA 构建的接口总是与应用系统的其他硬件一起开发。

6.5 RS-232C 标准的串行通信接口电路设计

6.5.1 设计要求

要求按 RS-232C 标准进行半双工异步串行通信,把甲机上开发的步进电机控制应用程序传送到乙机,以便在乙机上运行。字符帧格式采用起止式异步方式,字符帧长度为 8 位,2 位停止位,波特率因子为 64,无校验,波特率为 4800b/s,CPU 采用查询方式交换数据。

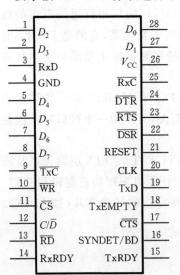

图 6.18 USART8251A 的外部引脚

6.5.2 设计方案分析

由于是近距离传输,不需要调制解调器,故采用 3 线制的 3 芯屏蔽通信电缆把甲乙两台微机直接互连。

本方案是采用通用同步/异步收发器 USART8251A 组成串行通信接口电路。先介绍 USART8251A 的外部特性和编程模型。

1. USART8251A 外部特性

USART8251A 的外部引脚如图 6.18 所示。其外部引脚功能如表 6.2 所示。

表 6.2　USART8251A 外部引脚功能

面向 CPU	面向调制解调器	状态、时钟、地线
数据线 $D_0 \sim D_7$（双向）	发送数据线 TxD（出）	发送准备好线 TxRDY（出）
读操作线 $\overline{\text{RD}}$（入）	接收数据线 RxD（入）	接收准备好线 RxRDY（出）
复位线 RESET（入）	请求发送线 $\overline{\text{RTS}}$（出）	同步字符检出线 SYNDET/BD（出）
片选线 $\overline{\text{CS}}$（入）	允许发送线 $\overline{\text{CTS}}$（入）	发送时钟线 $\overline{\text{TxC}}$（入）
寄存器选择线 $C/\overline{D}$（入）	数据终端就绪线 $\overline{\text{DTR}}$（出）	接收时钟线 $\overline{\text{RxC}}$（入）
	数传机就绪线 $\overline{\text{DSR}}$（入）	信号地线 SG

2. USART8251A 的编程模型

USART8251A 的编程模型包括内部寄存器、端口地址以及命令字、状态字的格式。

1）USART8251A 内部寄存器及端口地址

USART8251A 内部有收发数据寄存器、方式命令寄存器、工作命令寄存器和状态寄存器。数据寄存器占用一个 I/O 端口，设为 DATA51；另外 3 个控制寄存器共用一个端口，设为 CTRL51，向该端口写操作时是写命令字，从该端口读操作时是读状态字。

2）USART8251A 的命令字与状态字格式

USART8251A 的命令字分为方式命令字和工作命令字两种。

（1）方式命令字。

方式命令字用来约定通信双方的通信方式及该方式下的数据帧格式。因为 USART8251A 支持异步和同步两种通信方式，所以方式命令字的最高两位和最低两位在不同通信方式下定义的功能不同，在使用时要注意。方式命令字的格式如图 6.19 所示。

D_7	D_6	D_5	D_4	D_3	D_2	D_1	D_0
S_1	S_0	EP	PEN	L_1	L_0	B_1	B_0
停止位		奇偶校验		字符长度		波特率因子	

（同步）　　（异步）	（异步）　　（同步）		
×0=内同步　00=不用	×0=无校验	00=5位	00=不用　00=同步
×1=外同步　01=1位	01=奇校验	01=6位	01=×1　　—
0×=双同步　10=1.5位	11=偶校验	10=7位	10=×16　　—
1×=单同步　11=2位		11=8位	11=×64　　—

图 6.19　USART8251A 方式命令字的格式

例如，在异步通信中，数据格式采用 8 位数据位、1 位起始位和 2 位停止位，奇校验，波特率因子是 16，其方式命令字为 11011110B＝DEH。异步通信方式数据格式设置的程序语句如下：

```
outportb(CTRL51,0xDE);
```

又如，在同步通信中，若帧数据格式为：字符长度 8 位，双同步字符，内同步方式，奇校验，则方式命令字为 00011100B＝1CH。同步通信方式数据格式设置的程序语句如下：

```
outportb(CTRL51,0x1C);
```

（2）工作命令字。

工作命令字用于实现对串行接口内部复位、发送、接收、清除错误标志等操作的控制，以及设置$\overline{RTS}$、$\overline{DTR}$联络信号有效。如果是异步通信零调制解调器方式，则只使用 4 个关键位。其格式如图 6.20 所示。

D_7	D_6	D_5	D_4	D_3	D_2	D_1	D_0
EH	IR	RTS	ER	SBRK	RxEN	DTR	TxEN
进入搜索方式	内部复位	发送请求	错误标志复位	发中止符	接收允许	数据终端准备好	发送允许

| | 1=内部复位
0=不复位 | | 1=错误标志复位
0=不复位 | | 1=允许收
0=不允许收 | | 1=允许发
0=不允许发 |

图 6.20　USART8251A 工作命令字的格式

例如，在异步通信中，若允许接收，同时允许发送，则工作命令字是 00000101B＝05H。异步通信方式数据格式设置的程序语句如下：

```
outportb(CTRL51,0x05);
```

（3）状态字。

状态字是向 CPU 提供的何时才能开始接收或发送以及接收的数据中有无错误的信息。如果是异步通信零调制解调器方式，则只使用 5 个关键位。其格式如图 6.21 所示。

D_7	D_6	D_5	D_4	D_3	D_2	D_1	D_0
DSR	SYNDET	FE	OE	PE	TxE	RxRDY	TxRDY
数传机就绪	同步字符检出	帧格式错	溢出错	奇偶错	发送器空	接收准备好	发送准备好

| | | 1=格式错
0=无错 | 1=溢出错
0=无错 | 1=奇偶错
0=无错 | | 1=接收就绪
0=未就绪 | 1=发送就绪
0=未就绪 |

图 6.21　USART8251A 状态字的格式

下面介绍 8 位状态字中的几个关键位。

- FE：若 FE＝1，表示有帧格式错。
- OE：若 OE＝1，表示有溢出错。
- PE：若 PE＝1，表示有奇偶校验错。
- RxRDY：当 RxRDY＝1 时才能接收字符，否则就要等待。
- TxRDY：当 TxRDY＝1 时才能发送字符，否则就要等待。

例如，在接收程序中，检查出错信息的程序段如下：

```
if(0!=inportb(CTRL51)&0x38)
    printf("error\n");
```

在编程使用 USART8251A 时要注意以下两点：

（1）了解方式命令字、工作命令字和状态字三者之间的关系。方式命令字只是约定了双方通信的方式及其数据格式、传输速率等参数，但没有规定数据传输的方向是发送还是接收,故需要工作命令字来控制发送和接收。但何时才能发送和接收呢? 这就取决于它的工作状态,即状态字。只有处于发送和接收准备好的状态时,才能真正开始数据的传输。

(2) 因为方式命令字和工作命令字均无特征位标志,且都是送到同一命令端口,故需要按一定的顺序写入方式命令字和工作命令字,这种顺序不能颠倒或改变,若改变了这种顺序,USART8251A 就不能识别,故不能正确执行。这种顺序是: 内部复位→方式命令字→工作命令字。

6.5.3 电路与程序设计

1. 串行接口电路设计

根据以上分析,两台微机之间只需 TxD、RxD、SG 这 3 根线连接就能通信。串行通信接口电路以 USART8251A 为主芯片,再加上波特率时钟发生器、EIA/TTL 转换器、地址译码器等,如图 6.22 所示。

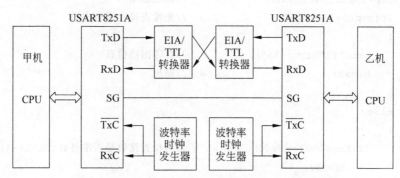

图 6.22 RS-232C 半双工异步串行通信接口电路框图

2. 串行通信程序设计

整个串行通信程序由甲机的发送程序和乙机的接收程序两部分组成。

甲机的发送程序如下:

```
unsigned int i;
unsigned char send[45];                  //发送缓冲区
unsigned char * p;
p=send;
outportb(CTRL51,0x00);                   //空操作,向命令端口发送任意数
outportb(CTRL51,0x40);                   //内部复位(使 D_6=1)
delay(1);
outportb(CTRL51,0x0cf);                  //方式命令字
outportb(CTRL51,0x37);                   //工作命令字(RTS、ER、RxEN、DTR、TxEN 均置 1)
for(i=0;i<45;i++)
{
    while(inportb(CTRL51)&0x01==0);       //检查发送是否准备好(TxRDY=1)
    outportb(DATA51, * p);               //发送 1 字节
    p++;
}
```

乙机的接收程序如下：

```
unsigned char recv[45];
unsigned char i,tmp;
void main()
{
    outportb(CTRL51,0x0aa);          //空操作,向命令端口送任意数
    outportb(CTRL51,0x50);           //内部复位(含 D₆=1)
    delay(1);
    outportb(CTRL51,0x0cf);          //方式命令字
    outportb(CTRL51,0x14);           //工作命令字(ER、RxEN 置1)
    for(i=0;i<45;i++)
    {
        tmp=inportb(CTRL51);         //读状态端口
        if(tmp&0x38!=0x00)           //先检查接收是否出错
        {
            printf("Error!\n");      //打印出错信息
            break;                   //退出
        }
        else
        {
            if(tmp&0x02==0x00)       //再检查接收是否准备好(RxRDY=1)
                break;
            else
                recv[i]=inportb(DATA51); //接收准备好,则接收1字节
        }
    }
}
```

6.6　基于 UART 的串行通信接口电路

UART 是一种通用异步收发器,是为台式微机配置的外置式串行接口芯片,也可以在嵌入式微机和 MCU 中以接口模块方式作为内置式串行接口,它支持 RS-232C 接口标准,能实现异步全双工通信。以 UART16550 为例,它具有很强的中断控制能力,并且自带内置式波特率时钟发生器和 16B 的 FIFO 数据存储器,从而提高了数据吞吐量和传输速率。下面以台式微机与实验平台 MFID 串行通信接口程序设计为例,说明 UART16550 的使用方法。

6.6.1　设计要求

要求台式微机通过串口 COM1 采用查询方式发送 1KB 数据到实验平台 MFID。通信的数据格式为：8 位数据,1 位停止位,奇校验。波特率为 2400b/s。

6.6.2　设计方案分析

方案一：基于 UART16550 芯片。

由于 COM1 采用 UART16550 芯片,因此先介绍它的外部特性与编程模型,然后讨论基于 UART16550 的串行通信程序设计。

方案二：基于 UART16550 IP。留待读者理解了方案一并学习了第 12 章后,自己完成。

1. UART16550 外部特性

UART16550 外部引脚如图 6.23 所示。

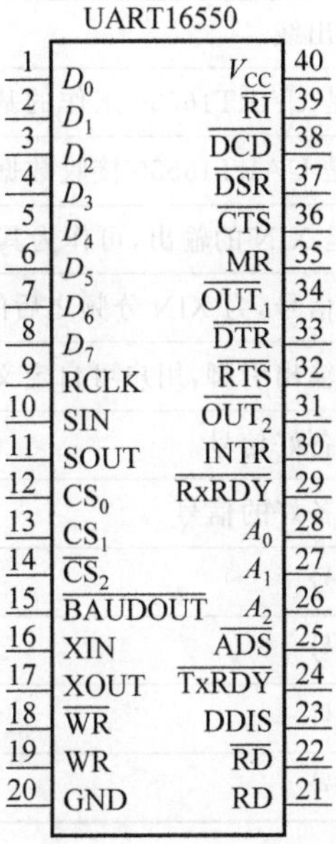

图 6.23　UART16550 外部引脚

UART16550 外部引脚功能如表 6.3 所示。

表 6.3　UART16550 外部引脚功能

引 脚 名 称	方向	功 能 说 明
$D_0 \sim D_7$	双向	系统与 UART16550 传输数据、命令和状态的数据线
$A_0 \sim A_2$	输入	UART16550 内部寄存器的寻址信号。3 位地址可寻址 8 个端口
CS_0、CS_1、$\overline{CS_2}$	输入	UART16550 的 3 个片选信号。只有 3 个片选信号全部有效,才可以选中 UART16550
$\overline{TxRDY}$	输出	发送器准备好,用于申请以 DMA 方式发送数据
$\overline{RxRDY}$	输出	接收器准备好,用于申请以 DMA 方式接收数据
$\overline{ADS}$	输入	地址选通信号,低电平有效。该信号有效时能锁存地址信号
$\overline{RD}$ 和 RD	输入	读信号。这两个信号中只要有一个有效,就可以读出 UART16550 内部寄存器的内容

续表

引脚名称	方向	功能说明
$\overline{WR}$和WR	输入	写信号。这两个信号中只要有一个有效,就可以对UART16550内部寄存器写入信息
DDIS	输出	驱动器禁止输出信号,高电平有效。禁止外部收发器对系统总线的驱动
MR	输入	主复位信号,高电平有效。该信号有效时迫使UART16550进入复位状态
INTR	输出	中断请求信号,高电平有效
SIN	输入	串行数据输入线
SOUT	输出	串行数据输出线
XIN	输入	时钟信号,是UART16550工作的基准时钟
RCLK	输入	接收时钟,是UART16550接收数据时的参考时钟
XOUT	输出	时钟信号,是XIN的输出,可作为其他定时信号
BAUDOUT	输出	波特率输出信号,为XIN分频之后的输出。它常与RCLK相连
$\overline{OUT_1}$和$\overline{OUT_2}$	输出	用户定义的输出引脚,用户可自定义它的功能(如用于开放/禁止中断)
$\overline{DTR}$	输出	数据终端准备好信号
$\overline{DSR}$	输入	数据设备准备好的信号
$\overline{RTS}$	输出	请求发送信号
$\overline{CTS}$	输入	允许发送信号
$\overline{RI}$	输入	振铃指示信号
$\overline{DCD}$	输入	载波检出信号

2. UART16550的编程模型

UART16550的编程模型包括内部寄存器及其端口地址以及相应的命令字、状态字和数据格式。

1) UART16550的内部寄存器及其端口地址

UART16550内部有11个可访问的寄存器,其端口地址分配如表6.4所示。

表6.4 UART16550内部寄存器端口地址分配

DL	访问的寄存器	$A_2A_1A_0$	COM端口1	COM端口2
0	接收缓冲寄存器(RBR)(读)与发送保持寄存器(THR)(读)	000	3F8H	2F8H
0	中断允许寄存器(IER)(写)	001	3F9H	2F9H
1	波特率除数寄存器低字节(DLL)(写)	000	3F8H	2F8H
1	波特率除数寄存器高字节(DLM)(写)	001	3F9H	2F9H
×	中断识别寄存器(IIR)(读)与FIFO控制寄存器(FCR)(写)	010	3FAH	2FAH

续表

DL	访问的寄存器	$A_2A_1A_0$	COM 端口 1	COM 端口 2
×	线路控制寄存器(LCR)(写)	011	3FBH	2FBH
×	调制解调器控制寄存器(MCR)(写)	100	3FCH	2FCH
×	线路状态寄存器(LSR)(读)	101	3FDH	2FDH
×	调制解调器状态寄存器(MSR)(读)	110	3FEH	2FEH
×	暂存寄存器(Scratch)(写)	111	3FFH	2FFH

　　UART 内部有 11 个寄存器,但系统只给它分配了 8 个端口地址,因此,必然会出现端口地址共用的问题。从表 6.4 可以看到,接收缓冲寄存器(RBR)及发送保持寄存器(THR)与波特率除数寄存器低字节(DLL)共用一个端口,中断允许寄存器(IER)与波特率除数寄存器高字节(DLM)共用一个端口。

　　为了识别共用一个端口的不同寄存器,UART16550 专门在线路控制寄存器(LCR)中设置了一个波特率除数寄存器访问位 DL(D_7 位)。当要访问波特率除数寄存器时,必须使 DL 位置 1;若需访问 RBR 和 THR 或 IER 时,则必须使 DL 位置 0。而访问那些不共用端口的寄存器时,DL 位可以为任意值(×),即为 0 或 1 均可。另外,RBR 与 THR 共用一个端口,IIR 与 FCR 共用一个端口,不过它们是对同一端口分别进行读或写操作。

　　2) UART16550 命令字与状态字的格式

　　如果是进行近距离、零调制解调器方式传送,寄存器 MCR、MSR 就不使用;如果采用查询方式,则寄存器 IER、IIR、FCR 也不使用。下面介绍几个常用的寄存器。

　　(1) 线路控制寄存器(LCR)。

　　LCR 用来约定双方通信的数据帧格式,为此,在 LCR 中安排了 5 位($D_0 \sim D_4$)来定义起止式数据帧格式,其命令字格式如图 6.24 所示。

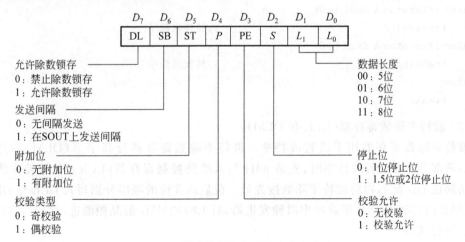

图 6.24　线路控制寄存器的命令字格式

　　例如,若要求数据帧格式如下:8 位数据位,2 位停止位,校验允许,偶校验,无附加位,

无间隔发送,禁止除数锁存,则 LCR 的命令字为 00011111B＝1FH。设置数据帧格式的语句为

```
outportb(LCR,0x1F);
```

(2) 线路状态寄存器(LSR)。

LSR 用来向 CPU 提供接收和发送过程中产生的状态,包括发送和接收是否准备好,接收过程是否发生错误以及什么性质的错误。其命令字格式如图 6.25 所示。

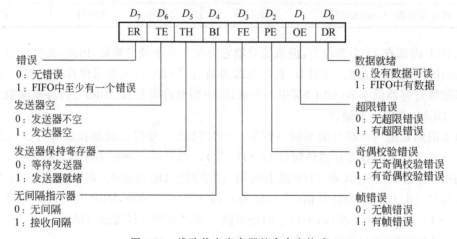

图 6.25　线路状态寄存器的命令字格式

例如,利用查询 LSR 的状态字进行收发处理的程序段如下:

```
unsigned char status = inportb(LSR);
if(status & 0x1e !=0)
    error();                          //转错误处理程序
else if(status & 0x01 !=0)
    receive();                        //转接收程序
else if(status & 0x20 !=0)
    trans();                          //转发送程序
else
    break;
```

(3) 波特率除数寄存器(DLL 和 DLM)。

波特率除数寄存器用于设置波特率。波特率除数寄存器分高字节(DLM)和低字节(DLL)两部分。在设置波特率时,先将 80H 写入线路控制寄存器(LCR),使波特率除数寄存器访问位 DL 置 1,再将波特率除数按先低 8 位后高 8 位的顺序分别写入 DLL 和 DLM。

UART16550 内部自带波特率时钟发生器,对 1.8432MHz 的晶振源进行分频,波特率除数的计算公式为

$$波特率除数 = 1\,843\,200 \div (波特率 \times 16) \tag{6.3}$$

式(6.3)中的 16 是波特率因子,即波特率的倍数。利用式(6.3)可算出不同波特率除数。表 6.5 中列出了几种常用的波特率所对应的波特率除数。

表 6.5 波特率与波特率除数对照表

波特率/(b/s)	波特率除数 (高 8 位和低 8 位)		波特率/(b/s)	波特率除数 (高 8 位和低 8 位)	
100	04H	80H	9600	00H	0CH
300	01H	80H	19 200	00H	06H
600	00H	C0H	38 400	00H	03H
2400	00H	30H	57 600	00H	02H
4800	00H	18H	115 200	00H	01H

例如,当要求波特率为 19 200b/s 时,设置波特率除数寄存器的程序段如下:

```
outportb(LCR,0x80);              //波特率除数寄存器访问位 DL 置 1
outportb(DLL,0x06);             //写入波特率除数低 8 位
outportb(DLM,0x0);              //写入波特率除数高 8 位
```

(4) 中断允许寄存器(IER)。

LER 用于允许或禁止中断。其命令字格式如图 6.26 所示,只使用低 4 位,高 4 位写 0000。
IER 可允许或禁止接收器中断、发送器中断、线路状态(错误)中断及调制解调器中断。

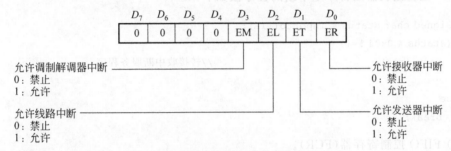

图 6.26 中断允许寄存器的命令字格式

例如,若允许接收与发送中断,则中断允许命令为 00000011B=03H。设置中断允许寄存器的语句如下:

```
outportb(IER,0x03)
```

(5) 中断识别寄存器(IIR)。

IIR 用于指示是否存在尚未处理的中断源以及是什么类型的中断源。所以,中断处理程序必须查询 IIR 以确定发生了什么类型的中断,以便转到相应的中断服务程序。中断识别寄存器的命令字格式如图 6.27 所示,只有低 4 位。

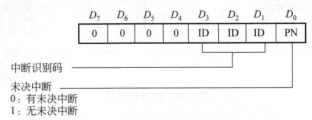

图 6.27 中断识别寄存器的命令字格式

D_0 位表示是否有中断，$D_1 \sim D_3$ 位是中断识别码，表示是什么类型的中断和它们的优先级。$D_0 \sim D_3$ 的具体编码含义如表 6.6 所示。

表 6.6 $D_0 \sim D_3$ 具体编码含义

D_3	D_2	D_1	D_0	优先级	类 型	复位控制
0	0	0	1		没有中断	
0	1	1	0	1	接收器错误中断	通过读线路状态寄存器复位
0	1	0	0	2	接收器准备好中断	通过读数据复位
1	1	0	0	3	字符超时中断	通过读数据复位
0	0	1	0	4	发送器准备好中断	通过写发送器复位
0	0	0	0	5	调制解调器状态中断	通过读调制解调器状态复位

从表 6.6 可以看出，接收器错误中断优先级最高，接着是接收器准备好中断、字符超时中断、发送器准备好中断和调制解调器状态中断。

例如，检查接收器是否产生中断的程序段如下：

```
unsigned char status = inportb(IIR);
if(status & 0x04 !=0)
    recv_int();                          //转接收中断服务程序
    ...
else
    break;
```

(6) FIFO 控制寄存器(FCR)。

FCR 用于允许或禁止使用缓存 FIFO 以及使用多大的 FIFO，以便缓冲正在发出或接收的数据。为此，在 FCR 中安排了 D_0 位(EN)来允许与禁止；$D_7 D_6$ 两位用来定义 FIFO 的深度，即指示应该用怎样的触发器水平来产生中断。这种水平就是指示在中断产生之前，接收缓冲器应该装满多少字节。FCR 的格式如图 6.28 所示。

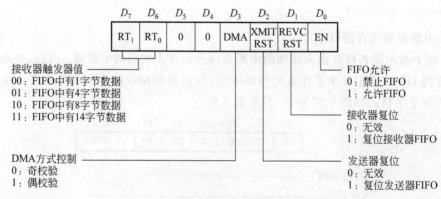

图 6.28 FCR 的格式

（7）数据寄存器（THR 和 RBR）。

数据寄存器用于暂存发送与接收的数据。有两个数据寄存器都是 8 位并共用一个端口。用于发送的数据寄存器称为发送保持寄存器（THR），用于接收的数据寄存器称为接收缓冲寄存器（RBR）。

UART16550 还有其他寄存器，由于很少使用，本书不作介绍，需要了解详细信息的读者可查阅参考文献[24,25]。

3. UART16550 的初始化

UART16550 的初始化在硬件或软件复位后进行，其内容是：通过对 LCR 编程来约定异步通信的数据帧格式，通过对波特除数寄存器编程来确定串行传输的速率。

例如，当使用 COM1 接口时，进行异步通信的数据格式为：8 位数据位，1 位停止位，偶校验，波特率为 4800b/s，则初始化程序段为

```
outportb(LCR,0x80);
outportb(DLL,0x18);
outportb(DLM,0x00);
outportb(LCR,0x1b);
```

6.6.3　电路与程序设计

1. 串行接口连接

用一根带有 DB-9 型插头的 RS-232C 标准通信屏蔽电缆将 PC 的 COM1 串口与实验平台 MFID 的串口连接起来，就可实现两机的串行通信，如图 6.29 所示。

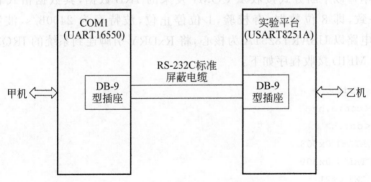

图 6.29　PC 与实验平台串行通信连接

2. 串行通信程序设计

通信程序由 PC 的发送程序和实验平台 MFID 的接收程序组成。

PC 发送程序如下：

```
#define LCR 0x3FB
#define DLL 0x3F8
#define DLM 0x3F9
#define IE 0x3F9
```

```
#define LSR 0x3FD
#define DATA 0x3F8
#define FCR 0x3FA
void main()
{
    unsigned char send[1024];             //发送缓冲区
    unsigned int i;
    Init_16550();                         //初始化 UART16550
    for(i=0;i<1024;i++)
    {
        while(inportb(LSR)&0x20==0x00);   //读线路状态端口
        outportb(DATA,send[i]);           //发送数据
    }
}
void Init_16550()             //初始化 UART16550
{
    outportb(LCR,0x80);       //波特率除数寄存器访问位置 1
    outportb(DLL,0x30);       //波特率除数低字节
    outportb(DLM,0x00);       //波特率除数高字节
    outportb(LCR,0x0b);       //对 LCR 编程,使之生成 8 位数据,奇校验,1 位停止位
    outportb(IE,0x00);        //禁止中断
    outportb(FCR,0x07);       //对 FCR 编程,使之允许接收和发送,并清空 FIFO 控制寄存器
}
```

MFID 的串口以中断方式接收从 COM1 发来的 1KB 数据,其数据格式和波特率要与 COM1 保持一致,即 8 位数据,奇校验,1 位停止位,波特率为 2400b/s,波特因子为 16。 MFID 的串口电路以 USART8251A 为核心,将 RxDRY 引脚连到系统的 IRQ3,申请中断。

实验平台 MFID 接收程序如下:

```
#include<stdio.h>
#include<conio.h>
#include<dos.h>
#define DATA51 0x308
#define CTRL51 0x309
#define OCW1 0x21
#define OCW2 0x20
void interrupt newhandler();
unsigned int n;
unsigned char recv[1024];
void main()
{
    unsigned char tmp;
    void interrupt (*oldhandler)();          //保存原中断向量
    n=1023;
    Init_51();                               //初始化 USART8251A
```

```
    oldhandler=getvect(0x0b);              //获取并保存原中断向量
    disable();                             //关中断
    setvect(0x0b,newhandler);              //设置新中断向量
    tmp=inportb(OCW1);
    tmp &=0x0f7;
    outportb(OCW1,tmp);                    //开放 IRQ3
    enable();                              //开中断
    while(n);                              //等待中断
    disable();                             //关中断
    setvect(0x0b,oldhandler);              //恢复原中断向量
    tmp=inportb(OCW1);
    tmp |=0x08;
    outportb(OCW1,tmp);                    //屏蔽 IRQ3
    enable();                              //开中断
}
void interrupt newhandler()                //中断服务程序
{
    disable();                             //关中断
    recv[1023-n]=inportb(DATA51);          //接收数据
    n--;
    outportb(OCW2,0x63);                   //给 82C59A 发 EOI 信号
    enable();                              //开中断
}
void Init_51()                             //初始化 USART8251A
{
    outportb(CTRL51,0x00);
    for(i=0;i<50;i++)                      //空操作
    {
        outportb(DATA51,i);
        delay(10);
    }
    outportb(CTRL,0x40);                   //内部复位
    outportb(CTRL,0x5e);                   //USART8251A 方式命令字
    outportb(CTRL,0x14);                   //USART8251A 工作命令字
}
```

习题 6

1. 串行通信有哪些基本特点?
2. 在串行通信中,什么是全双工通信和半双工通信?
3. 什么是误码率? 在异步串行通信中最常用的误码校验方法是什么?
4. 异步串行通信中常见的错误有几种? 产生这些错误的原因是什么?
5. 什么是异步通信和同步通信?

6. 什么是波特率？波特率在串行通信数据传输速率控制中有什么作用？

7. 什么是位周期？当位周期是 0.833ms 时,其波特率是多少？

8. 发送/接收时钟脉冲在串行数据传输中起什么作用？

9. 什么是波特率因子？使用波特率因子有什么意义？

10. 波特率、波特率因子和时钟脉冲(发送时钟与接收时钟)之间的关系是什么？

11. 当波特率为 9600b/s、波特率因子为 16 时,发送器和接收器的时钟频率应选择多少？

12. 异步通信起止式数据帧格式中的起始位和停止位各有什么作用？

13. 同步通信面向字符的数据帧格式中的同步字符起什么作用？

14. 采用 RS-232C 标准进行通信时,在近距离(微机系统内部)只使用哪 3 根信号线就能够实现全双工通信？

15. RS-232C 标准与 TTL 之间需要进行哪些转换？

16. RS-232C 标准的连接器(插头和插座)有哪两种类型？它们是否兼容？

17. RS-485 是 RS-232C 的改进型标准,具体做了哪些改进？

18. 如何实现 RS-232C 向 RS-485 的转换？

19. 串行通信接口电路的基本任务有哪些？

20. 串行通信接口电路一般由哪几部分组成？

21. 串行接口芯片 USART8251A 的编程模型包括哪些内容？

22. USART8251A 初始化的内容是什么？

23. 在对 USART8251A 进行编程时,应按什么顺序向它的命令口写入命令字？为什么要采用这种顺序？

24. 甲、乙两机进行异步串行通信,要求传送 ASCII 码字符,偶校验,两位停止位,传输速率为 1200b/s,TxC 和 RxC 的时钟频率为 19 200Hz。写出 USART8251A 的方式命令字。

25. 若要求进行内部复位,则 USART8251A 的工作命令字应该是什么？

26. 如何利用 USART8251A 芯片设计一个符合 RS-232C 标准的异步串行通信接口电路？(参见 6.5 节实例)

27. 如何设计一个符合 RS-485 标准的异步串行通信接口电路？

28. 利用系统配置的串口 COM1 进行串行通信接口设计时,用户应做哪些工作？(参见 6.6 节实例)

29. 基于 UART16550 IP 如何进行串行通信接口程序设计？

第7章 中断技术

中断技术是微处理器处理外部或内部异常事件最常用和最重要的方法,特别是对实时处理一些突发事件很有效,因而中断是系统最重要的资源。中断最初的目的是处理外设的数据传送。随着计算机的发展,中断被不断赋予新的功能,如自动故障处理、分时操作、多机系统、虚拟技术等。

本章在介绍中断的概念和类型、中断系统的组成和主要功能以及中断处理过程的基础上,重点对 Intel 和 MIPS 两个中断系统配置的中断资源的应用,包括中断向量的修改及中断服务(处理)程序的编写进行讨论。

7.1 中断的概念

在 CPU 正常运行程序时,由于发生了外部/内部随机事件或由程序预先安排的事件,引起 CPU 暂时中止正在运行的程序,而转到为外部/内部随机事件或由程序预先安排的事件服务的程序中去,服务完毕时再继续执行被暂时中止的程序,这一过程称为中断。

例如,用户使用键盘时,每按一键都会发出一个中断信号,通知 CPU 有键盘输入事件发生,要求 CPU 读入该键的键值。CPU 就暂时中止正在运行的程序,转到读取键值的程序,在读取键值的操作完成后,CPU 又返回原来的程序继续运行。

可见,中断的发生是事出有因,引起中断的事件就是中断源。中断源有很多种,因而出现多种中断类型。CPU 在处理中断事件时必须针对不同中断源的要求给出不同的解决方案,这就需要不同的中断处理程序(也叫中断服务程序)。

从程序的逻辑关系来看,中断的实质就是程序的转移。中断提供了快速转移程序运行路径的机制,中断发生后,获得 CPU 服务的程序称为中断处理程序,被暂时中断的程序称为主程序。程序的转移由 CPU 内部事件或外部事件启动,并且一个中断过程包含两次转移,首先是主程序向中断处理程序转移,然后是中断处理程序执行完毕之后向主程序转移。由中断源引起的程序转移这一切换机制可以快速改变程序运行路径,这对实时处理一些突发事件很有效。

所以,中断技术是 CPU 处理"始料不及"或"有谋在先"的事件的一种方法,其实质是程序的转移,而中断源是触发或启动这种程序转移的原因。

7.2 中断的类型

中断的类型与对中断这一技术术语的解释密切相关。由于中断一词有多种解释,因此中断也有不同的分类方法。例如,中断可以分为异步中断与同步中断、硬件中断与软件中断。

本书根据微机中断系统的中断源将中断分为外部中断和内部中断两类,并把外部中断称为中断,把内部中断称为异常。下面分别讨论它们产生的条件、特点及其应用。

7.2.1 外部中断

外部中断由来自 CPU 外部的事件产生,是由外设发出的请求信号触发的,因此也称为硬件中断,它和 CPU 当前执行的指令没有任何关系,属于异步中断。外部中断的发生具有随机性,何时产生中断,CPU 事先并不知道。外部中断可分为可屏蔽中断及不可屏蔽中断。

1. 可屏蔽中断

可屏蔽中断(Interrupt,INTR)是由外设向微处理器申请而产生的中断,但 CPU 可以用中断允许标志位来屏蔽(禁止),即不响应外设的中断请求,因此把这种中断称为可屏蔽中断。它要求 CPU 产生中断响应总线周期,发出中断应答(确认)信号予以响应,并读取外部中断源的中断号,用中断号找到中断处理程序的入口,从而进入中断处理程序。

INTR 最适合处理 I/O 设备的一次 I/O 操作结束,准备进入下一次操作的实时性要求,例如键盘中断、定时器中断、A/D 转换器的数据转换完毕中断等,因此它的应用十分普遍,一般用户都可以使用。INTR 由外部设备提出中断申请而产生,一般先由中断控制器接收外部中断申请,经排队后,再由中断控制器向 CPU 发出中断请求,并由中断控制器向 CPU 提供中断号。

2. 不可屏蔽中断

不可屏蔽中断(Non-Maskable Interrupt,NMI)是由系统硬件引发的中断。它不受中断允许标志位的影响,即 CPU 不可以屏蔽(禁止)这种中断,因此把这种中断称为不可屏蔽中断。不可屏蔽中断一旦出现,CPU 就应立即响应。CPU 在响应不可屏蔽中断时,不从外部硬件接收中断号。不可屏蔽中断对应的中断号固定为 2。

不可屏蔽中断是一种"立即照办"的中断,其优先级别高于可屏蔽中断,因此,它常用于紧急情况和故障的处理,如对系统掉电、RAM 奇偶校验错、I/O 通道校验错和协处理器运算错进行处理。不可屏蔽中断由系统使用,一般用户不能使用。

7.2.2 内部中断

内部中断来自 CPU 内部事件,是在 CPU 执行指令时触发而产生的,也称为异常。异常类型又有故障(fault)、陷阱(trap)、中止(abort)等情况。另外,由中断指令产生的中断也属于异常。

1. 异常

CPU 在执行指令时遇到一些意外或非法的情况,例如某数被零除、执行未定义的指令、内存非法访问等,就会触发异常。CPU 要处理这些异常,跳转到对应的异常处理程序中去。CPU 不知道异常何时会发生,但是异常与执行当前指令有关,属于同步中断。异常的中断号由系统预先指定,故在内部中断处理过程中,CPU 不发出中断响应信号,也不要求中断控制器提供中断号,这一点与不可屏蔽中断相似。

异常发生时,在转移到异常处理程序前,要在指令寄存器中保存 EIP(Exception

计算机接口技术

116

Instruction Pointer,异常指令指针)的值。从这个角度可将异常分为3种情况。

(1) 故障。EIP的值是引起故障的指令地址。故障一般是可以被纠正的,例如,在一条指令的执行期间,如果发现段不存在,那么停止该指令的执行,并通知系统产生段故障,对应的段故障处理程序可通过加载该段来排除故障,然后,原指令就可成功执行。

(2) 陷阱。EIP的值指向引起陷阱的指令的下一条要执行的指令。下一条要执行的指令不一定就是下一条指令。因此,陷阱处理程序并不是总能根据保存的断点反推出产生异常的指令。在转入陷阱处理程序时,引起陷阱的指令应正常完成,它有可能改变了寄存器或存储单元。单步异常是陷阱的例子。陷阱最主要的应用是调试程序,被调试的程序遇到设置的断点会停下来等待处理,处理完毕,重新执行后面的指令,也就不会再执行已经执行过的断点指令。

可见,故障与陷阱的主要区别是异常发生时EIP的值不同。

(3) 中止。引起中止的指令是无法确定的,因此不能在EIP中保存引起异常的指令所在的确切位置。中止用于报告严重的错误,异常中止处理程序会强制受影响的程序中止。产生中止时,正在执行的程序不能恢复执行。中止发生后,处理程序要重新建立各种系统表,并可能重新启动操作系统。硬件故障和系统表中出现非法值或不一致的值是中止的例子。

2. 软件中断

中断指令INT n也归类为异常,称为可编程异常(programmable exception),因为它也是执行指令产生的异常事件。软件中断是由编程者在程序中用中断指令INT n触发的,它何时产生是由程序安排的,是在预料之中的。中断指令中的操作数n称为软中断号。软中断号在中断指令中直接给出,因此,在处理过程中,CPU根据软中断号n直接进入相应的中断服务程序。

软件中断用于系统调用,是用户态转入内核态的一种方法。在Linux中提供了一个(也是唯一一个)软件中断,即int 0x80系统调用。在DOS中提供了DOS系统功能调用INT 21H,它是一个功能庞大的中断服务程序,其子功能编号为0～6CH,包括对设备、内存的管理功能,可供系统软件和应用程序调用,为用户在程序设计中使用系统资源提供了方便。

广义来说,不管是中断还是异常,都会打断CPU执行指令的正常过程,所以都可以称为中断。

7.3 中断系统

本节介绍中断系统的组成与功能。

7.3.1 中断系统的组成

中断系统由CPU、中断控制器以及用户软件组成。中断系统在操作系统的统一指挥与CPU的控制下,在中断控制器的支持和用户程序的配合下,根据中断源的需求,执行中断服务程序或异常处理程序,完成中断处理任务。

在中断处理过程中,CPU除了执行看得见的相关程序之外,还要进行一些隐性操作,例如,在响应中断后自动关闭中断、保存断点以及中断处理完毕之后恢复断点等。中断控制器主要协助 CPU 处理与外部中断源有关的事务。用户程序主要是指中断服务程序或异常处理程序,由用户根据中断源的需求编写。

7.3.2 中断系统的功能

中断系统的功能包括中断申请的管理功能和中断处理功能两大部分,其中涉及许多技术、方法与名词术语,下面将一一解释。

7.3.2.1 中断申请的管理功能

与外部硬件中断申请过程有关的管理主要由中断控制器负责,包括外部中断请求触发方式、中断请求信号的保持与清除、中断排队方式、中断嵌套和中断屏蔽。

1. 外部中断请求触发方式

外部中断源的中断请求由中断控制器受理。中断请求触发方式是指外设以什么逻辑信号向中断控制器请求中断,中断控制器允许用边沿或电平信号请求中断,即边沿触发和电平触发两种方式。中断请求触发方式在中断控制器初始化时设定。可屏蔽中断采用正跳变边沿触发或电平触发,并在初始化中断控制器时确定。

2. 中断请求信号的保持与清除

当提出中断请求的外设产生中断时,应当将其中断号进行记录与保存,包括已被响应并正在服务的中断级和尚未服务完、中途被挂起的中断级,以便 CPU 响应中断后读取中断号。中断服务完毕之后必须清除中断号。清除中断号非常重要,因为在中断服务完毕之后,若不清除中断号,即一直占住那个中断级,则别的中断请求不能进来,所以必须在中断服务程序中用中断结束命令 EOI 强制清零。这就是在中断服务程序中必须发出中断结束命令的原因。中断请求信号的保持与清除由中断控制器完成。

3. 中断排队方式

当系统有多个中断源时,就可能出现同时有几个中断源都请求中断,而 CPU 在一个时刻只能响应并处理一个中断请求。为此,要进行中断排队。外部中断源的排队由中断控制器安排与处理。

中断优先级由高到低的顺序是内部中断、不可屏蔽中断、可屏蔽中断。内部中断的优先级最高,可屏蔽中断的优先级最低。若 NMI 和 INTR 同时产生中断请求,则优先响应并处理 NMI 的中断请求。中断排队的方式有以下两种:

- **按优先级排队**。根据任务的轻重缓急,给每个中断源指定 CPU 响应的优先级,任务紧急的先响应,可以暂缓的后响应。例如,给键盘指定较高优先级的中断,给打印机指定较低优先级的中断。安排了优先级后,当键盘和打印机同时请求中断时,CPU 先响应并处理键盘的中断请求。
- **循环轮流排队**。不分级别高低,CPU 轮流响应各个中断源的中断请求。

还有其他一些排队方式,但使用最多的是按优先级排队方式。

4. 中断嵌套

在实际应用中,当 CPU 正在处理某个中断源,即正在执行中断服务程序时,会出现优先级更高的中断源提出中断请求。为了使更紧急、优先级更高的中断及时得到服务,需要暂时打断(挂起)当前正在执行的优先级较低的中断服务程序,去处理优先级更高的中断源,待处理完以后,再返回被打断的中断服务程序继续执行。但优先级相同或优先级低的中断源不能打断优先级高的中断服务,这就是中断嵌套。它是解决多重中断常用的一种方法。

INTR 可以进行中断嵌套。NMI 一般不进行中断嵌套。

5. 中断屏蔽

中断屏蔽是指对外设中断请求的屏蔽,即是否允许外设请求中断,而不是对已经提出的中断请求是否响应的问题。中断响应由 CPU 处理,而中断屏蔽由中断控制器处理。中断屏蔽有常规屏蔽方式和特殊屏蔽方式,常规屏蔽方式使用得较多。

7.3.2.2 中断处理功能

中断处理必须由操作系统、CPU、中断控制器和用户程序相互配合、共同完成,才能实现中断的目标。相应的操作包括中断号的获取、中断响应周期以及中断处理。

1. 中断号的获取

1) 中断号

中断号是系统分配给每个中断源的代号,以便识别和处理。中断号在中断处理过程中起到很重要的作用,在采用向量中断方式的中断系统中,CPU 必须通过中断号才可以找到中断服务程序的入口地址,实现程序的转移。

为了在中断向量表中查找中断服务程序的入口地址,可将中断号(n)乘以 4,得到一个指针(见 7.4.1 节),指向中断向量(即中断服务程序的入口地址)在中断向量表中的位置,从该位置取出中断服务程序的入口地址(CS:IP),装入代码段寄存器(CS)和指令指针寄存器(IP),即转移到中断服务程序去执行。

应该指出的是,中断号是固定的,一经系统指定之后,就不再变化。而中断号所对应的中断向量是可以改变的,即一个中断号所对应的中断服务程序不是唯一的。中断向量可以修改,这为用户使用系统中断资源带来很大方便。当然,有些系统的专用中断不允许用户随意修改。

现代微机系统的中断号是动态配置的,不是固定的,通过总线桥的配置地址空间进行分配。这部分内容可阅读参考文献[24,25]。

2) 获取中断号的方法

对系统中不同类型的中断源,CPU 获取它们的中断号的方法不同。外部硬件中断类型的可屏蔽中断的中断号是在中断响应周期从中断控制器获取的。内部中断类型的软件中断 INT×H 的中断号(×H)是由中断指令直接给出的。不可屏蔽中断以及异常的中断号是由系统预先设置好的,例如,不可屏蔽中断的中断号为 02H,非法除数的中断号为 0H。

2. 中断响应周期

当 CPU 收到外设通过中断控制器提出的中断请求后,如果当前指令已执行完,且中断标志位 IF＝1（即允许中断），又没有 DMA 请求，那么，CPU 就进入中断响应周期，发出两个连续中断应答信号$\overline{INTA}$完成一个中断响应周期。中断响应周期时序如图 7.1 所示。

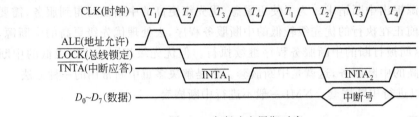

图 7.1　中断响应周期时序

当 CPU 发出第一个中断应答信号$\overline{INTA_1}$脉冲时，CPU 输出有效的总线锁定信号$\overline{LOCK}$，使总线在此期间处于封锁状态，防止其他处理器或 DMA 控制器占用总线。

当总线控制器发出第二个中断应答信号$\overline{INTA_2}$脉冲时，总线锁定信号$\overline{LOCK}$撤销，总线锁定被解除，地址允许信号 ALE 也变为低电平（无效），即允许数据线工作。正好此时中断控制器将当前中断服务程序的中断号送到数据线上，由 CPU 读入。

3. 中断识别

CPU 响应中断后，只知道有中断源请求中断服务，但并不知道是哪一个中断源。因此，CPU 要设法寻找中断源，即找到是哪一个中断源发出中断请求，这就是中断识别。中断识别的目的是形成该中断源的中断服务程序的入口地址，从而实现程序的转移。CPU 识别中断或获取中断服务程序入口地址的方法有两种：向量中断和非向量中断。有关向量中断与非向量中断的讨论在 7.4 节进行。

4. 中断处理

由于各类中断引起的原因和要解决的问题不相同，故中断处理过程也不尽相同，但几个基本阶段是共同的。其中，可屏蔽中断的处理过程较为典型，全过程包括以下 4 个阶段。

1）响应中断

当外设要求 CPU 服务时，需向 CPU 发出中断请求信号。CPU 若发现有外部中断请求，并且处在开中断条件（IF＝1）下，又没有 DMA 申请，则 CPU 在当前指令执行结束时，进入中断响应总线周期，响应中断请求，并且通过中断应答信号$\overline{INTA_2}$从中断控制器读取中断源的中断号，完成中断请求与中断响应的握手过程。这一阶段的主要目标是获取外部中断源的中断号。

2）标志位的处理与断点保存

微处理器获得外部中断源的中断号后，把标志寄存器的内容（FLAGS）压入堆栈，并置 IF＝0 以关闭中断，置 TF＝0 以防止单步执行。然后将当前程序的代码段寄存器的内容（CS）和指令指针寄存器的内容（IP）压入堆栈，这样就把断点（返回地址）保存在堆栈的栈顶。这一阶段的主要目标是做好程序转移前的准备。

3）向中断服务程序转移并执行中断服务程序

将已获得的中断号乘以 4 得到地址指针，在中断向量表中，读取中断服务程序的入口地址 CS:IP，再把它写入代码段和指令指示器，实现程序控制的转移。这一阶段的目标是完成主程序向中断服务程序的转移，或称为中断服务程序的加载。

在程序控制转移到中断服务程序之后，就开始由 CPU 执行中断服务程序了。

4) 返回断点

中断服务程序执行完毕后，要返回主程序，因此，一定要恢复断点和标志寄存器的内容，否则主程序无法继续执行。为此，在中断服务程序的末尾，执行中断返回指令 IRET，将栈顶的内容依次弹出，放到 IP、CS 和 FLAGS 中，就恢复了主程序的执行。实际上，这里的"恢复"与前面的"保存"是相反的操作。

5. 不可屏蔽中断和软中断的处理过程

由于不可屏蔽中断和软中断的不可屏蔽性，并且其中断号的获取方法与可屏蔽中断不一样，所以其中断处理过程也与可屏蔽中断有所差别。主要差别是这两种中断不需通过中断响应周期获取中断号，其中断号是由系统分配的。其他处理过程与可屏蔽中断的一样。

7.4　中断程序入口地址的处理方式

中断系统的中断机制中最重要的一环是 CPU 响应中断之后如何转移到中断服务程序去，为此，必须找到服务程序的入口地址，有了入口地址就能执行服务程序。换一个说法，CPU 响应中断后，只知道有中断源请求中断服务，但并不知道是哪一个中断源。因此，CPU 要设法寻找中断源，即找到是哪一个中断源发出的中断请求，这就是中断识别。不同的系统架构对中断服务程序入口地址的处理方式有所不同，可以分为向量中断和非向量中断。

向量中断由硬件提供中断服务程序入口地址，且不同的中断号有自己的入口地址，一旦发生中断，可快速转入服务程序去执行，因而响应速度快，实时性好。但是向量中断的服务程序入口地址是由硬件设计时确定的，固定好了，没法改变，可扩展性差。非向量中断由软件提供中断服务程序入口地址，且多个中断号只有一个入口地址，进入这个入口地址后，再根据中断标志来识别具体是哪个中断，延迟了转入中断服务程序的时间，响应速度慢，实时性较差。但是非向量中断可扩展性较好，硬件结构也相对简单。

7.4.1　向量中断

向量中断的基本思路是：CPU 响应中断后，根据中断源提供地址信息，由此地址信息对程序的执行流程进行导向，引导到中断服务程序中去，故把这个地址信息称为向量。可见，此处的向量起到指向中断服务程序起始地址的作用。向量中断有两个重要的概念：中断向量与中断向量表。

1. 中断向量

中断向量(Interrupt Vector，IV)是指中断服务程序的入口地址。中断服务程序是预先设计好并存放在存储区中的。中断服务程序的入口地址在 Intel 处理器中由段基址(CS，2B)和偏移量(IP，2B)两部分(共 4B)组成。在 AVR 或 ARM 微处理器中，中断向量的大小也是 4B。

2. 中断向量表

把系统中所有的中断向量集中起来放到存储器的某一区域内，这个存放中断向量的存储区就是中断向量表(Interrupt Vector Table,IVT)或中断服务程序入口地址表。

在不同的系统中,中断向量表的结构不同。在 Intel 系统,规定把物理存储器的 0000H~03FFH 共 1024 个地址单元作为中断向量存储区,从存储器的物理地址 0 开始,按照中断类型号从小到大的顺序存储对应的中断向量,总共可存储 256 个中断向量。中断向量在中断向量表中的存放位置是:向量的偏移量(IP)存放在两个低字节单元中,向量的段基址(CS)存放在两个高字节单元中。

在 ARM 系统中,在物理内存从 0x00 开始到 0x1C 的地址单元中存放 8 个不同的中断向量。在 ARM V4 及 V4T 以后的大部分处理器中,中断向量表可以有两个起始位置:一个是 0x00000000,另一个是 0xFFFF0000。

有了中断向量表,在中断响应过程中,处理器通过获取的中断类型号,计算出对应的中断向量在中断向量表中的位置,并从中断向量表中找到中断向量,将程序流程转向中断服务程序的入口地址。那么,如何在中断向量表中查找到需要的中断向量呢?

3. 中断向量表的查表方法

下面以 8 号中断为例,说明如何在中断向量表中找中断向量的方法。设 8 号中断的中断向量为 CS8:IP8。8 号中断表示这个中断向量处在中断向量表中的第 8 个表项处,每个中断向量占用 4 个连续的存储单元,并且中断向量表是从存储器的 0000 单元开始的。所以,8 号中断的中断向量在存储器中的地址为 8×4=32=20H,表示 8 号中断的中断向量存放在存储器的 20H 单元开始的连续 4 字节内,其中,偏移量 IP8 在 20H~21H 中,段基址 CS8 在 22H~23H 中。

这样,如何在中断向量表查找服务程序的中断向量就很清楚了。其方法是:将中断号乘以 4,得到中断向量表的地址指针,该指针所指向的表项的内容就是服务程序的中断向量,即服务程序的入口地址。

总之,如果已知一个中断号,则通过两次地址转换,先由中断号到中断向量表的地址,再由中断向量表的地址到中断服务程序入口地址,就可找到中断服务程序。

7.4.2 非向量中断

非向量中断不能根据中断号找到中断服务程序入口地址,原因是:非向量中断是多个中断源共用一个入口地址,而不是像向量中断那样对每个中断源都分配一个入口地址并且固定。因此,在进入这个共用的入口地址之后,还需经过查询与判断,才能找到是哪个中断源及其中断服务程序的入口地址。从这个意义上讲,非向量中断的实质是查询中断,并且是由软件完成的,所以延迟了对中断请求的响应时间。

下面以 ARM 系统为例来说明非向量中断。ARM 把物理存储器的 0x18 作为多个非向量中断的入口地址,当系统发现有中断,就进入 0x18 地址单元,该处并非中断服务程序的入口地址,而是一条跳转指令,跳转到中断处理函数 IRQ_Handle。IRQ_Handle 读取对应的寄存器,经过计算找到真正的中断源的偏移量,再通过偏移量,在中断函数表中获得对应中断的中断服务程序的入口地址。中断函数表中安排好了每个中断所对应的中断服务程序的位置,即入口地址。

不同微机系统采用的中断服务程序入口地址处理方式不同。即使同一微机系统,对不

同的中断源也会采用不同的处理方式。例如,ARM 系统中断向量表中的中断与异常如下:

0x00:系统复位异常。

0x04:未定义指令异常。

0x08:软中断异常。

0x0C:预取异常。

0x10:数据异常。

0x14:保留。

0x18:外部中断。

0x1C:快速中断。

上面的前 5 个地址中的异常都是向量中断,由硬件架构决定,每个异常都有自己的入口地址,而且是固定的地址。当发生异常时,系统会自动跳转到这些地址,实现程序的转移。而 0x18 处的外部中断为非向量中断,是多个非向量中断的总的入口地址,当系统发现有外部中断时,就不能直接跳转到相应的服务程序,而是跳转到 IRQ_Handle 函数,由这个处理函数完成相应中断源的中断服务程序的入口地址的寻找,实现程序的转移。而 0x1C 处的快速中断就不一样,可以直接在 0x1C 处存放快速中断的中断处理程序,因此比外部中断响应速度快。

USB 的中断是轮询(polling)类型。主机要频繁地请求端点输入,USB 设备在全速情况下,其端点轮询周期为 1～255ms,对于低速情况,轮询周期为 10～255ms。因此,最快的轮询频率是 1kHz。像键盘、鼠标之类的输入设备采用这种方式没有问题。

7.5 Intel 中断系统

本节讨论 Intel 架构下的中断系统,包括 Intel 中断系统的组成、中断控制器 PIC82C59A、PC 系统中断资源的应用以及中断程序设计等内容。

7.5.1 Intel 中断系统的组成

Intel 中断系统可容纳和处理 256 级中断源(有一部分还没有使用),包括:

- 外部可屏蔽中断,如时钟中断(8 号)、键盘中断(9 号)、串口中断(11 号、12 号)、并口中断(13 号)、打印机中断(15 号)、硬盘中断(76H 号)、不可屏蔽中断(2 号)。
- 内部异常,如除零(0 号)、单步(1 号)、断点(3 号)、溢出(4 号)以及用于系统功能调用的软件中断(21H 号)等。

其中,可屏蔽中断由主、从两片 PIC82C59A 中断控制器级联组成,可支持 15 级可屏蔽中断处理,其结构如图 7.2 所示。

7.5.2 中断控制器 PIC82C59A

从 7.3 节的分析可知,中断控制器是计算机中断系统不可缺少的支持电路,尤其是对外部中断,它协助 CPU 处理了大部分硬件中断事务。因此,各类微机系统都配置了相应的中断控制器,如 Intel 架构的可编程中断控制器 PIC82C59A、MIPS 架构的 AXI 中断控制器

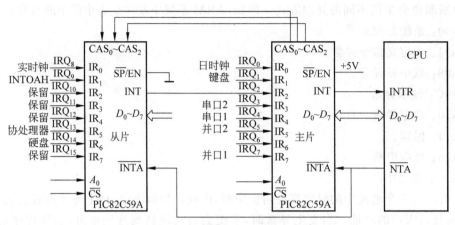

图 7.2 可屏蔽中断结构

INTC 以及单片机内部负责处理中断的特殊功能寄存器(PFR)。它们虽然功能的强弱、结构的复杂程度不一样,但基本的逻辑与工作原理是相同的。本节以 PIC82C59A 为例,介绍中断控制器的外部特性、工作方式、编程模型以及初始化程序。

7.5.2.1 PIC82C59A 的外部特性

PIC82C59A 的外部引脚如图 7.3 所示。下面重点介绍两组与中断有关的引脚信号线:

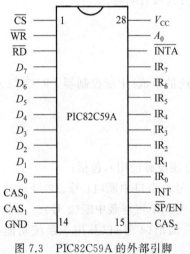

图 7.3 PIC82C59A 的外部引脚

- 8 根中断请求线 $IR_0 \sim IR_7$。其作用有两个:一是接收外设的中断请求,可接收 8 个外部中断源的中断请求;二是供外部中断优先级排队用,可进行 8 级中断排队,连接 IR_0 的设备优先级最高,连接 IR_7 的设备优先级最低。
- 3 根中断级联信号线 $CAS_0 \sim CAS_2$ 和主从芯片的设定线 $\overline{SP}/EN$,用于扩展中断源。

7.5.2.2 PIC82C59A 的工作方式

PIC82C59A 提供了多种工作方式,如图 7.4 所示,这些工作方式使 PIC82C59A 协助 CPU 处理外部中断的使用范围大大增加。工作方式由初始化命令确定,其中有些方式是经常使用的,有些方式很少用到。

常用的工作方式有中断触发方式、中断屏蔽方式中的常规屏蔽方式、中断优先级排队方式、中断结束方式中的非自动结束方式。其中,非自动结束方式是指在服务完毕后不能自动清零,而必须在中断服务程序中发出中断结束命令(EOI)才能清零。非自动结束方式的指定结束命令明确指定哪一级中断结束,其命令代码是 $6 \times H$,其中×代表 0~7,表示与 $IR_0 \sim IR_7$ 相对应的 8 级中断。指定结束命令是最常用的中断结束命令,可用于各种中断优先级排队方式的中断结束。

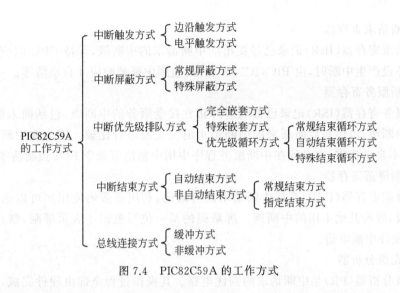

图 7.4　PIC82C59A 的工作方式

特殊屏蔽方式和自动结束方式使用得较少。如果只使用单片中断控制器,就没有级联问题。

7.5.2.3　PIC82C59A 的编程模型

PIC82C59A 的编程模型包括内部可访问的寄存器、相应的 7 个不同格式的命令字以及端口地址。

1. PIC82C59A 内部寄存器

PIC82C59A 内部有一个控制逻辑模块和 4 个寄存器。其中,控制逻辑模块内部设置了命令寄存器。比较特殊的是 PIC82C59A 内部没有设置数据寄存器,因为它与 CPU 之间只传送命令,不传送数据。PIC82C59A 的内部寄存器如图 7.5 所示。

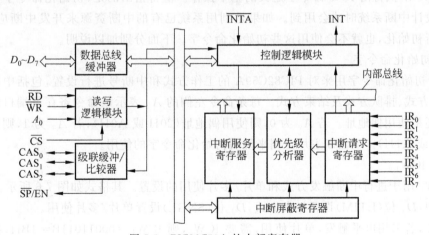

图 7.5　PIC82C59A 的内部寄存器

1) 命令寄存器

命令寄存器为 8 位,隐含在控制逻辑模块内部,接收并处理 7 个命令字。

2）中断请求寄存器

中断请求寄存器(IRR)记录已经提出的中断请求的中断级,等待 CPU 响应。当提出中断请求的外设产生中断时,由 PIC82C59A 置位,直到中断被响应才自动清零。

3）中断服务寄存器

中断服务寄存器(ISR)记录已被响应并正在接受服务的中断级,包括尚未服务完、中途被挂起的中断级,以便与后面新来的中断请求的优先级进行比较。因为在中断服务完毕之后,该位并不自动清零,而必须在中断服务程序中用中断结束命令 EOI 强制清零。

4）中断屏蔽寄存器

中断屏蔽寄存器(IMR)存放中断请求的屏蔽码,利用屏蔽码使用户可以选择开放其需要的中断级,屏蔽其他不用的中断级。屏蔽码的某一位写逻辑 1 表示屏蔽,禁止中断请求;写逻辑 0,允许中断申请。

5）优先级分析器

优先级分析器(PR)是中断请求的判优电路。其操作过程全部由硬件完成,故该寄存器是用户不可访问的,它不属于 PIC82C59A 的编程模型。

2. PIC82C59A 的端口地址

中断控制器是系统资源,其端口地址由系统分配,见表 3.1。表中的端口地址都是命令寄存器的地址,没有分配数据端口地址。主片和从片各有两个端口地址,主片的是 20H 和 21H,从片的是 0A0H 和 0A1H。具体使用哪个端口地址由命令字 ICW 和 OCW 的标志位 A_0 指示。

3. PIC82C59A 的命令字

PIC82C59A 共有 7 个编程命令字,分为初始化命令字 $ICW_1 \sim ICW_4$ 和操作命令字 $OCW_1 \sim OCW_3$ 两类。初始化命令字 ICW 确定中断控制器的基本配置或工作方式,而操作命令字 OCW 执行由 ICW 命令字定义的基本操作。值得指出的是,初始化命令字在用户自行另外设计中断系统时才会用到。如果是利用系统已有的中断资源来开发中断应用,就不需要进行初始化,也就不会使用这些初始化命令字。下面分别加以说明。

1）初始化命令字

4 个初始化命令字用来对 PIC82C59A 的工作方式和中断号进行设置,包括中断触发方式、级联方式、排队方式及结束方式。每条命令左侧的 A_0 表示该命令寄存器端口地址使用奇地址还是使用偶地址。若 A_0 为 0,则使用偶地址(20H 或 A0H);若 A_0 为 1,则使用奇地址(21H 或 A1H)。下面以主片为例来说明初始化命令字的使用。

(1) ICW_1。

ICW_1 用于进行中断触发方式和单片/多片使用的设置。其格式如图 7.6 所示。

其中,D_3 位(LTIM)设置触发方式,D_1 位(SNGL)设置单片/多片使用。

例如,若采用电平触发,单片使用,需要 ICW_4,则 $ICW_1 = 00011011B = 1BH$,执行初始化命令字 ICW_1 的语句如下:

```
#define ICW₁ 20H
outportb(ICW₁,0x1B)
```

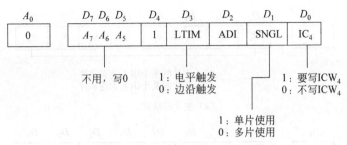

图 7.6　初始化命令字 ICW_1 的格式

（2）ICW_2。

ICW_2 用于进行中断号设置。其格式如图 7.7 所示。

图 7.7　初始化命令字 ICW_2 的格式

中断号在初始化编程时只写高 5 位；低 3 位写 0，其实际值由外设所连接的 IR_i 引脚编号决定，并由 PIC82C59A 自动填写。

例如，硬盘中断号的高 5 位是 08H，它的中断请求线连到 PIC82C59A 的 IR_5 上，故在向 ICW_2 写入中断号时，只写中断号的高 5 位（08H），低 3 位取 0。执行初始化命令字 ICW_2 的语句如下：

```
#define ICW₂  21H
outportb(ICW₂,0x08)
```

而中断号的低 3 位的实际值为 5，因为它的中断请求线是连到 IR_5 上，由硬件自动填写。

（3）ICW_3。

ICW_3 用于进行级联方式设置，分主片和从片两种不同的格式，如图 7.8 所示。

ICW_3 命令字只有系统存在两片以上 PIC82C59A 时才启用，否则不用 ICW_3 命令字。使用 ICW_3 时要将主片和从片分开设置。

主片 ICW_3 的 8 位表示哪一个 IR 引脚连接从片。若有，该位写 1；若无，该位写 0。例如，如果主片的 IR_4 上有连接从片，则主片的 ICW_3＝10H。

从片 ICW_3 的 8 位表示它的中断请求线 INT 连到主片哪一个 IR 上。例如，若连到主片的 IR_4，则从片的 ICW_3＝04H。

例如，主片的 IR_3 和 IR_6 两个引脚分别连接了从片 A 与从片 B 的中断请求线，故主片的 ICW_3＝01001000B＝48H，执行主片 ICW_3 命令字的语句如下：

```
#define ICW₃  21H
outportb(ICW₃,0x48)
```

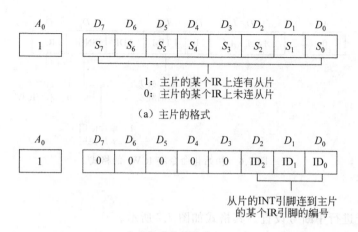

1: 主片的某个IR上连有从片
0: 主片的某个IR上未连从片

（a）主片的格式

从片的INT引脚连到主片
的某个IR引脚的编号

（b）从片的格式

图 7.8 初始化命令字 ICW_3 的格式

从片 A 的中断请求线连到主片的 IR_3，所以从片 A 的 $ICW_3=00000011B=03H$，执行从片 A 的 ICW_3 命令字的语句如下：

```
#define ICW₃   21H
outportb(ICW₃,0x03)
```

从片 B 的中断请求线连到主片的 IR_6，所以从片 B 的 $ICW_3=00000110B=06H$，执行从片 B 的 ICW_3 命令字的语句如下：

```
#define ICW₃   21H
outportb(ICW₃,0x06)
```

（4）ICW_4。

ICW_4 用于进行中断优先级排队方式和中断结束方式的设置，其格式如图 7.9 所示。

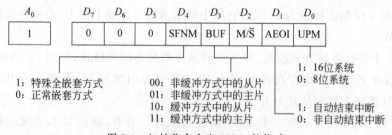

1: 特殊全嵌套方式   00: 非缓冲方式中的从片   1: 16位系统
0: 正常嵌套方式   01: 非缓冲方式中的主片   0: 8位系统
                      10: 缓冲方式中的从片
                      11: 缓冲方式中的主片   1: 自动结束中断
                                                0: 非自动结束中断

图 7.9 初始化命令字 ICW_4 的格式

其中，D_4 位（SFNM）设置中断排队方式，D_1 位（AEOI）设置中断结束方式。

例如，若 CPU 为 16 位，PIC82C59A 与系统总线之间采用缓冲器连接，非自动结束中断，只用一片 PIC82C59A，正常完全嵌套，其初始化命令字 $ICW_4=00001101B=0DH$，执行 ICW_4 的语句如下：

```
#define ICW₄   21H
outportb(ICW₄,0x0D)
```

2）操作命令

3 个操作命令（$OCW_1 \sim OCW_3$）是对 PIC82C59A 经初始化所选定的（设置的）中断屏蔽、中断结束、中断排队方式进行实际操作。其中，OCW_1 的中断屏蔽/开放和 OCW_2 的中断结束是用户编程常用的操作，要学会使用。OCW_3 很少使用，可一般了解。

（1）OCW_1。

OCW_1 用于执行常规的中断屏蔽/开放操作，其格式如图 7.10 所示。

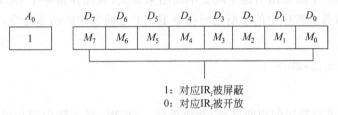

1：对应 IR_i 被屏蔽
0：对应 IR_i 被开放

图 7.10 操作命令字 OCW_1 的格式

8 位分别对应 8 个外部中断请求，置 1 为屏蔽，置 0 为开放。对主片和从片要分别写 OCW_1。

例如，要使中断源 IR_3 开放，其余均被屏蔽，其操作命令字 $OCW_1 = 11110111B = 0F7$。在主程序中开中断之前，要写一段程序指明仅开放中断源 IR_3 的中断请求，程序如下：

```
#define OCW₁    21H
outportb(OCW₁,0xf7)
```

（2）OCW_2。

OCW_2 用于执行中断结束操作和优先级排队操作，其格式如图 7.11 所示。

A_0	D_7	D_6	D_5	D_4	D_3	D_2	D_1	D_0
1	R	SL	EOI	0	0	L_2	L_1	L_0

图 7.11 操作命令字 OCW_2 的格式

其中，D_6 位（SL）、D_5 位（EOI）及 $D_0 \sim D_2$ 位（$L_0 \sim L_2$）用于进行中断结束操作。D_7 位（R）进行优先级循环的操作。OCW_2 中 R、SL、EOI 的组合功能如表 7.1 所示。

表 7.1 OCW_2 中 R、SL、EOI 的组合功能

R	SL	EOI	功　能
0	0	1	不指定结束中断命令，全嵌套方式
0	1	1	指定结束中断命令，全嵌套方式，$L_2 \sim L_0$ 指定对应 ISR 位清零
1	0	1	不指定结束中断命令，优先级自动循环
1	1	1	指定结束中断命令，优先级特殊循环，$L_2 \sim L_0$ 指定最低优先级
1	0	0	自动结束中断，优先级自动循环
0	0	0	自动结束中断，取消优先级自动循环

续表

R	SL	EOI	功　能
1	1	0	优先级特殊循环，$L_2 \sim L_0$ 指定最低优先级
0	1	0	无操作

例如，若对 IR_3 中断采用指定全嵌套中断结束方式，其操作命令字 $OCW_2 = 01100011B = 63H$，则需在中断服务程序中的中断返回指令 IRET 之前发中断结束命令，语句如下：

```
#define OCW₂  21H
outportb(OCW₂,0x63)
```

(3) OCW_3。

OCW_3 用于进行特定的中断屏蔽/开放操作。OCW_3 在实际中很少使用，不作介绍，可见参考文献[24,25]。

7.5.2.4　PIC82C59A 初始化

PC 配置两片 PIC82C59A 中断控制器，以级联方式共同组成一个 15 级可屏蔽中断，协助 CPU 处理中断事务。

1. 初始化设置的内容

初始化设置的内容如下：

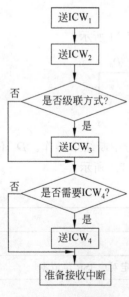

图 7.12　PIC82C59A
初始化流程

(1) 中断触发采用边沿触发方式，上跳变有效。

(2) 中断屏蔽采用常规屏蔽方式，使用 OCW_1 向 IMR 写入屏蔽码。

(3) 中断优先级排队采用固定优先级的完全嵌套方式。

(4) 中断结束采用非自动结束方式中的不指定全嵌套和指定全嵌套两种命令格式，即在中断服务程序返回之前发结束命令代码 20H 或 6×H 均可（×表示 0~7）。

(5) 级联采用主从连接方式，并且规定把从片的中断请求线连到主片的中断请求输入引脚 IR_2 上。

(6) 15 级中断号的分配为：中断号 08H~0FH 对应 $IRQ_0 \sim IRQ_7$，中断号 70H~77H 对应 $IRQ_8 \sim IRQ_{15}$。

(7) 两片 PIC82C59A 的端口地址分配为：主片的两个端口是 20H 和 21H，从片的两个端口是 0A0H 和 0A1H。

2. 初始化设置的程序

初始化流程如图 7.12 所示。

中断控制器初始化程序分为主片和从片两部分。

主片初始化程序段如下：

```
#define INTA00 0x20          //PIC82C59A 主片端口（A₀=0）
```

```
#define INTA01 0x21              //PIC82C59A 主片端口(A₀=1)
outportb(INTA00,0x11);          //ICW₁:边沿触发,多片,需要 ICW₄
delay(10);
outportb(INTA01,0x08);          //ICW₂:中断号的高 5 位
delay(10);
outportb(INTA01,0x04);          //ICW₃:主片的 IR₂ 上接从片(A₀=1)
delay(10);
outportb(INTA01,0x01);          //ICW₄:非缓冲,全嵌套,16 位 CPU,非自动结束
```

从片初始化程序段如下:

```
#define INTB00 0xA0              //PIC82C59A 主片端口(A₀=0)
#define INTB01 0xA1              //PIC82C59A 主片端口(A₀=1)
outportb(INTB00,0x11);          //ICW₁:边沿触发,多片,需要 ICW₄
delay(10);
outportb(INTB01,0x70);          //ICW₂:中断号的高 5 位
delay(10);
outportb(INTB01,0x02);          //ICW₃:从片接主片的 IR₂(ID₂ID₁ID₀=010)
delay(10);
outportb(INTB01,0x01);          //ICW₄:非缓冲,全嵌套,16 位 CPU,非自动结束
```

系统一旦完成了对 PIC82C59A 的初始化,所有外部硬件中断源和服务程序(包括已开发和未开发的程序)都必须按初始化的规定去做。因此,为慎重起见,系统的中断控制器初始化程序不由用户编写。从系统的安全性考虑,用户不应当对系统的中断控制器再进行初始化,也不能改变对它的初始化设置。

在单片微机或嵌入式微机应用中,用户设计的中断控制器可以由用户初始化;而对台式微机系统配置的可屏蔽中断控制器不可由用户初始化。

7.5.3　Intel 系统中断资源的应用

当用户使用系统的中断资源时,不需要进行中断系统的硬件设计,也不需要重新编写初始化程序,因为这些已由系统做好了。那么,用户该做哪些与中断有关的工作呢？用户的主要工作是进行中断向量的修改和编写中断服务程序。另外,还要在主程序中使用 OCW₁ 命令字执行中断屏蔽与开放操作,在中断服务程序中使用 OCW₂ 命令字发中断结束信号 EOI 并使用 IRET 指令执行中断返回操作。

7.5.3.1　修改中断向量

修改中断向量是修改同一中断号下的中断服务程序入口地址。若中断服务程序入口地址改变了,则中断产生后,程序转移的目标(方向)也就随之改变。这说明同一个中断号可以被多个中断源分时使用。因此,中断向量修改是解决系统中断资源共享的一种手段,也是用户利用系统中断资源来开发可屏蔽中断服务程序的常用方法,要学会使用。

1. 中断向量修改的方法

利用功能调用 INT 21H 的 35H 号功能和 25H 号功能读取和修改中断向量。

（1）INT 21H 的 35H 号功能用于从中断向量表中读取中断向量。

入口参数：无。

AH 为功能号 35H，AL 为中断号 N。

调用：执行 INT 21H。

出口参数：ES:BX 为读取的中断向量的段基址和偏移量。

（2）INT 21H 的 25H 号功能用于向中断向量表中写入中断向量。

入口参数：DS:DX 为要写入的中断向量的段基址和偏移量。

AH 为功能号 25H，AL 为中断号 N。

调用：执行 INT 21H。

出口参数：无。

2. 中断向量修改的步骤

中断向量修改在主程序中进行，步骤如下：

（1）调用 INT 21H 的 35H 号功能，从中断向量表中读取某一中断号的原中断向量，并保存在双字节变量中。

（2）调用 INT 21H 的 25H 号功能，将新中断向量写入中断向量表中原中断向量的位置，取代原中断向量。

（3）新中断服务程序完毕后，再用 INT 21H 的 25H 号功能将保存在双字节变量中的原中断向量写回去，恢复原中断向量。

3. 中断向量修改的例子

原中断服务程序的中断号为 N，新中断服务程序的入口地址的段基址为 SEG_INTRnew，偏移量为 OFFSET_INTRnew，OLD_SEG 和 OLD_OFF 分别为保存原中断向量的双字节变量的两个字节的地址，执行中断向量修改的程序段如下：

```
#include<dos.h>
void interrupt ( * oldhandler)();        //函数指针,用于保存原中断向量
void interrupt newhandler()              //新中断服务程序入口地址
{
    disable();
    ...
    enable();                            //中断服务程序代码
}
void main()
{
    ...
    disable();                           //关中断
    oldhandler=getvect(N);               //获取并保存原中断向量,以便恢复,N为中断号
    setvect(N,newhandler);               //设置新中断向量,N为中断号
    enable();                            //开中断
    ...
    setvect(N,oldhandler);               //恢复原中断向量
}
```

7.5.3.2 编写中断服务程序

编写中断服务程序是学习本章的落脚点,前面关于中断的基本概念、基本原理以及基本方法的分析讨论都是为了编写满足应用要求的中断服务程序。中断服务程序设计具体实例见 7.6 节。

7.5.4 中断服务程序设计

下面的两个例子比较简单,主要用来说明可屏蔽中断服务程序如何编写,通过编程着重了解中断过程及中断服务程序的编写方法。这两个例子是想说明外部设备通过主、从中断控制器请求中断的中断服务程序有什么不同。实际应用中的中断服务程序更复杂,然而,只要掌握了基本原理与方法,也就不难了。

7.5.4.1 主中断控制器的中断服务程序设计

1. 要求

主片的中断请求电路如图 7.13 所示。微动开关 SW 的中断请求接到 IRQ_7。每按一次开关 SW 就请求一次中断,按 8 次后显示"OK!",程序结束。

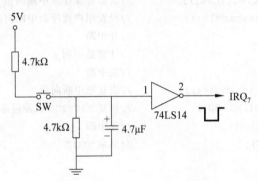

图 7.13　主片的中断请求电路

2. 分析

IRQ_7 是主片 PIC82C59A 的 IR_7 引脚上的中断请求输入线,中断号为 0FH,系统将其分配给打印机中断。当打印机空闲(不使用)时,用户可以通过修改中断向量对中断号 0FH 加以利用。

3. 程序设计

要编写的程序包括主程序和中断服务程序。可以对照 7.5.3.1 节介绍的中断向量修改、中断屏蔽与开放来分析下面的程序。中断服务程序如下:

```
#define INTA00 0x20          //PIC82C59A 主片端口(A_0=0)
#define INTA01 0x21          //PIC82C59A 主片端口(A_0=1)
#include<stdio.h>
#include<conio.h>
```

```
#include<dos.h>
unsigned char n=0;
void interrupt newhandler()                    //中断服务程序
{
    disable();
    n++;
    outportb(INTA00,0x67);
    enable();
}
void main()
{
    void interrupt(*oldhandler)();             //用于保存原中断向量
    unsigned char MK-BUF,tmp;                  //保存原中断屏蔽字
    MK-BUF=inportb(INTA01);                     //获取中断屏蔽字
    tmp=MK-BUF;
    disable();
    tmp &=0x7f;
    outportb(INTA01,tmp);                       //开放 0FH 号中断(OCW1)
    oldhandler=getvect(0x0f);                   //获取并保存原中断向量
    setvect(0x0f,newhandler);                   //设置用户程序新中断向量
    enable();                                   //开中断
    while(n!=8);                                //计数是否到 8
    disable();                                  //关中断
    setvect(0x0f,oldhandler);                   //恢复原中断向量
    outportb(INTA01,MK-BUF);                    //恢复 PIC82C59A 原屏蔽字(OCW1)
    enable();                                   //开中断
    printf("OK!\n");                            //显示"OK!"
}
```

7.5.4.2 从中断控制器的中断服务程序设计

1. 要求

从片的中断请求电路如图 7.14 所示。拨动开关 SW 的中断请求接到 IRQ$_{10}$。每拨动一次开关 SW 就请求一次中断,显示"OK!",然后返回,程序结束。

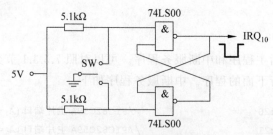

图 7.14　从片的中断请求电路

2. 分析

IRQ₁₀是从片 PIC82C59A 的 IR₂ 引脚上的中断请求，中断号为 72H，是系统保留的，用户可以使用。由于是从片，所以在执行从片的屏蔽与开放和发中断结束命令时，还要考虑对主片进行相应的操作。

3. 程序设计

要编写的程序包括主程序和中断服务程序。着重比较分析与 7.5.4.1 节实例的不同之处。

中断服务程序如下：

```c
#define INTA00 0x20          //PIC82C59A 主片端口 (A0=0)
#define INTA01 0x21          //PIC82C59A 主片端口 (A0=1)
#define INTB00 0xA0          //PIC82C59A 从片端口 (A0=0)
#define INTB01 0xA1          //PIC82C59A 从片端口 (A0=1)
#include<stdio.h>
#include<conio.h>
#include<dos.h>
unsigned char n=0;
void interrupt newhandler()   //中断服务程序
{
    disable();
    outportb(INTA00,0x20);
    outportb(INTB00,0x62);
    enable();
    printf("OK!\n");          //显示"OK!"
}
void main()
{
    unsigned char tmp;
    void interrupt(*oldhandler)();   //用于保存原中断向量
    oldhandler=getvect(0x72);        //获取并保存原中断向量
    disable();
    setvect(0x72,newhandler);        //设置用户程序新中断向量
    tmp=inportb(INTA01 0x21);        //主片 OCW1 的端口
    tmp &=0x0fb;                     //FBH 是开放主片 IRQ2 的 OCW1 命令字
    outportb(INTA01,tmp);
    tmp=inportb(INTB01);             //从片 OCW1 的端口
    tmp &=0x0fb;                     //FBH 是开放从片 IRQ10 的 OCW1 命令字
    outportb(INTB01,tmp);
    enable();                        //开中断
    while(!kbhit());                 //等待中断
    disable();                       //关中断
    setvect(0x0f,oldhandler);        //恢复原中断向量
    tmp=inportb(INTA01 0x21);        //主片 OCW1 的端口
```

135

```
        tmp |=0x04;                         //04H 是屏蔽主片 IRQ2 的 OCW1 命令字
        outportb(INTA01 ,tmp);
        tmp=inportb(INTB01);                //从片 OCW1 的端口
        tmp |=0x04;                         //04H 是屏蔽从片 IRQ10 的 OCW1 命令字
        outportb(INTB01,tmp);
        enable();                           //开中断
    }
```

7.6 MIPSfpga 处理器中断系统

在 MIPS 体系结构中,有些外部事件会打断正常执行的程序,这些就是中断事件。中断、自陷、系统调用以及其他打断程序正常执行的事件统称为异常。深入地看,这些异常可分为外部事件(中断)、存储器地址转换异常、需要内核干预的非常情况(如浮点指令导致的硬件无法处理操作)、软硬件错误、数据完整性问题、系统调用与自陷,可阅读参考文献[32]。同时处理多个事件的系统必须有中断处理机制。MIPSfpga 是基于 MIPS32 指令集、采用 microAptiv 核的一款微处理器,下面介绍 MIPSfpga 的中断系统。

MIPSfpga 支持两种软件中断、6 种硬件中断和一种专用中断(定时器中断)。

在 MIPSfpga 中,同时满足下列条件时中断才会发生:

(1) 产生了中断服务请求。

(2) 在 Status(状态)寄存器中的 IE(全局使能)字段的值为 1。否则不会服务任何中断。

(3) 在 Debug(调试)寄存器中的 DM(调试模式)字段的值为 0。否则处理器处于调试模式,不能服务中断。

(4) 在 Status 寄存器中的 EXL(异常级)位和 ERL(错误级)位的值都为 0。这两位分别在发生异常和错误时置 1。不管哪一位被置 1,所有中断都被禁止,因此要求这两位全为 0。

MIPSfpga 的中断系统存在 3 种中断模式:中断兼容(interrupt compatibility)模式、向量中断(vectored interrupt)模式和外部中断控制器(external interrupt controller)模式。

MIPSfpga 默认情况下处于中断兼容模式,向量中断模式和外部中断控制器模式可以通过配置来选择。表 7.2 展示了 MIPSfpga 的中断模式配置参数。向量中断模式为中断处理程序增加了划分优先级和中断向量化的能力。在这种模式下还会分配影子寄存器组供中断处理程序使用。外部中断控制器模式重新定义了中断处理的方式,支持外部中断控制器划分中断优先级,并直接将优先级和最高优先级的中断向量号提供给 MIPSfpga。

表 7.2 MIPSfpga 的中断模式配置参数

Status 寄存器的 BEV 字段	Cause 寄存器的 IV 字段	IntCtl 寄存器的 VS 字段	Config3 寄存器的 VINT 字段	Config3 寄存器的 VEIC 字段	中 断 模 式
1	×	×	×	×	中断兼容模式
×	0	×	×	×	中断兼容模式
×	×	0	×	×	中断兼容模式

续表

Status 寄存器的BEV 字段	Cause 寄存器的IV 字段	IntCtl 寄存器的VS 字段	Config3 寄存器的VINT 字段	Config3 寄存器的VEIC 字段	中 断 模 式
0	1	≠0	1	0	向量中断模式
0	1	≠0	×	1	外部中断控制器模式
0	1	≠0	0	0	不允许

Status 寄存器是一个可读写寄存器,描述了 MIPSfpga 的工作模式、中断使能和诊断状态。Status 寄存器的 BEV 字段用来控制异常向量的位置。

当向量中断被启用时,IntCtl(中断控制)寄存器的 VS 字段保存了向量间距。

Config3 寄存器(第 3 个配置寄存器)的 VINT 字段用来指明是否实现了向量中断,0 表示没有实现,1 表示实现了。VEIC 字段表示是否支持外部中断控制器模式。

Cause(原因)寄存器主要用来描述当前异常的原因,有些字段也用来控制软件中断请求和调度中断向量。Cause 寄存器的 IV 字段指明中断异常使用通用异常向量(偏移量为0x180)还是特殊中断向量(偏移量为 0x200)。IV 字段为 0 时,中断异常使用通用异常向量,并且中断要通过通用异常向量来处理;IV 字段为 1 时,中断异常使用特殊中断向量,中断要通过特殊中断向量来处理。

7.6.1　中断兼容模式

中断兼容模式是 MIPSfpga 默认的中断模式。当系统重置时会进入中断兼容模式。在此模式下,中断是非向量化的。它通过通用异常向量(IV＝0)或者特殊异常向量(IV＝1)来处理中断。表 7.3 列出了中断兼容模式下几种中断类型的中断源和中断请求条件[①]。

表 7.3　中断兼容模式下几种中断类型的中断源和中断请求条件

中 断 类 型	中 断 源	中断请求条件
硬件中断/定时器中断	HW5	$Cause_{IP7}$ and $Status_{IM7}$
	HW4	$Cause_{IP6}$ and $Status_{IM6}$
	HW3	$Cause_{IP5}$ and $Status_{IM5}$
硬件中断	HW2	$Cause_{IP4}$ and $Status_{IM4}$
	HW1	$Cause_{IP3}$ and $Status_{IM3}$
	HW0	$Cause_{IP2}$ and $Status_{IM2}$
软件中断	SW1	$Cause_{IP1}$ and $Status_{IM1}$
	SW0	$Cause_{IP0}$ and $Status_{IM0}$

---

① 为简便起见,在中断请求条件表达式中,用下标表示寄存器中的字段或字段中的位。例如,$Cause_{IP7}$表示 Cause寄存器的 IP 字段中的位 7。

Cause 寄存器的 IP(中断未决)字段保存了当前的中断请求。IP 字段的位 7 到位 2 和硬件中断信号相对应;而 IP 字段的位 1 和位 0 是可写可读的软件中断位,这两位保存着最近一次写入的值。当中断被允许时,这 8 个中断中的任何一个有效都会产生中断。这里中断是平等的,它们的优先级由中断处理程序决定。

中断兼容模式下典型的中断服务程序如下(后面的程序均使用 MIPS 汇编语言编写):

```
/* 假设:CauseIV=1
        通用寄存器 k0 和 k1 是空闲的
    位置:相对于异常基址偏移量 0x200
*/
IVexception:
mfc0 k0,C0_Cause                     //读取 Cause 寄存器
mfc0 k1,C0_Status                    //为使用 IM 字段读取 Status 寄存器
andi k0,k0,M_CauseIM                 //只保留 Cause 寄存器的 IP 字段
and  k0,k0,k1                        //屏蔽 Status 寄存器 IM 字段对应的 IP 位
beq  k0,zero,Dismiss                 //当没有中断时,直接跳出中断服务程序
clz  k0,k0                           //使用高位连零计数找出第一个中断
//IP7~IP0 对应的 k0 为 16~23
xori k0,k0,0x17                      //16~23→IP7~IP0
sll  k0,k0,VS                        //通过移位来模拟软件中断向量间距
la   k1,VectorBase                   //获得 8 个中断向量的段基址
addu k0,k0,k1                        //通过段基址和偏移量计算目标中断向量
jr   k0                              //跳到特殊异常处理程序
nop
SimpleInterrupt:
eret                                 //结束中断
NestedException:
mfc0 k0, C0_EPC                      //获得重新开始的地址
sw k0, EPCSave                       //将地址保存在存储器中
mfc0 k0, C0_Status                   //获得 Status 寄存器的值
sw k0, StatusSave                    //将 Status 寄存器的值保存到存储器中
li k1, ~IMbitsToClear                //获得 Status 寄存器 IM 字段值的反
and k0, k0, k1                       //清除 k0 中的 IM 字段
ins k0, zero, S_StatusEXL, (W_StatusKSU+W_StatusERL+W_StatusEXL)
/* 清除 k0 中的 KSU、ERL、EXL 的位。S_StatusEXL 表示 Status 寄存器中 EXL 的索引位置,后面
的参数是 KSU、ERL、EXL 的宽度 */
mtc0 k0, C0_Status                   //修改屏蔽位,转换到内核
...                                  //处理中断的程序,此处省略
//接下来是恢复现场
di                                   //允许中断
lw k0, StatusSave                    //从内存中得到 Status 寄存器的值
lw k1, EPCSave                       //从内存中得到 EPC 的值
mtc0 k0, C0_Status                   //重置 Status 寄存器
mtc0 k1, C0_EPC                      //重置 EPC
eret                                 //结束中断
```

7.6.2　向量中断模式

向量中断模式在中断兼容模式的基础上增加了一个优先级编码器。通过优先级编码器给中断划分优先顺序,并生成中断向量。在这种模式下允许每一个中断被映射到一个影子寄存器组供中断处理程序使用。中断程序需要避免破坏被中断代码在寄存器中的值,但是又必须在寄存器中装入中断服务程序地址才能进行工作,因此用影子寄存器组来存储中断服务程序地址。

在向量中断模式中,8 个硬件中断作为独立的硬件中断请求。将定时器中断和硬件中断相结合,以给硬件中断提供适当的相对中断优先级。当中断发生时,优先级编码器扫描表 7.4 中列出的相对中断优先级。在表 7.4 中,相对中断优先级按从高到低的顺序排列。

表 7.4　向量中断模式的相对中断优先级

中断类型	中断源	中断请求条件	优先级编码器生成的中断向量号
硬件中断	HW7	$Cause_{IP9}$ and $Status_{IM9}$	9
	HW6	$Cause_{IP8}$ and $Status_{IM8}$	8
	HW5	$Cause_{IP7}$ and $Status_{IM7}$	7
	HW4	$Cause_{IP6}$ and $Status_{IM6}$	6
	HW3	$Cause_{IP5}$ and $Status_{IM5}$	5
	HW2	$Cause_{IP4}$ and $Status_{IM4}$	4
	HW1	$Cause_{IP3}$ and $Status_{IM3}$	3
	HW0	$Cause_{IP2}$ and $Status_{IM2}$	2
软件中断	SW1	$Cause_{IP1}$ and $Status_{IM1}$	1
	SW0	$Cause_{IP0}$ and $Status_{IM0}$	0

硬件中断的优先级都高于软件中断。当优先级编码器找到待处理的中断中优先级最高的中断时,输出一个中断向量号,用于该中断服务程序的计算。图 7.15 形象地描述了这一流程。

从图 7.15 可以看出,产生中断要经过 4 个阶段:锁存、屏蔽、编码和生成。其中的 $Cause_{TI}$ 表示定时器中断。$IntCtlI_{PTI}$ 用来标识与定时器中断共享中断输入的硬件中断。注意,在处理器检测到中断请求到中断处理程序运行之间的中断请求可能无效。出现这种情况时,软件中断处理程序必须通过 ERET 指令从中断中返回,准备好应对这种状况。

向量中断模式典型的软件中断处理程序跳过中断兼容模式处理程序中的 IVexception 标签代码段。取而代之的是,硬件执行优先级划分,直接调用中断处理程序。另外,中断向量处理程序可以使用专用的影子寄存器组,因此不需要保存被中断程序的寄存器值。而嵌套中断处理程序和中断兼容模式类似,但是也要利用影子寄存器组来运行嵌套中断处理程序,具体代码如下:

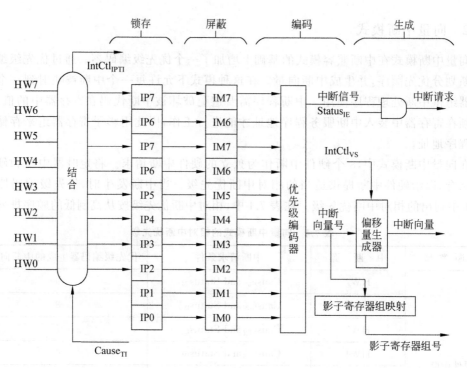

图 7.15   向量中断模式的中断生成流程

```
NestedException:
    mfc0 k0, C0_EPC                //获得重新开始的地址
    sw k0, EPCSave                 //将地址保存到存储器中
    mfc0 k0, C0_Status            //获得 Status 寄存器的值
    sw k0, StatusSave              //将 Status 寄存器的值保存到存储器中
    mfc0 k0, C0_SRSCtl            //如果需要改变影子寄存器组的值,则要进行以下操作
    sw k0, SRSCtlSave             //存储 SRSCtl 寄存器
    li k1, ~IMbitsToClear         //获得 Status 寄存器 IM 字段值的反
    and k0,k0,k1                   //清除 k0 中的 IM 字段值
    ins k0,zero,S_StatusEXL,(W_StatusKSU+W_StatusERL+W_StatusEXL)
/* 清除 k0 中的 KSU、ERL、EXL 的位。S_StatusEXL 表示 Status 寄存器中 EXL 的索引位置,
    后面的参数是 KSU、ERL、EXL 的宽度 */
    mtc0 k0,C0_Status             //修改屏蔽位,转换到内核
    ...                            //处理中断的程序,此处省略
    //接下来是恢复现场
    di                             //允许中断
    lw k0, StatusSave             //从内存中得到 Status 寄存器的值
    lw k1, EPCSave                 //从内存中得到 EPC 寄存器的值
    mtc0 k0, C0_Status            //重置 Status 寄存器
    lw k0, SRSCtlSave             //从内存中得到 SRSCtl 寄存器的值
    mtc0 k1, C0_EPC               //重置 EPC 寄存器
    mtc0 k0, C0_SRSCtl           //重置 SRSCtl 寄存器
    ehb                            //使用此指令是为了保证系统的安全性
    eret                           //结束中断
```

7.6.3 外部中断控制器模式

外部中断控制器(EIC)模式重新定义了处理器中断逻辑支持外部中断控制器的方式。外部中断控制器可以是一个硬连线的逻辑块,也可以根据控制和状态寄存器进行配置。前者比较专用;后者则更加通用,可以适应不同的系统环境。外部中断控制器负责划分硬件、软件、定时器中断以及性能计数器溢出中断的优先级,并且直接向处理器提供最高优先级中断的向量号和请求中断优先级(Requested Interrupt Priority Level,RIPL)。RIPL 是一个 8 位二进制数,0 表示没有中断请求,1~255 代表所需服务的中断 RIPL,1 的优先级最低,255 的优先级最高。处理器通常通过以下两种方式得到中断向量:一是随着 RIPL 的传入,处理器得到一个向量号给向量偏移量生成器,然后通过与 IntCtl 寄存器的 VS 字段结合产生中断向量;二是随着 RIPL 值的传入,处理器得到整个中断向量。图 7.16 中的虚线给出了这两种方式。

Status 寄存器的 IPL 字段(包括 IM9~IM2,共 8 位二进制数)保存处理器当前正在处理的中断的优先级(为 0 时表示当前没有中断被处理)。当外部中断控制器请求中断服务时,处理器会比较 RIPL 和 IPL,检查中断优先级的高低。如果前者高并且请求的中断被允许时,中断请求将被发送到流水线。当处理器开始处理中断时,将 RIPL 加载到 Cause 寄存器的 RIPL 字段(包含 IP9~IP2)并通知外部中断控制器请求正在被处理。

在外部中断控制器模式中,外部中断控制器也负责提供影子寄存器组号。处理器在将 RIPL 加载到 Cause 寄存器的 RIPL 字段的同时,也将影子寄存器组号加载到 SRSCtl 寄存器的 EICSS 字段中。当中断被服务时 EICSS 字段被复制到 SRSCtl 寄存器的 CSS 字段中,表示当前正在使用的影子寄存器组。外部中断控制器模式的中断生成流程如图 7.16 所示。

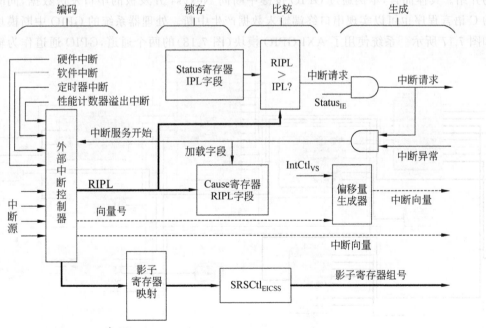

图 7.16 外部中断控制器模式的中断生成流程

外部中断控制器模式典型的软件处理程序和向量中断模式相似,只是在嵌套中断处理时需要将 Cause 寄存器的 RIPL 字段复制到 States 寄存器的 IPL 字段中,以阻止低优先级的中断。典型的嵌套中断程序如下:

```
NestedException:
    mfc0 k1, C0_Cause                          //读取 Cause 寄存器
    mfc0 k0, C0_EPC                            //读取 EPC 寄存器
    srl k1, k1, S_CauseRIPL                    //将 RIPL 字段移到索引为 0 的位置
    sw k0, EPCSave                             //将地址保存到存储器中
    mfc0 k0, C0_Status                         //获得 Status 寄存器的值
    sw k0, StatusSave                          //将 Status 寄存器的值保存到存储器中
    ins k0, k1, S_StatusIPL, 6                 //将 RIPL 字段复制到状态寄存器 IPL 字段
    mfc0 k1, C0_SRSCtl                         //获得 SRSCtl 寄存器的值
    sw k1, SRSCtlSave                          //将 SRSCtl 寄存器的值保存到存储器中
    ins k0, zero, S_StatusEXL, (W_StatusKSU+W_StatusERL+W_StatusEXL)
    /* 清除 k0 中的 KSU、ERL、EXL 的位。S_StatusEXL 表示 Status 寄存器中 EXL 的索引位置,
        后面的参数是 KSU、ERL、EXL 的宽度 */
    mtc0 k0, C0_Status                         //重置 Status 寄存器
    …                                         //其他代码与中断向量模式相同
```

7.6.4　GPIO 中断实例

在 5.3 节介绍的 GPIO 接口的基础上,本节介绍基于 AXI 总线的 GPIO 接口实例,使用 MIPSfpga 处理器访问外设。关于 AXI 总线的内容,可参考 2.6.3 节中对 AMBA/AXI 总线的介绍。具体而言,本例通过 GPIO 按键中断向 Nexys4 开发板的串口发送数据,同时本例的 C 语言程序也可以实现串口终端输入数据产生中断。处理器系统的 GPIO 中断模块连接如图 7.17 所示。系统使用了 AXI GPIO 模块(图 7.18)的两个通道,GPIO 通道作为输出连

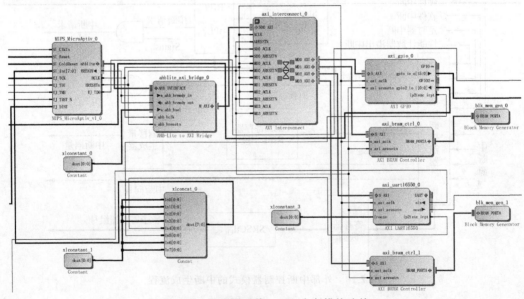

图 7.17　处理器系统 GPIO 中断模块连接

接 Nexys4 开发板的 16 个 LED 灯,GPIO2 通道仅使用了 1 位作为输入且连接到 Nexys4 开发板的 BTNC 按键。各模块的地址映射如图 7.19 所示。

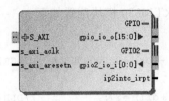

图 7.18　AXI GPIO 模块

Cell	Slave Interface	Base Name	Offset Address	Range	High Address
⊟ MIPS_MicroAptiv_0					
⊟ ahblite_address_space (32 address bits : 4G)					
axi_gpio_0	S_AXI	Reg	0x1060_0000	64K ▾	0x1060_FFFF
axi_uart16550_0	S_AXI	Reg	0x1040_0000	64K ▾	0x1040_FFFF
axi_bram_ctrl_0	S_AXI	Mem0	0x1FC0_0000	8K ▾	0x1FC0_1FFF
axi_bram_ctrl_1	S_AXI	Mem0	0x0000_0000	64K ▾	0x0000_FFFF

图 7.19　各模块的地址映射

由于本实验同时支持 GPIO 中断和串口中断,需要的模块寄存器地址在 C 语言程序中给出了预定义,读者可以查阅 Vivado 公司提供的各模块的用户手册,找到这些寄存器的地址。预定义这些寄存器地址对于配置模块的功能以及控制功能的实现至关重要。

在中断兼容模式下,基于 C 语言的关键实验代码如下:

```
#define UART_BASE 0xB0401000        //AXI UART16550 地址偏移 0x1000
#define rbr      0 * 4
#define ier      1 * 4
#define fcr      2 * 4
#define lcr      3 * 4
#define mcr      4 * 4
#define lsr      5 * 4
#define msr      6 * 4
#define scr      7 * 4
#define thr      rbr
#define iir      fcr
#define dll      rbr
#define dlm      ier
#define GPIO_DATA_BASE   0xB0600000
#define GPIO2_DATA       0x0008
#define GPIO2_TRI        0x000C
#define GIER             0x011C
#define IPIER            0x0128
#define IPISR            0x0120
#define IS_UART_INTR (1<<14)
```

```
#define IS_GPIO_INTR (1<<15)
```

为了使实验中的 GPIO 与 UART 中断功能正常,通常需要对各模块进行合理配置或初始化。AXI GPIO 与 AXI UART16550 模块配置如下:

```
void uart_init(){
    * WRITE_IO(UART_BASE +lcr) =0x00000080;   //LCR[7]为 1
    delay();
    * WRITE_IO(UART_BASE +dll) =27;           //DLL MSB。50MHz 时波特率为 115 200
    delay();
    * WRITE_IO(UART_BASE +dlm) =0x00000000;   //DLL LSB
    delay();
    * WRITE_IO(UART_BASE +lcr) =0x00000003;   //LCR 寄存器:数据位 8 位,停止位 1 位,无
                                              //奇偶校验
    delay();
    * WRITE_IO(UART_BASE +ier) =0x00000000;            //IER 寄存器,禁用中断
    delay();
    * WRITE_IO(UART_BASE +ier) =0x00000001;            //IER 寄存器,使能中断
    delay();
}
void gpio_init(){
    * WRITE_IO(GPIO_DATA_BASE +GPIO2_TRI) =0x00000001;
    delay();
    * WRITE_IO(GPIO_DATA_BASE +GIER) =0x00000000;      //IER 寄存器,禁用中断
    delay();
    * WRITE_IO(GPIO_DATA_BASE +IPIER) =0x00000000;     //IPIER 寄存器,禁用中断
    delay();
    * WRITE_IO(GPIO_DATA_BASE +GIER) =0x80000000;      //IER 寄存器,使能中断
    delay();
    * WRITE_IO(GPIO_DATA_BASE +IPIER) =0x00000002;     //IPIER 寄存器,使能中断
    delay();
}
```

中断服务程序如下:

```
void _mips_handle_irq(void* ctx, int reason) {
    volatile unsigned int rxData=0x30;
    volatile unsigned int temp=0;
    * WRITE_IO(IO_LEDR) =0xF00F;              //通过将 0xF00F 显示 LED 灯上,表明进入了中断
    uart_print("The interrupt reason is: ");
    uart_print(my_itoa(reason));
    uart_print("\n\r");
    if(reason & IS_UART_INTR) {
        rxData = * READ_IO(UART_BASE +rbr);   //从控制台读入输入数据
        uart_print("data_received");
```

```
        uart_print("\n\r");
        temp = rxData - 0x30;
        if(temp >= 0 || temp <= 9) {
            uart_print(my_itoa(temp));     //my_itoa 函数将数字转换为字符串,用于输出
            uart_print("\n\r");
        }
        else uart_print("Input a number between 0 and 9 or push BTNC\n\r");
    }
    else if(reason & IS_GPIO_INTR) {
        uart_print("BTNC pressed\n\r");
        uart_print("Input a number between 0 and 9 or push BTNC\n\r");
    }
    else {
        uart_print("Other interrupts occurred!\n\r");
    }
    return;
}
```

主函数 main 如下:

```
int main() {
    volatile unsigned int count = 0xF;
    volatile unsigned int j;
    uart_init();
    gpio_init();
    uart_print(promt);
    while(1) {
        //LEDs display
        * WRITE_IO(IO_LEDR) = count;
        count = count + 1;
        for(j = 0; j < 1000; j++)
            delay();
    }
    return 0;
}
```

　　打开一个串口终端,将波特率设置为115 200。操作串口,通过键盘按键输入0~9,按键按下时,开发板接收到按键信号,并在中断服务程序中通过串口将按下的数字键输出到串口终端。按下 BTNC 键时,通过串口打印 BTNC pressed。观察开发板的 LED 灯,还可以看到它们在按键时的变化情况,具体为:按键按下时,16 位 LED 灯中首尾各有 4 位被点亮,中间8 位熄灭;无按键按下时,LED 灯的读数逐渐增加。实验控制台输出结果如图 7.20 所示。

```
GPIO Interrupt Test, please push BTNC
The interrupt reason is: 16384
data_received
1
The interrupt reason is: 16384
data_received
2
The interrupt reason is: 16384
data_received
3
The interrupt reason is: 32768
BTNC pushed
Input a number between 0 and 9 or push BTNC
The interrupt reason is: 32768
BTNC pushed
Input a number between 0 and 9 or push BTNC
The interrupt reason is: 32768
BTNC pushed
Input a number between 0 and 9 or push BTNC
The interrupt reason is: 32768
BTNC pushed
Input a number between 0 and 9 or push BTNC
The interrupt reason is: 32768
BTNC pushed
```

图 7.20　实验控制台输出结果

7.7　基于 AXI 总线接口的中断控制器

MIPSfpga 在外部中断控制器模式下,外部中断控制器负责划分中断优先级,并向处理器提供最高优先级中断的向量号和请求中断优先级。AXI 总线接口是现代微处理器采用的一种高效的总线技术。AXI 中断控制器(AXI INTC)是 Xilinx 公司开发的一种基于 AXI 总线接口的外部中断控制器。本节以 AXI INTC 为例介绍外部中断控制器。

7.7.1　特征概述

AXI 中断控制器接受多个来自外设的中断信号,并将这些中断信号合并为一个中断输出信号送给处理器。它使处理器能够接受多个外设的中断请求,同时提供了可选的中断信号优先级编码方案。通过 AXI4-Lite 总线,处理器可以访问到用于存储中断向量的地址,检测、启用和识别中断的寄存器。

AXI 中断控制器捕获并保留中断条件,中断被响应时将保留信息撤销。中断能被同时或单独地屏蔽或启用。当中断被允许并且有中断请求时,处理器会接收到中断条件。

AXI 中断控制器具有以下特征:

(1) 通过 AXI4-Lite 接口访问寄存器。

(2) 具有快速中断模式。

(3) 支持多达 32 个中断,级联可提供额外的中断输入。

(4) 中断请求的优先级由其在中断向量字段内的位置决定,最低有效位(即位 0)有最高的优先级。

(5) 每一个输入都可以配置为边沿敏感或电平敏感,输出的中断请求也可以被配置为边沿敏感或者电平敏感。

（6）可以配置软件中断，支持中断嵌套。

7.7.2 基本构成

AXI中断控制器的顶层模块如图7.21所示。它主要包含中断控制器核心模块（INTC核）和AXI总线接口模块。中断控制器核心模块主要包含3部分：中断检测模块（Int检测）、中断信号生成模块（Irq生成）和寄存器组（其中的1表示该寄存器为可选寄存器）。

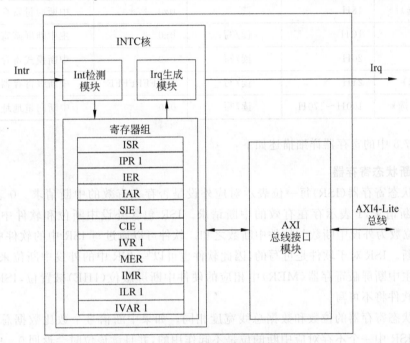

图7.21 AXI中断控制器的顶层模块

AXI总线接口模块支持中断控制器核心和处理器之间的数据通信，它将AXI中断控制器的寄存器组映射到AXI4-Lite总线的地址空间中，通过AXI4-Lite接口访问AXI中断控制器的寄存器。寄存器地址占用4字节，所有的寄存器数据通信的宽度和总线宽度相同。

中断检测模块可以检测每一个中断输入，根据配置参数对其进行电平检测或边沿检测。并将其保存到中断状态寄存器。

中断信号生成模块产生最终的中断输出信号。信号敏感类型由配置参数决定。

寄存器组包含控制寄存器和状态寄存器两大类。寄存器组中各寄存器的偏移地址如表7.5所示。

表 7.5 寄存器组中各寄存器的偏移地址

寄存器名称	偏 移 地 址	允 许 操 作	初 始 值	描 述
ISR	00H	读/写	0x0	中断状态寄存器
IPR（可选）	04H	读	0x0	中断悬挂寄存器
IER	08H	读/写	0x0	中断屏蔽寄存器

寄存器名称	偏移地址	允许操作	初始值	描述
IAR	0CH	写	0x0	中断响应寄存器
SIE(可选)	10H	写	0x0	中断屏蔽设置寄存器
CIE(可选)	14H	写	0x0	中断屏蔽清除寄存器
IVR(可选)	18H	读	0x0	中断向量寄存器
MER	1CH	读/写	0x0	主中断屏蔽寄存器
IMR	20H	读/写	0x0	中断模式寄存器
ILR(可选)	24H	读/写	0xFFFFFFFF	中断级寄存器
IVAR(可选)	100H~170H	读/写	0x0	中断向量地址寄存器

对表 7.5 中的寄存器详细描述如下:

1. 中断状态寄存器

中断状态寄存器(ISR)每一位表示对应外设是否存在有效的中断请求。0 表示不存在有效的中断请求,1 表示存在有效的中断请求。ISR 包含外设中断位和软件中断位,因此 ISR 的总位数为外设中断数与软件中断数之和。软件可以通过写 ISR 中的软件中断位来产生软件中断。ISR 对于软件是可写的,因此软件也可以写 ISR 中的外设中断位来产生中断。但是如果主中断屏蔽寄存器(MER)中相应的硬件中断屏蔽位(HIE)被置位,ISR 中的外设中断位对软件将不可写。

中断状态寄存器的位数和数据总线宽度相同。如果中断信号个数比数据总线宽度少,把 1 写入 ISR 中一个不存对应中断的位是不起作用的,并且读该位时会返回 0。中断状态寄存器如图 7.22 所示,注意 w 为数据总线的宽度。

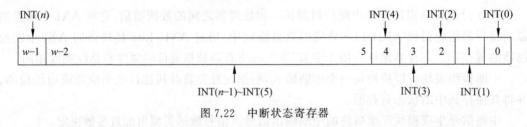

图 7.22　中断状态寄存器

2. 中断屏蔽寄存器

中断屏蔽寄存器(IER)是可读可写的。某位为 1 表示中断状态寄存器中与该位对应的请求能够引发中断。0 表示中断状态寄存器中与该位对应的中断请求被屏蔽,允许捕获并报告中断请求,但不能向 Irq 模块发出中断输出。屏蔽一个有效中断阻碍了中断向 Irq 模块发出中断请求,但当它被重新允许时会立即向 Irq 模块发出中断请求。中断屏蔽寄存器的结构和 ISR 相同。

3. 中断悬挂寄存器

中断悬挂寄存器(IPR)是一个可选的只读寄存器,其每一位是中断状态寄存器与中断屏蔽寄存器对应位的逻辑与,表示是否存在有效并且被允许的中断。通常也被用来减少访问中断控制器的次数,从而降低中断处理的延迟。

4. 中断响应寄存器

中断响应寄存器(IAR)是只写寄存器,用来清除中断请求。向 IAR 某位写入 1 可清除中断状态寄存器中的相应位,达到清除对应的中断请求的目的,并且也会清除 IAR 写入位。写入 0 无效。由于 IER 的屏蔽作用,使得有些中断请求可以被捕获,但是不能向 Irq 生成模块发出中断输出。但在开放由 IER 屏蔽的中断前,如果没有清除这些中断请求在中断状态寄存器中的相应位,那么它就会立即向 Irq 生成模块发出中断请求。因此需要 IAR 的清除功能来确保这些中断不产生中断请求。

5. 中断屏蔽设置寄存器和中断屏蔽清除寄存器

这两个寄存器是可选的只写寄存器。中断屏蔽设置寄存器(SIE)被用来设置 IER。对 SER 写 1 时,使相应的 IER 位置位;对 SER 写入 0 时无效。中断屏蔽清除寄存器(CIE)则被用来清除 IER 相应位。对 CIE 写 1 时,可清除相应的 IER 位;对 CIE 写 0 时无效。当没有这两个寄存器时,想修改 IER,只能先读出 IER 的值,修改之后再写入 IER。

以上 5 种寄存器的结构都和 ISR 相同。

6. 中断向量寄存器

中断向量寄存器(IVR)是可选的只读寄存器,它保存了当前优先级最高的中断信号的类型码。INT0(通常称为最低有效位)是优先级最高的中断信号,从低位到高位优先级依次降低。在没有有效的中断信号时,IVR 所有位为 1。IVR 就像一个正确的中断向量地址的索引,其结构如图 7.23 所示,w 为数据总线的数量,$k = \log_2(\text{C\_NUM\_INTR\_INPUTS} + \text{C\_NUM\_SW\_INTR})$(C_NUM_INTR_INPUTS 表示硬件中断输入信号数,C_NUM_SW_INTR 表示软件中断数)。

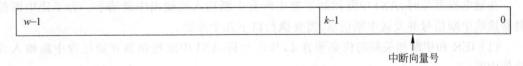

图 7.23　中断向量寄存器

7. 主中断屏蔽寄存器

主中断屏蔽寄存器(MER)是可写可读寄存器,该寄存器只有两个低位 ME 和 HIE 有效。ME 是主中断屏蔽位,HIE 是硬件中断屏蔽位,如图 7.24 所示。ME 为 1 表示允许 Irq 生成模块输出中断信号来请求中断;为 0 时屏蔽 Irq 生成模块,使其不能发出中断请求。这实际上就是屏蔽了所有的中断信号。HIE 位只能写一次。在系统重置时被置为 0,此时允许软件通过写 ISR 产生硬件中断进行测试,并且屏蔽了所有的硬件中断信号;当 HIE 被置为 1 时,允许接收硬件中断,同时使软件不能写硬件中断位来产生中断请求。

图 7.24 主中断屏蔽寄存器

8. 中断模式寄存器

当快速中断模式被配置时,中断模式寄存器(IMR)才有效。中断模式寄存器用于设置中断模式。在 IMR 中,0 表示标准中断模式,1 表示快速中断模式。通过设置 IMR 中的相应位,中断能被设置为任一模式。其结构与 ISR 相同。

9. 中断级寄存器

中断级寄存器(ILR)是一个可选的可读写的寄存器,它存储被禁止向 Irq 生成模块发出中断请求的优先级最高中断的类型码。ILR 提供阻塞低优先级中断,从而支持嵌套中断处理的方法。当 ILR 为 0 时,所有中断禁止向 Irq 生成模块发出中断请求;当 ILR 为 1 时,只有 INT0 允许向 Irq 生成模块发出中断请求。因此,要使所有的中断都允许向 Irq 生成模块发出中断请求,则 ILR 为全 1。其结构与 IVR 类似,每一位表示对应的中断级号。

10. 中断向量地址寄存器

当设置为快速中断模式时,中断向量地址寄存器(IVAR)才有效。连接中断控制器的每一个中断都有一个唯一的中断向量地址,处理器通过这个地址访问中断服务程序来处理特定的中断。在标准中断模式下,中断向量地址由软件驱动或由应用程序决定;在快速中断模式下,中断向量地址由中断控制器决定。中断向量地址寄存器用来保存所有(硬件和软件)中断的中断向量地址,具有最高优先级的中断地址将与 Irq 生成模块生成的中断信号一起被发送。

7.7.3 中断处理过程

在通电或复位时,AXI 中断控制器禁止所有中断输入或输出中断请求。为了让中断控制器接收中断信号并发送中断请求,需要执行以下几个步骤:

(1) IER 和中断相关联的位必须置 1,从而允许 AXI 中断控制器开始接收中断输入或软件中断。

(2) MER 必须基于 AXI 中断控制器的用途进行设置。ME 位必须被设置为允许发出中断请求。

(3) HIE 必须保持重置值 0 才能使得硬件中断能进行软件测试。如果要屏蔽软中断,则只需将 HIE 置为 1。

(4) 硬件中断测试已完成或未进行测试,HIE 必须置位才能允许硬件中断输入并禁止软件生成新的硬件中断。

(5) HIE 置位后,对该位的重写无效。

AXI 中断控制器在默认模式下使用的是 AXI 总线时钟。当处理器时钟接入时,中断输出信号被同步为处理器时钟。

AXI 中断控制器处理中断的过程如下：中断信号通过 INTR 进入中断控制器请求中断。ISR 锁存中断信号，并将 ISR 与 IER 相与的结果保存到 IPR 中。当选择使用优先级判定电路时，将中断信号送给优先级判定电路进行判断。优先级判定电路检测出优先级最高的中断信号位，并将相应的类型码保存到 IVR 中。控制逻辑模块接收中断信号，并向 Irq 生成模块输出中断请求信号。微处理器响应中断请求，微处理器通过读取 IVR 来识别当前优先级最高的中断请求信号。若没有使用优先级判定电路，微处理器就需要通过读 ISR 来识别产生中断的中断信号。完成中断请求信号识别后，微处理器向 IAR 中的相应位写入 1，清除 ISR 中的相应位，从而完成中断处理过程。

7.7.4　AXI 中断控制器应用实例

本实验的设计功能为使用 AXI GPIO 外设模块作为输入输出设备，使能 AXI GPIO 模块的双通道，其中 GPIO 通道作为输出连接 Nexys4 FPGA 开发板的 16 个 LED 灯，GPIO2 通道使用 1 位输入连接 Nexys4 FPGA 开发板的 BTNC 按键，此按键触发中断信号，中断服务程序控制 LED 灯移位显示。采用一个外部的中断控制器（AXI INTC），然后将 AXI4 外设模块的中断信号线先连接到中断控制器，再通过中断控制器连接到 MIPSfpga 处理器。最后，编写中断处理程序进行演示。

MIPSfpga 处理器系统主要接口互连如图 7.25 所示。

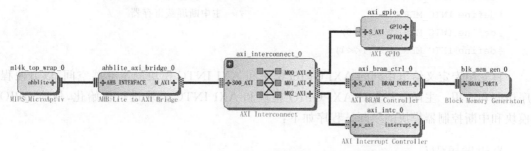

图 7.25　MIPSfpga 处理器系统主要接口互连

图 7.26 为 MIPSfpga 处理器系统地址空间的配置。其中 AXI INTC 模块的基址设置为 0x1020_0000，AXI GPIO 模块的基址设置为 0x1060_0000，处理器内存模块 AXI BRAM Controller 指令内存基址设置为 0x1fc0_0000。

Cell	Slave Interface	Base Name	Offset Address	Range	High Address
⊟ 罪 m14k_top_wrap_0					
⊟ 詽 ahblite_address_space (32 address bits : 4G)					
■■ axi_bram_ctrl_0	S_AXI	Mem0	0x1FC0_0000	8K	▼ 0x1FC0_1FFF
■■ axi_gpio_0	S_AXI	Reg	0x1060_0000	64K	▼ 0x1060_FFFF
■■ axi_intc_0	s_axi	Reg	0x1020_0000	64K	▼ 0x1020_FFFF

图 7.26　MIPSfpga 处理器系统地址空间配置

对系统设计进行综合、实现，并生成比特流文件，将其下载至 Nexys4 FPGA 开发板。为使系统按设计功能正常运行，需对应用程序进行编译、调试和执行。应用程序实例如下：

```
/*
 * main.c for microAptiv_UP MIPS core running on Nexys4 DDR
 * Also display a shifting 0xf on the LEDs
 */
#include "fpga.h"
#define inline_assembly() asm("ori $0, $0, 0x1234")
#define GPIO_DATA_BASE 0xB0600000
#define GPIO2_DATA      0x0008
#define GPIO2_TRI       0x000C
#define GIER            0x011C
#define IPIER           0x0128
#define IPISR           0x0120
#define INTC_BASE 0xB0200000
#define INTC_ISR 0x00               /* 中断状态寄存器 */
#define INTC_IPR 0x04               /* 中断悬挂寄存器 */
#define INTC_IER 0x08               /* 中断屏蔽寄存器 */
#define INTC_IAR 0x0c               /* 中断响应寄存器 */
#define INTC_SIE 0x10               /* 中断屏蔽设置寄存器 */
#define INTC_CIE 0x14               /* 中断屏蔽清除寄存器 */
#define INTC_IVR 0x18               /* 中断向量寄存器 */
#define INTC_MER 0x1c               /* 主中断屏蔽寄存器 */
#define INTC_MER_ME (1<<0)
#define INTC_MER_HIE (1<<1)
```

首先用宏定义给出用到的 AXI GPIO 模块和 AXI INTC 模块的寄存器空间,以方便程序访问和调用。主函数首先对 AXI GPIO 模块和 AXI INTC 模块进行初始化,使能 GPIO 模块和中断控制器模块的中断。程序如下:

```
void delay();
void xilinx_intc_init();
volatile unsigned int k = 1;
volatile unsigned int count = 0x0000000f;
//main()
int main() {
    * WRITE_IO(GPIO_DATA_BASE + GPIO2_TRI) = 0x00000001;
    delay();
    * WRITE_IO(GPIO_DATA_BASE + GIER) = 0x00000000;    //IER 禁用中断
    delay();
    * WRITE_IO(GPIO_DATA_BASE + IPIER) = 0x00000000;    //IPIER 禁用中断
    delay();
    * WRITE_IO(GPIO_DATA_BASE + GIER) = 0x80000000;    //IER 接收线使能
    delay();
    * WRITE_IO(GPIO_DATA_BASE + IPIER) = 0x00000002;    //IPIER 接收线使能
    delay();
    //初始化 AXI INTC
```

```
        xilinx_intc_init();
        //LED 显示
        * WRITE_IO(IO_LEDR) = count;
        while(1) {
            inline_assembly();
            delay();
        }
        return 0;
    }
    void delay() {
        volatile unsigned int j;
        for (j = 0; j < (10000); j++) ;                    //延时
    }
    void xilinx_intc_init()
    {
        /*
         * 禁用所有外部中断,直到产生明确请求
         */
        * WRITE_IO(INTC_BASE + INTC_IER) = 0x00000000;
        delay();
        //对悬挂中断进行应答
        * WRITE_IO(INTC_BASE + INTC_IAR) = 0xffffffff;
        delay();
        //打开主使能
        * WRITE_IO(INTC_BASE + INTC_MER) = INTC_MER_HIE | INTC_MER_ME;
        delay();
        if (!( * READ_IO(INTC_BASE + INTC_MER) & (INTC_MER_HIE | INTC_MER_ME))) {
            //uart_print("The MER is not enabled!\n\r");
            * WRITE_IO(INTC_BASE + INTC_MER) = INTC_MER_HIE | INTC_MER_ME;
        }
        /*
         * 使能 INT0~ INT7 外部中断
         */
        * WRITE_IO(INTC_BASE + INTC_IER) = 0x000000ff;
        return;
    }
```

中断服务程序在 GPIO 按键触发中断信号后执行。首先关闭 GPIO 中断,以防止新产生的按键中断干扰服务程序的执行。然后将同时点亮的 4 位 LED 灯向左或向右整体移动一位,当移至最末位时反向移动。最后重新使能 GPIO 中断,以准备处理下一次中断信号。程序如下:

```
    void _mips_handle_irq(void * ctx, int reason) {
        /*
         * 禁用所有外部中断,直到产生明确请求
```

```
      * /
     * WRITE_IO(INTC_BASE + INTC_IER) = 0x00000000;
    delay();
    //对悬挂中断进行应答
     * WRITE_IO(INTC_BASE + INTC_IAR) = 0xffffffff;
    delay();
     * WRITE_IO(GPIO_DATA_BASE + GIER) = 0x00000000;
     * WRITE_IO(GPIO_DATA_BASE + IPIER) = 0x00000000;
     * WRITE_IO(GPIO_DATA_BASE + IPISR) = 0x00000002;
    if (k == 1) {
        count = count << 1;
        if (count == 0xf000)
            k = 0;
    } else {
        count = count >> 1;
        if (count == 0x000f)
            k = 1;
    }
     * WRITE_IO(IO_LEDR) = count;
    delay();
     * WRITE_IO(GPIO_DATA_BASE + GIER) = 0x80000000;      //IER 接收线使能
    delay();
     * WRITE_IO(GPIO_DATA_BASE + IPIER) = 0x00000002;     //IPIER 接收线使能
    delay();
    /*
     * 使能 INT0~ INT7 外部中断
     * /
     * WRITE_IO(INTC_BASE + INTC_IER) = 0x000000ff;
    return;
}
```

将编译后的应用程序下载到运行 MIPSfpga 处理器系统的 Nexys4 FPGA 开发板,即可验证应用程序的功能。通过按键可以观察到,按键中断使点亮的 LED 灯移位显示。

习题 7

1. 什么是中断?
2. 微机系统中的中断有哪两种类型?
3. 不可屏蔽中断和可屏蔽中断各有何特点?其用途如何?
4. 什么是中断号?它有何作用?如何获取中断号?
5. 什么是中断响应周期?在中断响应周期中一般要完成哪些工作?
6. 什么是中断优先级?设置中断优先级的目的是什么?
7. 什么是中断嵌套?

8. 什么是中断向量？中断向量有什么作用？在中断向量表中查找中断向量时，为什么要用中断号乘以 4？

9. 什么是中断向量表？

10. 可屏蔽中断的处理过程一般包括几个阶段？

11. 在执行（调用）中断指令时，处理器会自动进行哪些隐操作？

12. 在执行（调用）中断返回指令时，处理器会自动进行哪些隐操作？

13. 中断控制器 PIC82C59A 有哪些工作方式？

14. 什么是中断控制器 PIC82C59A 的编程模型？

15. 可编程中断控制器 PIC82C59A 协助 CPU 处理哪些中断事务？

16. 如何对 PIC82C59A 进行初始化编程（包括单片使用和双片使用）？

17. 系统对微机配置的主、从 PIC82C59A 芯片初始化设置做了哪些规定？用户是否可以对系统配置的中断控制器重新初始化？为什么？

18. 中断向量修改有什么意义？如何修改中断向量？

19. 中断服务程序的一般格式如何？

20. 编写中断服务程序时需要注意些什么？

21. 中断结束命令安排在程序的什么地方？在什么情况下要求发中断结束命令？为什么？

22. 对中断资源的实际应用有两种情况：一是利用系统的中断资源；二是自行设计中断系统。用户对这两种应用情况所做的工作有什么不同？

23. 利用微机系统的主 PIC82C59A 芯片和从 PIC82C59A 芯片设计中断服务程序有什么差别（可参见 7.5.4 节的两个实例）？

24. MIPSfpga 中断产生的条件是什么？有哪几种中断模式？如何通过配置来选择中断模式？

25. 在 MIPSfpga 的几种中断模式下，中断优先级的区别是什么？中断生成的过程有什么不同？

第8章　DMA 传输技术

DMA 传输主要用于需要高速、大批量数据传输的系统中,如磁盘存取、高速数据采集系统。DMA 传输的速度高是以增加系统硬件的复杂性和成本为代价的,同时,DMA 传输期间 CPU 被挂起,部分或完全失去对系统总线的控制,这可能会影响 CPU 对中断请求的及时响应与处理。因此,在一些速度要求不高、数据传输量不大的系统中,一般不用 DMA 方式。

本章讨论 DMA 传输的概念与基本工作原理,并介绍与分析 Intel DMA 系统的组成以及实际应用中 DMA 传输参数设置的方法与程序。

8.1　DMA 传输基本原理

8.1.1　DMA 传输的特点

DMA(Direct Memory Access)是直接存储器存取的简称。顾名思义,在 DMA 传输方式下,数据的传输不经过 CPU,而是直接在 I/O 设备与存储器之间或存储器与存储器之间或 I/O 设备之间进行快速传输。

DMA 传输主要用于需要高速、大批量数据传输的系统中,例如磁盘存取、高速数据采集系统等,以提高数据的吞吐量。

那么,以 DMA 方式传输数据的速率为什么会比程序控制传输方式要高呢?

因为在程序控制传输方式下,数据从存储器传输到 I/O 设备或从 I/O 设备传输到存储器,都要经过 CPU 的累加器进行中转,若加上检查是否传输完毕以及修改内存地址等由程序控制的操作,则要花费不少时间。采用 DMA 传输方式是让存储器与 I/O 设备(磁盘)或 I/O 设备与 I/O 设备之间直接交换数据,不需要经过累加器,从而减少了中间环节,并且内存地址的修改、传输完毕的结束报告都由硬件完成,因此大大提高了传输速度。

DMA 传输虽然不需要 CPU 的控制,但并不是说 DMA 传输不需要任何硬件来进行控制和管理,而只是采用 DMA 控制器(DMA Controller,DMAC)暂时取代 CPU,负责数据传输的全过程控制。

8.1.2　DMA 传输过程

DMA 传输方式与中断方式一样,从开始到结束的全过程有几个阶段。在 DMA 操作开始之前,用户应根据需要对 DMAC 进行编程,把要传输的数据字节数、数据在存储器中的起始地址、传输方向、通道号等信息送到 DMAC,这就是 DMAC 的初始化。初始化之后,就等待外设申请 DMA 传输,DMA 传输过程分为申请、响应、数据传输和传输结束 4 个阶段。

1. 申请阶段

在上述初始化工作完成之后,若 I/O 设备要求以 DMA 方式传输数据,便向 DMAC 发出 DMA 请求信号 DREQ,DMAC 如果允许 I/O 设备的请求,就进一步向 CPU 发出总线请求信号 HRQ,申请占用总线,如图 8.1 中的①和②所示。

图 8.1　DMA 申请

2. 响应阶段

CPU 在每个总线周期结束时检测 HRQ,当总线锁定信号 LOCK 无效时,则响应 DMAC 的总线请求,使 CPU 一侧的三总线"浮空",CPU 脱开三总线,同时以总线请求应答信号 HLDA 通知 DMAC 总线已让出,如图 8.2 中的③所示,并且使 DMAC 与三总线"接通"。此时,DMAC 接管总线,正式成为系统的主控者。

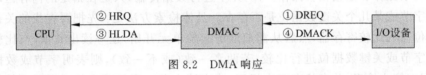

图 8.2　DMA 响应

3. 数据传输阶段

DMAC 接管三总线,成为主控者后,一方面以 DMA 请求应答信号 DAMCK(见图 8.2 中的④)通知发出请求的 I/O 设备,使之成为被选中的 DMA 传输设备;另一方面 DMAC 行使总线控制权,向存储器发地址信号,并向存储器及外设发读写控制信号,控制数据按初始化时设定的方向和字节数进行高速传输。

4. 传输结束阶段

数据传输完毕后,DMAC 就产生一个过程结束($\overline{EOP}$)信号,并发送给 I/O 设备。I/O 设备收到此信号,则认为它请求传输的数据已传输完毕,于是就撤销 DMA 请求信号 DREQ,进而使总线请求信号 HRQ 和总线请求应答信号 HLDA 相继变为无效。此时,DMAC 脱开三总线,DMAC 一侧的总线"浮空"。CPU 与三总线"接通",CPU 收回总线控制权,又重新控制总线。

至此,一次 DMA 传输结束。如果需要,还可以用过程结束信号发一个中断请求,请求 CPU 处理 DMA 传输结束后的事宜。

以上是 I/O 设备与存储器之间的 DMA 传输过程。如果是存储器与存储器之间的 DMA 传输,其过程稍有不同,主要是 DMA 申请不一样。前者是 I/O 设备从外部发 DREQ,提出请求,称为硬件请求;而后者是用程序从内部对请求寄存器写命令提出请求,称为软件请求。

8.2　DMA 操作

8.2.1　DMA 操作类型

DMA 操作主要是进行数据传输的操作,也包括其他的操作,如数据校验和数据检索等。

1. 数据传输

数据传输是把源地址的数据传输到目的地址。一般来说,源地址和目的地址都既可以是存储器也可以是 I/O 端口。并且,DMA 传输的读写操作是站在存储器的角度来说的,即 DMA 读是从存储器读,DMA 写是向存储器写,而不是站在 I/O 设备的角度来定义 DMA 读写。

2. 数据校验

校验操作并不进行数据传输,只对数据块内部的每个字节进行某种校验,而 DMA 过程的几个阶段还是一样,只不过进入 DMA 周期后不是传输数据,而是对一个数据块的每个字节进行校验,直到规定的字节数校验完毕或 I/O 设备撤销 DMA 请求为止。这种数据校验操作一般安排在读数据块之后,以校验所读的数据是否有效。

3. 数据检索

数据检索操作和数据校验操作一样,并不进行数据传输,只是在指定的内存区域内查找某个关键字节或某几个关键数据位是否存在。具体检索方法是:先把要查找的关键字节或关键数据位写入比较寄存器,然后从源地址的起始单元开始,逐一读出数据,与比较寄存器内的关键字节或关键数据位进行比较,若两者一致(或不一致),则表明字节或数据位匹配(或不匹配),停止检索,并在状态字中标记(或申请中断),表示要查找的字节或数据位已经查到了(或未查到)。

8.2.2 DMA 操作方式

DMA 操作方式是指进行上述每种类型的 DMA 操作时 DMA 操作的字节数。DMA 一般有 3 种操作方式。

1. 单字节传输方式

每次 DMA 操作,只操作一字节,即发出一次总线请求,DMAC 占用总线后,进入 DMA 周期,只传输(或校验、检索)一字节数据便释放总线。要传输(或校验、检索)下一字节,DMAC 必须重新向 CPU 申请占用总线。

2. 块传输方式

采用块传输方式时,连续传送多个字节,每传输一字节,当前字节计数器减 1,当前地址寄存器加 1 或减 1,直到要求的字节数传输完(当前字节计数器减至 0),然后释放总线。这种方式传输速度很快,但由于在整个数据块的传输过程中一直占用总线,也不允许其他DMA 通道参加竞争,因此,可能会产生冲突。

3. 请求传输方式

采用请求传输方式时,DMAC 要询问 I/O 设备,检测 DREQ 信号。在 DREQ 有效之后,直到传输的数据未结束之前,其间即使 DREQ 又变为无效或暂停传输,也不释放总线;当 DREQ 再次有效后,就继续进行传输。可见,在请求传输方式下,只要没有过程结束信号,而且 DREQ 信号有效,DMA 传输就一直进行,直至 I/O 设备把数据传输完为止。

4. 级联传输方式

多片 DMAC 级联时,可以构成主从式 DMA 系统。这种 DMA 操作方式称为级联传输方式。级联的方式是：从片的 HRQ 引脚连至主片的 DREQ 引脚,主片的 DACK 引脚连至从片的 HLDA 引脚。

8.3　DMAC 与 CPU 对系统总线占有权的转移

　　DMA 传输的实质是：DMAC 取代 CPU 作为系统的主控者,占有系统总线,在两个存储实体(如 I/O 设备与内存)之间进行数据传输,而不用 CPU 参与管理;传输结束,再把总线占有权还给 CPU,CPU 恢复系统主控者的地位。那么,这一总线占有权的转移过程是怎么实现的?

　　DMAC 在系统中有两种工作状态——主动态与被动态,相应地处在两种不同的地位——主控器与受控器。

　　在主动态时,DMAC 取代 CPU,获得了对系统总线的控制权,成为系统总线的主控者,向存储器和 I/O 设备发号施令。此时,它通过总线向存储器发出地址,并向存储器和 I/O 设备发读写信号,以控制在存储器与 I/O 设备之间或存储器与存储器之间直接传输数据。

　　在被动态时,DMAC 受 CPU 的控制。例如,在对 DMAC 进行初始化编程时,它就如同一般的 I/O 芯片一样,受 CPU 的控制,成为系统 CPU 的受控者。

　　DMAC 是如何由被动态变为主动态的? 这就是 DMAC 与 CPU 之间的总线占有权转移的问题。为了说明 DMAC 获得总线占有权和进行 DMA 传输的过程,可结合图 8.3 来分析。

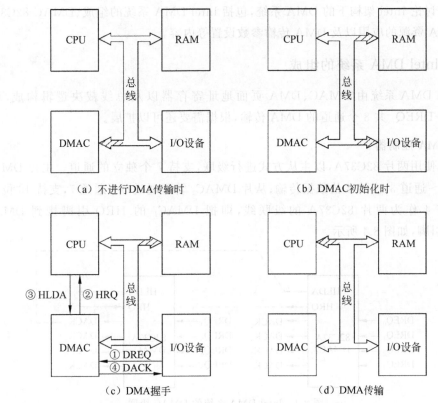

（a）不进行DMA传输时　　　　（b）DMAC初始化时

（c）DMA握手　　　　（d）DMA传输

图 8.3　DMAC 与 CPU 之间的总线占有权转移

图 8.3(a)表示在不进行 DMA 传输时,总线由 CPU 占用,并对 I/O 设备和存储器进行控制,此时 DMAC 与总线脱开(用阴影线表示)。

当 DMAC 初始化时,DMAC 与总线连接,CPU 通过总线向 DMAC 发送初始化信息,如图 8.3(b)所示。

初始化之后,如果有 I/O 设备申请 DMA 传输,就进入 DMA 请求/应答的握手过程,如图 8.3(c)所示。具体过程如下:

(1) I/O 设备向 DMAC 发 DMA 请求信号 DREQ。

(2) DMAC 接收请求,并向 CPU 发总线占有申请信号 HRQ。

(3) CPU 若同意让出总线,则向 DMAC 发回总线占有允许信号 HLDA,让出总线。

(4) DMAC 最后向 I/O 设备发回 DMA 请求应答信号 DACK,从此进入 DMA 传输周期。

此后,DMAC 接管总线,在它的控制下,通过总线进行 I/O 设备与存储器之间的直接数据传输,而 CPU 完全脱开总线,如图 8.3(d)所示。

当 DMA 传输完毕后,DMA 传输周期结束,DMAC 释放总线,总线的控制权又交还给 CPU,恢复到图 8.3(a)所示的情况。

8.4 Intel DMA 系统

本节讨论 Intel 架构下的 DMA 系统,包括 Intel DMA 系统的组成、DMAC 82C37A、PC 系统 DMA 资源的应用以及 DMA 传输参数设置等内容。

8.4.1 Intel DMA 系统的组成

Intel DMA 系统由 DMAC、DMA 页面地址寄存器以及总线裁决逻辑构成,可处理 $DREQ_0 \sim DREQ_7$ 共 8 个通道的 DMA 传输,根据需要还可以扩展。

1. DMA 控制器

系统使用两片 82C37A,以主从方式进行级联,支持 7 个独立的通道。主片 $DMAC_1$ 管理通道 0～通道 3,支持 8 位数据传输;从片 $DMAC_2$ 管理通道 5～通道 7,支持 16 位数据传输。通道 4 作为两片 82C37A 的级联线,即把 $DMAC_1$ 的 HRQ 引脚接到 $DMAC_2$ 的 $DREQ_4$ 引脚,如图 8.4 所示。

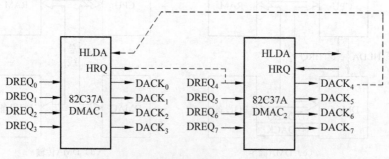

图 8.4　Intel DMA 系统的 DMAC 级联

2. DMA 页面地址寄存器

DMA 页面地址寄存器用于扩展 DMAC 的地址线。由于
82C37A 最多只能提供 16 位地址线,在对超过 16 位地址的存储
器访问时就显得不够用。为此,需要在 Intel DMA 系统中为每
一个通道设置一个 DMA 页面地址寄存器,以提供 16 位以上的
地址线。例如,如果访问的存储器采用 20 位地址,则由 DMA
页面地址寄存器提供高 4 位地址($A_{16} \sim A_{19}$);如果访问的存储
器采用 24 位地址,则由 DMA 页面地址寄存器提供高 8 位地址
($A_{16} \sim A_{23}$)。

DMA 页面地址寄存器的功能与地址锁存器类似,由 IC 芯
片构成。例如,74LS670 是具有三态输出的 4 个 4 位寄存器组
(寄存器堆),可以分别存放 4 个 DMA 通道的高 4 位地址,构成
20 位地址。组内各寄存器有独立的端口地址,可分别进行读
写。当 DMA 传送的内存首址超过 16 位地址时,才使用页面地
址。DMA 页面地址寄存器端口地址如表 8.1 所示(通道 4 的作用在上面已做了说明)。

表 8.1　DMA 页面地址寄存器端口地址

通道号	端口地址
0	87H
1	83H
2	81H
3	82H
5	8BH
6	89H
7	8AH

3. I/O 设备寻址方法

如上所述,82C37A 提供的 16 位地址线已全部用于内存寻址,所以也就无法同时给 I/O
设备提供地址,那么,82C37A 是如何对 I/O 设备进行寻址的呢?

原来,对请求以 DMA 方式传输的 I/O 设备,在进行读写数据时,只要 DMA 应答信号
DACK 和 $\overline{RD}$ 或 $\overline{WR}$ 信号同时有效,就能完成对 I/O 设备端口的读写操作,而与 I/O 设备的
端口地址无关,或者说 DACK 代替了接口芯片选择的功能。

8.4.2　可编程 DMAC 82C37A

8.4.2.1　DMAC 82C37A 内部结构和外部特性

DMAC 82C37A 内部逻辑结构如图 8.5 所示。

82C37A 的外部特性(即芯片的引脚功能)如下:
- $DREQ_0 \sim DREQ_3$:DMA 请求信号,由 I/O 设备向 DMAC 申请 DMA 传输。
- $DACK_0 \sim DACK_3$:DMA 请求应答信号,由 DMAC 向 I/O 设备应答。
- HRQ:总线请求信号,由 DMAC 向 CPU 或仲裁机构申请占有总线。
- HLDA:总线请求应答信号,由 CPU 返回给 DMAC,表示 CPU 已让出总线。
- $\overline{IOR}/\overline{IOW}$:I/O 读写信号(双向),主动态下为输出,被动态下为输入。
- $\overline{MEMR}/\overline{MEMW}$:存储器读写信号,单向输出,仅在主动态下使用,进行存储器读写。
- $\overline{CS}$:片选信号,低电平有效,表示 DMAC 被选中,在被动态下使用。
- $A_0 \sim A_3$:4 个低位地址线,被动态下为输入,主动态下为输出。
- $A_4 \sim A_7$:4 个地址线,输出。仅用于主动态,作为存储器地址的一部分。
- $DB_0 \sim DB_7$:数据与地址复用线,双向三态。被动态下作为数据线,主动态下作为地址线。
- ADSTB:地址选通信号,锁存器锁存高 8 位地址,高电平允许输入,低电平锁存。

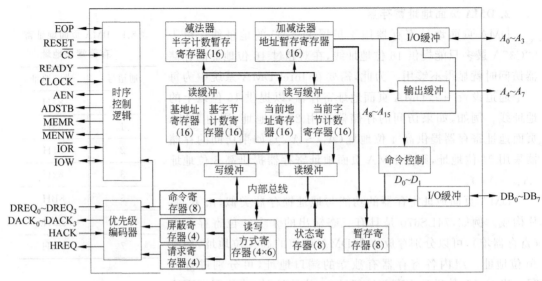

图 8.5　DMAC 82C37A 内部逻辑结构

- AEN：地址允许信号，高 8 位地址锁存器的输出允许信号。AEN 还用来在 DMA 周期禁止其他主设备占用系统总线，因此，在 I/O 端口地址译码时，AEN 作为控制信号参加译码，防止那些不采用 DMA 方式的 I/O 设备干扰那些采用 DMA 方式的 I/O 设备的数据传输。
- READY：准备就绪信号，供低速 I/O 设备或存储器在需要加入等待周期时使用。
- $\overline{\text{EOP}}$：过程结束信号，字节计数寄存器减 1 至 0 时有效，表示传输结束。

8.4.2.2　DMAC 82C37A 的编程模型

82C37A 的编程模型包括内部可访问的寄存器、端口地址以及编程命令。

82C37A 内部有 4 个独立的传输通道，每个通道都有各自的 4 个寄存器：基地址寄存器、当前地址寄存器、基字节计数寄存器和当前字节计数寄存器。另外还有各个通道共用的寄存器，如方式寄存器、命令寄存器、状态寄存器、屏蔽寄存器、请求寄存器和暂存寄存器等。各寄存器的端口地址分配如表 8.2 所示。

表 8.2　各寄存器的端口地址分配

通道	I/O 端口地址		寄存器	
	主片	从片	读写操作	写操作
0	DMA+00	0C0	读写通道 0 的当前地址寄存器	写通道 0 的基地址寄存器
	DMA+01	0C2	读写通道 0 的当前字节计数寄存器	写通道 0 的基字节计数寄存器
1	DMA+02	0C4	读写通道 1 的当前地址寄存器	写通道 1 的基地址寄存器
	DMA+03	0C6	读写通道 1 的当前字节计数寄存器	写通道 1 的基字节计数寄存器

162

通道	I/O端口地址		寄　存　器	
	主片	从片	读写操作	写操作
2	DMA+04	0C8	读写通道2的当前地址寄存器	写通道2的基地址寄存器
	DMA+05	0CA	读写通道2的当前字节计数寄存器	写通道2的基字节计数寄存器
3	DMA+06	0CC	读写通道3的当前地址寄存器	写通道3的基地址寄存器
	DMA+07	0CE	读写通道3的当前字节计数寄存器	写通道3的基字节计数寄存器
各通道共用	DMA+08	0D0	读状态寄存器	写命令寄存器
	DMA+09	0D2	—	写请求寄存器
	DMA+0A	0D4	—	写单个通道屏蔽寄存器
	DMA+0B	0D6	读临时寄存器	写方式寄存器
	DMA+0C	0D8	—	写清除先/后触发器命令＊
	DMA+0D	0DA	读暂存寄存器	写总清除命令＊
	DMA+0E	0DC	—	写清除4通道屏蔽寄存器命令＊
	DMA+0F	0DE		写置4通道屏蔽寄存器命令＊

＊为软命令。

下面从编程使用的角度来讨论这些寄存器的含义与格式。

1. 基地址寄存器和当前地址寄存器

每个通道都有两个地址寄存器——基地址寄存器和当前地址寄存器,均为16位。基地址寄存器只能写,不能读;当前地址寄存器可读可写。两者的I/O端口地址相同。

在初始化时,由CPU以相同的地址值写入基地址寄存器和当前地址寄存器。在传输过程中,基地址寄存器的内容保持不变,以便在自动预置时将它的内容重新装入当前地址寄存器。

当前地址寄存器的内容在传输过程中是变化的,在每次传输后地址自动增1(或减1),直到传输结束。如果需要自动预置,则$\overline{EOP}$信号将基地址值重新置入当前地址寄存器。

例如,若要求把DMA传输的基地址5678H写入通道0的基地址寄存器和当前地址寄存器,则可以通过如下程序段来实现(端口地址为00H):

```
outputb(DMA+0x00,0x78);              //先送低字节
outputb(DMA+0x00,0x56);              //后送高字节
```

2. 基字节计数寄存器和当前字节计数寄存器

每个DMA通道设置两个字节计数寄存器——基字节计数寄存器和当前字节计数寄存器,均为16位。基字节计数寄存器只能写,不能读;当前字节计数寄存器可读可写。两者的I/O端口地址相同。

在初始化时,由CPU以相同的字节数写入基字节计数寄存器和当前字节计数寄存器。基字节计数寄存器在传输过程中内容保持不变,以便在自动预置时将它的内容重新装入当

前字节计数寄存器。

当前字节计数寄存器的内容在传输过程中是变化的。在每次传输之后,字节数减 1,当它的值减为 0 时,便产生$\overline{\text{EOP}}$,表示字节数传输完毕。如果采用自动预置,则$\overline{\text{EOP}}$信号将基字节计数寄存器的值重新装入当前字节计数寄存器。

在写基字节计数寄存器时应注意:82C37A 执行当前字节计数寄存器减 1 是从 0 开始的,所以,若要传输 N 字节,则写基字节计寄存器的字节总数应为 $N-1$。

例如,要求把 DMA 传送的字节数 3FFH 写入通道 1 的基字节计数寄存器和当前字节计数寄存器,语句如下:

```
outputb(DMA+0x01,0x0E);          //先送低字节
outputb(DMA+0x01,0x3F);          //后送高字节
```

3. 命令寄存器和状态寄存器

命令寄存器为只写寄存器,状态寄存器为只读寄存器。两者的 I/O 端口地址相同,均为 08H。

1) 命令寄存器与命令字

命令字用来控制 82C37A 所有通道的操作,由 CPU 写入命令寄存器,由复位信号 RESET 和总清命令清除。命令寄存器的命令字格式如图 8.6 所示。命令寄存器端口地址为 08H。

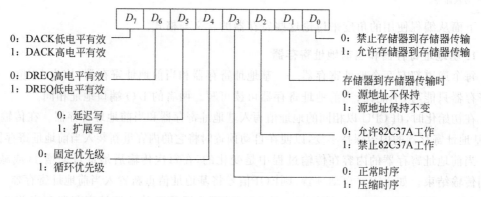

图 8.6 命令寄存器的命令字格式

下面对命令字中的几个特殊位作一些解释。

- D_1 用于存储器到存储器传输的情况(即 $D_0=1$);若不进行存储器到存储器传输,则该位无意义。规定把通道 0 的地址寄存器作为源地址,并且这个地址可以保持不变,这样可把同一个源地址存储单元的数据写到一组目的地址存储单元中。$D_1=0$,禁止保持通道 0 地址不变;$D_1=1$,允许保持通道 0 地址不变。
- D_3 位用于选择工作时序。$D_3=0$,采用正常时序(保持 S_3 状态);$D_3=1$,采用压缩时序(去掉 S_3 状态)。
- D_5 用于选择写操作方式。$D_5=0$,采用延迟写(写滞后于读);$D_5=1$,为扩展写(与读同时)。

例如，82C37A按如下要求工作：禁止存储器到存储器进行DMA传输，允许在I/O设备和存储器之间进行传输，按正常时序，延迟写，固定优先级，允许82C37A工作，DREQ信号高电平有效，DACK信号低电平有效，则命令字为00000000B＝00H，语句如下：

```
outputb(DMA+0x08,0x00);
```

2）状态寄存器与状态字

状态寄存器用于寄存82C37A的内部状态，包括通道是否有请求发生以及数据传输是否结束。状态寄存器的状态字格式如图8.7所示。状态寄存器的端口地址为08H。

图8.7　状态寄存器的状态字格式

例如，检测通道1是否有DMA请求，程序段如下：

```
If(0!=inputb(DMA+0x08)&0x20)
    Tran();                              //有DMA请求,转发送
```

4. 方式寄存器与方式命令字

方式命令用于设置每一个通道的工作方式，包括DMA传输的操作类型、操作方式、地址改变方式以及是否要求自动预置。方式寄存器的方式命令字格式如图8.8所示。方式寄存器的端口地址为0BH。

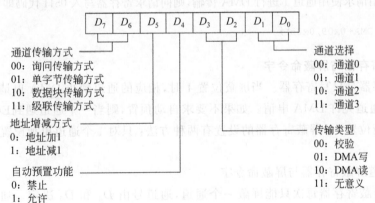

图8.8　方式寄存器的方式命令字格式

对于方式寄存器要注意以下两点：

（1）DMA读写是指从内存读出和向内存写入。

（2）自动预置是指当完成一个DMA操作，出现$\overline{EOP}$负脉冲时，把基地址寄存器和基字节计数寄存器的内容装入当前地址寄存器和字节计数寄存器中，再从头开始同一操作。

例如，对磁盘的访问采用DMA方式，选择DMA通道2，单字节传输，地址增1，不使用

自动预置功能。其磁盘读、写以及校验操作的方式命令字分别如下：

- 读盘操作，即 DMA 写操作的方式命令字为 01000110B＝46H。
- 写盘操作，即 DMA 读操作的方式命令字为 01001010B＝4AH。
- 校验盘操作，即 DMA 校验操作的方式命令字为 01000010B＝42H。

因此，如果采用上述方式将磁盘上读出的数据存放到内存区，则方式命令字为 01000110B＝46H；如果从内存取出数据写到磁盘上，则方式命令字为 01001010B＝4AH。

5. 请求寄存器与请求命令字

当在存储器及存储器之间进行 DMA 传输时，使用软件请求方式；当不在存储器及存储器之间传输时，就不使用请求寄存器。这种软件请求 DMA 传输操作必须采用块传输方式，并且在传输结束后，$\overline{EOP}$ 信号会清除相应的请求位，因此，每执行一次软件请求 DMA 传输，都要对请求寄存器编程一次，如同 I/O 设备发出的 DREQ 请求信号一样。RESET 信号清除整个请求寄存器的内容。软件请求是不可屏蔽的。请求寄存器只能写，不能读。请求寄存器的请求命令字格式如图 8.9 所示。请求寄存器的端口地址为 09H。

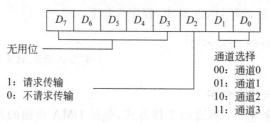

图 8.9　请求寄存器的请求命令字格式

例如，若用请求使用通道 1 进行 DMA 传输，则向请求寄存器写入 05H 代码即可，语句如下：

```
outputb(DMA+0x09,0x05);
```

6. 屏蔽寄存器与屏蔽命令字

屏蔽寄存器是只写寄存器。当屏蔽位置 1 时，相应的通道禁止 DMA 申请；当屏蔽位置 0 时，相应的通道允许 DMA 申请。如果不要求自动预置，则当一个通道遇到 $\overline{EOP}$ 信号时，它所对应的屏蔽位置 1。屏蔽寄存器的设置有两种方法：只对 1 个通道单独设置和同时设置 4 个通道。

1）单通道屏蔽寄存器与屏蔽命令字

单通道屏蔽寄存器每次只能屏蔽一个通道，通道号由 D_1 和 D_0 决定。通道号选定后，若 D_2 置 1，则禁止该通道请求 DREQ；若 D_2 置 0，则允许该通道请求 DREQ。$D_3 \sim D_7$ 不用，单通道屏蔽寄存器的屏蔽命令字格式如图 8.10 所示。单通道屏蔽寄存器的端口地址为 0AH。

例如，如果要求 82C37A 的通道 2 开放，则屏蔽命令字为 00000010B；如果要求通道 2 屏蔽，则屏蔽命令字为 00000110B。

2）4 通道屏蔽寄存器与屏蔽命令字

4 通道屏蔽寄存器可同时屏蔽 4 个通道，也可以只屏蔽其中的 1 个或几个通道。该寄存器只使用低 4 位,写 1,相应的通道屏蔽;写 0,相应的通道开放。4 通道屏蔽寄存器的屏蔽命令字格式如图 8.11 所示。4 通道屏蔽寄存器的端口地址为 0FH。

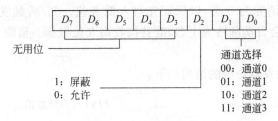

图 8.10　单通道屏蔽寄存器的屏蔽命令字格式

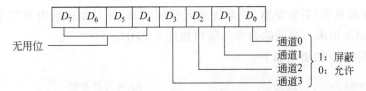

图 8.11　4 通道屏蔽寄存器的屏蔽命令字格式

　　例如,使用 4 通道屏蔽寄存器,若要求只开放通道 2,则屏蔽命令字为 00001011B;若要求只屏蔽通道 2,则屏蔽命令字为 0000x1xxB。

　　例如,为了在每次磁盘读写操作时进行 DMA 初始化,都必须开放通道 2,以便响应磁盘的 DMA 请求,可采用下述两种方法之一来实现:

　　(1) 使用单通道屏蔽寄存器(0AH),语句如下:

```
outputb(DMA+0x0A,0x02);
```

　　(2) 使用 4 通道屏蔽寄存器(0FH),语句如下:

```
outputb(DMA+0x0F,0x0B);
```

　　与 4 通道屏蔽寄存器相对应,82C37A 还设有清除 4 通道屏蔽寄存器命令,即开放 4 个通道,其端口地址是 0EH,属于软命令,在后面介绍。

7. 暂存寄存器

　　暂存寄存器用于在存储器及存储器之间传输时暂时保存从存储区源地址读出的数据。若不在存储器及存储器之间传输,就不使用暂存寄存器。

8. 软命令

　　所谓软命令,就是只要对特定的端口地址进行一次写操作(即$\overline{CS}$、芯片内部寄存器地址及$\overline{IOW}$同时有效),命令就生效,而与写入的具体代码(数据)无关。软命令也称假写命令。82C37A 可执行 3 条软命令:清除先/后触发器命令、总清除命令和清除 4 通道屏蔽寄存器命令。

　　1) 清除先/后触发器命令

　　在向 16 位基地址和基字节计数寄存器进行写操作时,要分两次写入,先写低 8 位,后写高 8 位。为了控制写入次序,应设置先/后触发器。先/后触发器有两个状态——0 态和 1 态。0 态时,读写低 8 位;1 态时,读写高 8 位。因此,在写入基地址和基字节计数寄存器之前,要将先/后触发器清除为 0 态,以保证先写入低 8 位。先/后触发器具有自动翻转的功能,在写入低 8 位后,会自动翻转为 1 态,准备接收高 8 位数据。清除先/后触发器命令的端口地址为 0CH。

执行清除先/后触发器命令的语句如下:

```
outputb(DMA+0x0c,0xaa);                    //aa 可为任意值
```

2)总清除命令

它与硬件复位信号 RESET 的作用相同,它可以清除命令寄存器、状态寄存器、请求寄存器、暂存寄存器及先/后触发器,使系统进入空闲状态,并且使屏蔽寄存器全部置位,禁止所有通道的 DMA 请求。总清除命令的端口地址为 0DH。

执行总清除命令的语句如下:

```
outputb(DMA+0x0d,0xbb);                    //bb 可为任意值
```

3)清除 4 通道屏蔽寄存器命令

清除 4 通道屏蔽寄存器命令清除 4 通道屏蔽寄存器的屏蔽位,开放这 4 个通道的 DMA 请求,准备接收 DMA 请求。该命令的端口地址为 0EH。

执行清除 4 通道屏蔽寄存器命令的语句如下:

```
outputb(DMA+0x0e,0xcc);                    //cc 可为任意值
```

8.4.3　Intel DMA 传输的初始化

在不同微机系统中,DMA 传输初始化设置有所不同。以 PC 为例,其初始化内容为:指定 82C37A 为非存储器到存储器方式,允许 82C37A 工作,采用正常时序,固定优先级,滞后写入,DREQ 高电平有效,DACK 低电平有效。

上述初始化内容的命令代码为 00000000B=00H,上电时由系统将它写入命令寄存器的端口,即完成了 DMA 的初始化。初始化语句如下:

```
outputb(DMA+0x08,0x00);                    //将初始化代码写入 DMAC 的命令寄存器
```

一旦完成了对 82C37A 的初始化,系统总是按照这一初始化的规定进行工作,所有申请 DMA 传输方式的 I/O 设备和相应的程序都必须按初始化的规定去做。因此,为慎重起见,对系统的 DMAC 初始化编程不由用户去做,而是在微机启动后由处理器自动完成。从系统的安全性考虑,用户不应当对系统的 DMAC 再进行初始化。

8.4.4　Intel DMA 系统资源的应用

当用户在使用系统的 DMA 资源时,不需要做 DMA 的硬件设计,也不需要重新进行 DMA 的初始化,因为初始化已经由系统做好了。那么,用户该做哪些与 DMA 传送有关的工作呢?主要工作是在 DMA 传送开始之前设置 DMA 传输参数,然后向 DMAC 发送申请。

DMA 传输参数设置包括 DMA 操作类型、操作方式、传送的首地址、字节数及通道号，这些是由用户根据设计要求决定的。因此，只有 82C37A 的方式寄存器、地址寄存器(基/当前)和字节数计数器(基/当前)等的内容应根据应用需要由用户设定，称为 DMA 传输参数设置，用户并不需要对 DMAC 的所有 16 个寄存器一一编程。

8.4.4.1 DMA 传输参数设置的内容

在系统已经对 DMAC 进行初始化的基础上，用户编程使用 DMA 时需要进行 DMA 传输参数设置，其内容如下：

(1) 向命令寄存器写入命令字。设置命令寄存器，进行系统初始化。由系统完成，不需要用户来写。

(2) 向方式寄存器写入方式命令字。确定选用的通道号、DMA 传输的操作类型、操作方式、地址改变方式以及是否自动预置。

(3) 屏蔽所选通道。在进行初始值设置期间，为了防止另有 DMA 请求打断尚未完成的初始值设置而使初始化出错，先屏蔽所选通道，在初始值设置完成后再开放该通道。

(4) 置先/后触发器为 0 态。执行清除先/后触发器命令，使其处于 0 态，保证先低 8 位、后高 8 位的读写顺序，为设置地址寄存器和字节计数寄存器做准备。

(5) 写基地址寄存器。把 DMA 传输的存储器首地址写入所选通道的基地址寄存器。

(6) 写页面地址寄存器。把页面地址写入所选通道的页面地址寄存器。如果访问的存储器不超过 16 位，就不写。

(7) 写基字节计数寄存器。把要传输的字节数减 1，写入所选通道的基字节计数寄存器。

(8) 解除所选通道的屏蔽。初始值设置完成后，解除所选通道的屏蔽，开放该通道，等待 I/O 设备的 DMA 请求。

8.4.4.2 DMA 传输参数设置的程序

下面编写完成 DMA 传输参数设置的程序。

1. 要求

将某数据采集系统采集的 400H 字节的数据采用 DMAC 82C37A 的通道 1 传输到基地址为 F0000H 的存储器上，要求编写 DMA 传输参数设置程序。

2. 分析

按照 DMAC 的端口地址，将 DMA 传输参数写入 DMAC 内部相关的寄存器。

3. 程序设计

DMA 传输参数设置的 C 语言程序段如下：

```
...
disable();                    //关中断
outportb(DMA+0x0B,0x45);      //方式命令(单字节,地址加1,非自动预置,DMA写,通道1)
```

```
outportb(DMA+0x0A,0x05);          //屏蔽通道 1
outportb(DMA+0x0c,0x05);          //清除先/后触发器(AL 可以为其他的任意数据)
                                  //设置基地址寄存器和页面地址寄存器
outportb(DMA+0x02,0x00);          //16 位内存地址,先写低 8 位
outportb(DMA+0x02,0x00);          //再写高 8 位
outportb(DMA+0x83,0x0f);          //页面地址为 0FH
//设置基字节计数寄存器
outportb(DMA+0x03,0x0ff);         //写低 8 位的字节数到通道 1 的基字节计数寄存器
outportb(DMA+0x03,0x03);          //写高 8 位的字节数到通道 1 的基字节计数寄存器
enable();                         //开中断
outportb(DMA+0x0A,0x01);          //开放通道 1,允许响应 DREQ1 请求
...
```

习题 8

1. 什么是 DMA 方式? 在什么情况下采用 DMA 方式传输?

2. 采用 DMA 方式为什么能够实现高速传输?

3. DMA 传输过程一般有哪几个阶段?

4. DMA 传输一般有哪几种操作类型和操作方式?

5. DMAC 在微机系统中有哪两种工作状态? 这两种工作状态的特点是什么?

6. DMAC 作为微机系统的主控者与 CPU 之间是如何实现总线控制权转移的?

7. DMAC 的地址线和读写控制线与一般的接口支持芯片的相应信号线有什么不同?

8. 可编程 DMAC 82C37A 的编程模型包括 19 个寄存器和 7 条命令,在实际中主要使用哪些寄存器?

9. 什么叫软命令? 82C37A 有几个软命令?

10. 什么是 DMA 页面地址寄存器? 它有什么作用? 在什么情况下才使用 DMA 页面地址寄存器?

11. DMAC 在访问 I/O 设备时为什么不用发端口地址?

12. 82C37A 初始化设置有哪些规定? 用户是否可以改变其初始化的内容? 为什么?

13. 利用系统的 DMA 资源进行 DMA 传输时,用户如何进行 DMA 传输参数设置? 写出 DMA 传输参数设置的程序段(参见 8.4.4.2 节实例)。

第9章 A/D与D/A转换器接口

A/D与D/A转换器是数据采集与实时控制系统的重要环节,其接口是一种面向器件的接口,而非设备接口,因此接口对它的连接与控制比较单一。另外,A/D与D/A转换器接口仍然是一种并行接口,具有第5章所述并行接口的特点。

本章讨论中断方式的ADC接口设计以及锯齿波、三角波发生器接口设计。

9.1 模拟量接口的作用

微型计算机在实时控制、在线动态测量、物理过程监控以及图像和语音处理领域的应用中,都要与一些连续变化的模拟量(如温度、压力、流量、位移、速度、光亮度、声音、颜色等)打交道,但数字计算机本身只能识别和处理数字量,因此,必须经过转换器把模拟量(A)转换成数字量(D),或把数字量转换成模拟量,才能实现CPU与被控对象之间的信息交换。所以,微机在面向过程控制、自动测量和自动监控系统,与各种被控、被测对象发生关系时,需要设置模拟量接口。

显然,模拟量接口电路的作用是在微处理器系统中离散的数字信号与模拟设备中连续变化的模拟信号(如电压、电流)之间建立起适配关系,以便计算机执行控制与测量任务。

从硬件角度来看,模拟量接口就是微处理器与A/D转换器和D/A转换器之间的连接电路,前者称为模入接口,后者称为模出接口。

9.2 A/D转换器

A/D转换器(简称ADC)的功能是把模拟量变换成数字量。由于实现这种转换的工作原理和采用的工艺技术不同,所以A/D转换器芯片种类繁多。A/D转换器按分辨率可分为4位、6位、8位、10位、14位、16位和BCD码的312位、512位等。A/D转换器按转换速度可分为超高速、高速、中速及低速等。A/D转换器按转换原理可分为逐次逼近型、并联比较型等,其中,逐次逼近型A/D转换器易于用集成工艺实现,且能达到较高的分辨率和速度,故目前集成化的A/D转换器芯片采用逐次逼近型的居多。间接A/D转换器有电压/时间转换型(积分型)、电压/频率转换型、电压/脉宽转换型等,其中,积分型A/D转换器电路简单,抗干扰能力强,且能达到较高分辨率,但转换速度较慢。有些A/D转换器还将多路开关、基准电压源、时钟电路、二-十译码器和转换电路集成在一个芯片内,使用起来十分方便。

9.2.1 A/D转换器的主要技术指标

A/D转换器是模拟接口的对象,了解A/D转换器的主要技术指标,就可以了解它们对A/D转换器接口设计产生的影响,从而在设计中加以考虑。

1. 分辨率

分辨率是指 A/D 转换器能够转换成一个二进制数位模拟量大小。例如，用 1 个 10 位 A/D 转换器转换一个满量程为 5V 的电压，则它能分辨的最小电压为 5000mV/1024≈5mV。若模拟输入值的变化小于 5mV，则 A/D 转换器无反应，即 A/D 转换器只能分辨出 5mV 以上的变化。同样是 5V 电压，若采用 12 位 A/D 转换器，则它能分辨的最小电压为 5000mV/4096≈1.2mV。可见，A/D 转换器的数字量输出位数越多，其分辨率就越高。

A/D 转换器的分辨率表现为它的输出数据线宽度（即根数）。例如，ADC0809 的分辨率是 8 位，它的数据线也是 8 根；AD574A 的分辨率是 12 位，它的数据线也是 12 根。因此，分辨率会影响 A/D 转换器接口与系统数据总线的连接。当分辨率（即 A/D 转换器的输出数据线宽度）大于微机系统数据总线宽度时，就不能一次传输，而需两次传输，要增加附加电路（缓冲寄存器），从而影响接口电路的组成及数据传输的途径。

2. 转换时间

转换时间是指从输入启动转换信号开始到转换结束得到稳定的数字量输出为止所需的时间，一般为毫秒（ms）级和微秒（μs）级。转换时间的快慢会影响 A/D 转换器接口与 CPU 交换数据的方式。低速和中速 A/D 转换器一般采用查询或中断方式，而高速 A/D 转换器应采用 DMA 方式。

9.2.2　A/D 转换器的外部特性

由于 A/D 转换器内部一般没有设置供用户访问的寄存器，也没有命令字，它的转换操作是由其内部硬件逻辑电路完成的，而不是通过执行内部的命令完成的，因此，它不便于用可编程特性的编程模型来描述。在分析 A/D 转换器芯片时，主要是看它的外部连接特性，其中转换启动信号是 CPU 对 A/D 转换器唯一的控制信号。

从外部特性来看，无论是哪种 A/D 转换器芯片，都必不可少地设置 4 种基本外部信号线，这些信号线是实现 A/D 转换操作的条件，也是设计 A/D 转换器接口硬件电路的依据。

1. 模拟信号输入线

模拟信号输入线是来自被转换对象的模拟量的输入线，有单通道输入与多通道输入之分。

2. 数字量输出线

数字量输出线是 A/D 转换器的数字量数据的输出线，数据线的宽度（根数）表示 A/D 转换器的分辨率。

3. 转换启动线

转换启动线是外部控制信号。转换启动信号一到，A/D 转换才能开始；转换启动信号不到，A/D 转换器不会自动开始转换。而且，发一次启动信号只能转换一次，采集一个数据。

4. 转换结束线

转换完毕后，由 A/D 转换器发出 A/D 转换结束信号，利用它以查询或中断方式向微处理器报告转换已经完成。只有在转换结束信号出现时，微处理器才可以开始读取数据。

可见,在选择和使用 A/D 转换器芯片时,除了要满足用户的转换速度和分辨率要求之外,还要注意 A/D 转换器的连接特性。

各厂家的 A/D 转换器芯片不仅产品型号五花八门、性能各异,而且功能相同的引脚命名也各不相同,没有统一的名称。例如,表 9.1 所示的几种芯片,其功能相同的转换启动和转换结束信号不仅名称不一,而且逻辑定义各异,选用时要加以注意。

表 9.1　几种 A/D 转换器芯片的引脚对照

芯　　片	转 换 启 动	转 换 结 束
ADC0816(0809)	START	EOC
AD570(571)	$\overline{B}/C=0$	$\overline{DR}$
ADC0804	$\overline{WR}\cdot\overline{CS}$	$\overline{INTR}$
ADC7570	START	$\overline{BUSY}=1$
ADC1131J	CONVCMD	STATUS 下降沿
ADC1210	$\overline{SC}$	$\overline{CC}$
AD574	$CE\cdot(\overline{R}/C)\cdot CS$	STS=0

9.3　A/D 转换器接口设计的任务与方法

由于接口连接的对象——A/D 转换器自身的操作比较单一,即进行模拟量和数字量之间的转换,而且都由其内部硬件逻辑电路自动完成,因而要求外部对它实施的控制比较简单,所以 A/D 转换器接口只需少数几根信号线,采用并行接口就绰绰有余,甚至使用一些 IC 芯片也能满足接口功能要求。但是,转换器与 CPU 交换数据的方式多种多样,查询、中断、DMA 方式都有可能,因此在转换器接口设计中会涉及对系统中断、DMA 资源的应用。

A/D 转换器接口设计的任务主要是 A/D 转换器如何与 CPU 进行连接和如何与 CPU 交换数据,有时还要考虑对所采集的数据进行在线处理。

9.3.1　A/D 转换器与 CPU 的连接

A/D 转换器与 CPU 连接时,要根据不同 A/D 转换器芯片的外部特性,采用不同的连接方法,有几个引脚信号线值得注意。

1. 转换启动信号

A/D 转换器的转换启动方式有脉冲启动和电平启动两种。若是脉冲启动,则只需接口电路提供一个宽度满足启动要求的脉冲信号即可,一般采用$\overline{IOW}$或$\overline{IOR}$的脉宽就可以了;若是电平启动,则要求转换启动信号的电平在转换过程中保持不变,否则(如中途撤销)就会停止转换而产生错误的结果。为此,就应增加附加电路(如 D 触发器、单稳电路)或采用可编程并行 I/O 接口芯片来锁存这个启动信号,使之在转换过程中维持不变。

A/D 转换器的转换启动信号可以是单个信号,也可以是由多个信号组合起来的复合信号。若是由单个信号启动,如 ADC0809 的 START,则只需接口电路提供一个 START 正脉冲信号;若是由复合信号启动,如 AD574A 的 $\overline{CE}(\overline{R}/C=0)$ 和 $\overline{CS}$,则 $\overline{CE}$、$\overline{R}/C=0$ 和 $\overline{CS}$ 这 3 个信号要同时满足要求才能启动。

2. 模拟量输入控制信号

A/D 转换器的模拟信号输入有多通道和单通道之分。若是多通道,则要求接口电路提供通道地址线及通道地址锁存信号线,以便选择与确定输入模拟量的通道号;若是单通道,则不需要处理。

3. 数字量输出控制信号

数字信号输出取决于以下两方面:

(1) 在 A/D 转换器芯片内的数据输出是否是三态锁存器。若是,则 A/D 转换器的输出数据线可直接挂在 CPU 的数据总线上;否则,必须在 A/D 转换器的输出数据线与 CPU 的数据总线之间外加三态锁存器才能连接。

(2) A/D 转换器的分辨率与系统数据总线宽度是否一致。若一致,则数据只需一次传输,数据线可直接连接;若不一致,则数据需分批传输,应增加附加电路(缓冲寄存器)。

4. 转换结束信号

A/D 转换结束后,用转换结束信号通知 CPU 转换已经结束,请求读取数据。转换结束信号的逻辑定义,有的是高电平有效,有的是低电平有效。转换结束信号可用于查询方式、中断方式、DMA 方式的申请信号。

9.3.2　A/D 转换器与 CPU 之间的数据交换方式

采集的数据用什么方式传输到内存?这是 A/D 转换器接口设计,也是数据采集系统设计中的一个重要内容,因为数据传输的速度是关系到数据采集速率的重要因素。假定 A/D 转换器的转换时间为 T,每次转换后将数据存入指定的内存单元所需的时间为 τ,则数据采集速率的上限为 $f_0=1/(T+\tau)$。所以,为了提高数据采集速率,可以采用两种方法:一是采用高速 A/D 转换器芯片,使 T 尽量小;二是减少数据传输过程中所花的时间 τ,特别是高速或超高速数据采集系统,τ 的减少显得尤为重要。

A/D 转换器与内存之间交换数据时,根据不同的要求,可采用查询、中断、DMA 方式,以及在板 RAM(on-board RAM)技术。不同的方式使 A/D 转换器接口电路的组成不同,编程的方法也不同。所谓在板 RAM 技术是针对超高速数据采集系统提出的,其 A/D 转换器速度非常快,采用 DMA 方式传输也跟不上转换的速度,故在 A/D 转换器板上设置 RAM,把采集的数据先就近存放在 RAM 中,然后再从板上的 RAM 取出数据送到内存。这也是数据采集系统中解决转换速度快而传输速度跟不上的一种方法。

9.3.3　A/D 转换器的数据在线处理

A/D 转换器接口控制程序也就是数据采集程序,其基本结构是循环程序。因为数据采集往往要对多个点的数据进行采样,而每一次启动,只能采集(转换)一个数据,所以,数据采集程序要循环执行多次,直至采样次数满足要求为止。

除此之外,在实际应用中,对采集到的数据一般都要进行一些处理,包括生成数据文件、存盘、显示、打印、远距离传输等。有的还要将采集的数据作为重要参数参与运算,进行进一步加工。虽然这些处理不属于 A/D 转换器接口控制程序的内容,但它们是 A/D 转换后常常遇到的操作,因此,往往也把其中的一些操作放在 A/D 接口控制程序之中。例如,将采集到的数据在屏幕上显示出来,以便观察 A/D 转换的结果是否正确;又如,将前端机采集的数据生成数据文件,再传输到上位机进行加工等。

9.3.4 A/D 转换器接口设计需考虑的问题

从上述 A/D 转换器接口的任务和方法可以得出,在分析和设计一个 A/D 转换器接口时,可以从以下几个问题入手:

(1) A/D 转换器的模拟量输入是否是多通道? 若是,则需选择通道号,应提供通道选择线;若不是,则不作处理。

(2) A/D 转换器的分辨率是否大于系统数据总线宽度? 若是,则要分两次传输,故需增加锁存器,并提供锁存器选通信号;若不是,则不作处理。

(3) A/D 转换器芯片内部是否有三态输出锁存器? 若无,则 A/D 转换器的数据线不能与系统的数据线直接连接,故需增加三态锁存器,并提供锁存允许信号;若有,则不作处理。

(4) A/D 转换器的启动方式是脉冲触发还是电平触发? 若是脉冲触发,则提供脉冲信号;若是电平触发,则提供电平信号,并保持到转换结束。

(5) A/D 转换的数据采用哪种传输方式? 可以采用无条件传输方式、查询方式、中断方式和 DMA 方式等。传输的方式不同,接口的硬件组成和软件编程就不同。

(6) 对 A/D 转换的数据进行什么样的处理? 一般包括显示、打印、生成文件并存盘、远距离传输等多种处理。

(7) A/D 转换器接口电路由什么器件组成? 有普通 IC 芯片、可编程并行口芯片、GAL 器件等多种选择。

前面 4 项是由接口对象——A/D 转换器决定的(可从芯片手册中查到),用户无法改变,只能在设计中满足它的要求。后面 3 项是可以改变的,用户应根据设计目标灵活选用。

9.4 A/D 转换器中断方式接口电路设计

本节介绍采用中断方式的 A/D 转换器接口电路设计。

1. 要求

本接口电路采用 ADC0809,从通道 7 采集 100B 数据,采集的数据以中断方式传输到内存缓冲区,并将转换结束信号 EOC 连到 IRQ_4 上,请求中断。

2. 分析

要实现上述设计要求,至少有 3 方面的问题需要考虑:ADC0809 的外部特性、接口电路结构形式及中断处理。下面分别进行分析。

1）ADC0809 的外部特性

ADC0809 的外部引脚和内部逻辑原理分别如图 9.1 和图 9.2 所示。

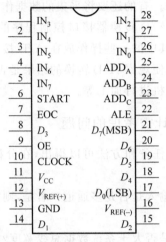

图 9.1　ADC0809 的外部引脚

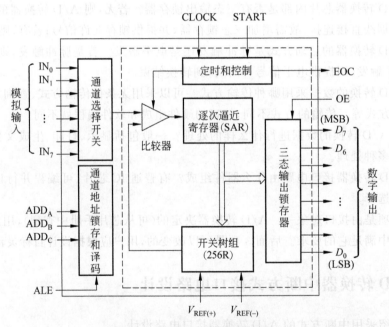

图 9.2　ADC0809 内部逻辑原理

ADC0809 的外部引脚是接口硬件设计的依据。下面结合 ADC0809 的时序（图 9.3），分析各引脚信号的功能及逻辑定义。

ADC0809 有 8 个模拟量输入端（$IN_0 \sim IN_7$），相应地设置 3 根模拟量通道地址线（$ADD_A \sim ADD_C$），以编码来选择 8 个模拟量输入通道。并且设置一根通道地址锁存允许信号线（ALE），高电平有效。当选择通道地址时，需使 ALE 变高，锁存由 $ADD_A \sim ADD_C$ 编码所选中的通道号，将该通道的模拟量接入 ADC0809。

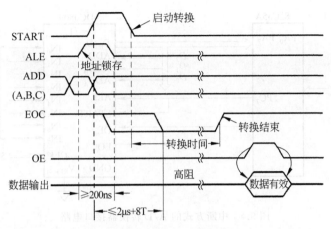

图 9.3　ADC0809 的时序

ADC0809 的分辨率为 8,有 8 根数字量输出线($D_7 \sim D_0$),带有三态输出锁存缓冲器。并设置了一根数据输出允许信号线(OE),高电平有效。当读数据时,要使 OE 置高,打开三态输出缓冲器,把转换的数字量送到数据线上。

ADC0809 的转换启动信号是 START,高电平有效。转换结束信号是 EOC,转换过程中为低电平,转换完毕为高电平,可利用 EOC 的上升沿申请中断或用于查询。

ADC 的工作时序是 A/D 转换器接口软件编程的依据。从图 9.3 可以看出,要启动 A/D 转换,应该先通过 ADD 引脚选择通道号,使 ALE 和 START 引脚都为高电平;要读取数据,应该等待转换结束信号 EOC 变高电平后,在 OE 引脚加高电平,才能从数据线上读取数据。

2) 接口电路结构形式

接口电路采用可编程并行接口芯片 82C55A,并把转换结束信号 EOC 连到系统总线的 IRQ_4 上,实现中断传送。

3) 中断处理

由于本例利用系统的中断资源,故不需要进行中断系统的硬件设计和 82C59A 的初始化,只需做以下两件事:

(1) 中断向量的修改。修改的对象是 IRQ_4 的中断向量,修改的步骤和方法见 7.5.3.1 节。

(2) 对 82C59A 两个命令的使用。在主程序中用 OCW_1 屏蔽/开放 IRQ_4 的中断请求;在中断服务程序返回主程序之前,用 OCW_2 发中断结束信号 EOI,清除 IRQ_4 在中断控制器内部 ISR 中置 1 的位。

3. 设计

1) 硬件设计

根据上述分析可知,本接口电路要提供 ADC0809 模拟量通道号选择信号、转换启动信号和读数据允许信号,这些信号由可编程的 PPI 接口芯片 82C55A 实现。而 EOC 的中断请求直接连到系统总线的 IRQ_4 上。中断方式的 A/D 转换器接口电路如图 9.4 所示。PPI 接口芯片的 $PA_0 \sim PA_7$ 作为通道选择信号,PC7 作为启动信号,PC6 作为读数据允许信号。

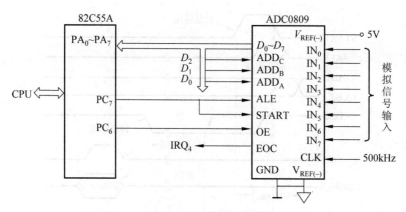

图 9.4 中断方式的 A/D 转换器接口电路

2) 软件设计

本例的程序流程如图 9.5 所示。整个程序分为主程序和中断服务程序两部分。

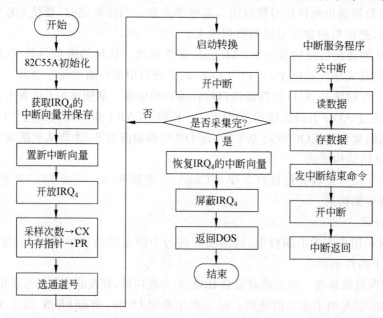

(a) 主程序　　　(b) 中断服务程序

图 9.5 中断方式数据采集程序流程

中断方式数据采集程序如下:

```
#include<stdio.h>
#include<dos.h>
#include<conio.h>
#define CTRL55 0x303          //82C55A 命令口
#define DATA_PA 0x300         //82C55A 数据口 A
#define INTA00 0x20           //82C59A 主片端口 (A0=0)
```

```
#define INTA01 0x21                      //82C59A 从片端口(A₀=1)
void interrupt( * oldhandler)();
void interrupt newhandler();
unsigned char n;
unsigned char buf[100];
void main()
{
    unsigned char tmp;
    n=99;
    outportb(CTRL55,0x90);               //82C55A 的方式命令字
    outportb(CTRL55,0x0e);               //置 PC7=0,使 START 和 ALE 无效
    outportb(CTRL55,0x0c);               //置 PC6=0,使 OE 无效
    oldhandler=getvect(0x0c);            //取 IRQ4 的原中断向量(0CH 号中断)并保存
    disable();                           //关中断
    tmp=inportb(INTA01);
    tmp&&0xef;
    outportb(INTA01,tmp);                //开放中断请求 IRQ4
    setvect(0x0c,newhandler);            //置新中断向量
    enable();                            //开中断
    outportb(DATA_PA,0x07);              //选择通道号
    outportb(CTRL55,0x0f);               //产生 START 信号
    delay(10);
    outportb(CTRL55,0x0e);
    while(n);                            //等待中断
    disable();                           //关中断
    setvect(0x0c,oldhandler);            //恢复原中断向量
    tmp=inportb(INTA01);
    tmp‖0x10;
    outportb(INTA01,tmp);                //屏蔽中断请求 IRQ4
}
void interrupt newhandler()
{
    disable();
    outportb(CTRL55,0x0d);               //产生 OE 信号,打开三态输出锁存器,准备输出
    delay(1);
    outportb(CTRL55,0x0c);
    buf[99-n]=inportb(DATA_PA);          //读数据
    outportb(INTA00,0x20);               //发中断结束命令 EOI,中断结束
}
```

9.5 D/A 转换器

9.5.1 D/A 转换器的主要技术指标

1. 分辨率

D/A 转换器(简称 DAC)的分辨率是指 D/A 转换器能够把多少位二进制数转换成模拟

量。例如,DAC0832 能够把 8 位二进制数转换成电流值,故 DAC0832 的分辨率是 8 位;AD390 能够把 12 位二进制数转换成电压值,故 AD390 的分辨率是 12 位。分辨率体现在 D/A 转换器的数据输入线的宽度上,因此,不同的分辨率将影响 D/A 转换器与 CPU 的数据线连接。当分辨率大于数据总线宽度时,数据要分几次传输,需增加附加电路(缓冲寄存器)。

2. 转换时间

转换时间是指数字量从输入到 D/A 转换器开始至完成转换,模拟量输出达到最终值所需的时间。D/A 转换器的转换时间很短,一般为微秒(μs)级和纳秒(ns)级,比 A/D 转换器快得多。

9.5.2　D/A 转换器的外部特性

D/A 转换器的外部引脚包括以下信号线:

(1) 数字信号输入线。

(2) 模拟信号输出线。

(3) $\overline{CS}$ 信号线和 $\overline{WR}$(或 $\overline{WR_1}$、$\overline{WR_2}$)信号线(用于将数字量输入 D/A 转换器)。

(4) 数据输入锁存控制线。

(5) 模拟量输出通道地址线。

其中,前 3 种信号线是基本信号线,后两种信号线是附加信号线。附加信号线有时也集成在 D/A 转换器芯片内部。

若 D/A 转换器芯片内部设置了三态输入锁存器,则在外部就有输入锁存允许信号线。有的芯片(如 DAC0832)设置了两级输入锁存器,相应地在外部就有两级输入锁存允许信号线。如果有的芯片(如 AD390)设置了输出模拟量开关,则在外部就有模拟量输出通道地址选择信号线。

另外,在 D/A 转换器的外部信号线中,没有像 A/D 转换器那样专门的转换启动信号线,也没有转换结束信号线。

9.6　D/A 转换器接口设计的任务与方法

9.6.1　D/A 转换器与 CPU 的连接

D/A 转换器与 A/D 转换器操作不同的特点:

首先,D/A 转换器工作时,只要 CPU 把数据送到它的输入端,写入 D/A 转换器,D/A 转换器就开始转换,而无须设置专门的启动信号去触发转换开始。

其次,D/A 转换器也不提供转换结束之类的状态信号,所以 CPU 向 D/A 转换器传输数据时,也不必查询 D/A 转换器的状态,只要两次传输数据之间的间隔不小于 D/A 转换器的转换时间,就能得到正确结果。

正因为 D/A 转换器不设专门的转换启动信号线和转换结束信号线,使接口对 D/A 转换器的信号线减少,连接也更简单。

另外,如果 D/A 转换器芯片不带三态输入锁存器,或者尽管带有三态锁存器,然而分辨率大于数据总线的宽度,则需要增加附加的缓冲寄存器。

9.6.2 D/A 转换器与 CPU 之间的数据交换方式

D/A 转换器与 CPU 交换数据的方式很单一,既不用查询方式,也不用中断方式,更不用 DMA 方式,而是采用无条件传输方式与 CPU 交换数据,因此软件编程很简单,其主要工作是向 D/A 转换器写数据和解决 CPU 与 D/A 转换器之间的数据缓冲问题。

9.6.3 D/A 转换器接口设计需考虑的问题

分析与设计 D/A 转换器接口时可从以下几方面入手:

(1) D/A 转换器的分辨率是否大于系统数据总线的宽度? 若是,则要分两次传输,故需增加锁存器,并提供锁存选通信号;若不是,则不作处理。

(2) D/A 转换器芯片内部是否有三态输入锁存器? 若无,则数据线不能与系统的数据总线直接连接,故需增加三态输入锁存器,并提供锁存允许信号;若有,则不作处理。

(3) D/A 转换器的模拟量输出是否是多通道? 若是,则需选择通道号,并提供选择线;若不是,则不作处理。

(4) D/A 转换器的启动方式只有脉冲触发一种。D/A 转换器不设专门的转换启动信号,它利用$\overline{CS}$和$\overline{IOW}$共同进行假写操作来实现脉冲启动。

(5) D/A 转换器的数据传输方式只有无条件传输一种。

(6) D/A 转换器接口电路采用什么器件组成? 接口电路有普通 IC 芯片、可编程并行口芯片、GAL 器件等多种选择。

9.7 锯齿波三角波发生器接口电路设计

1. 要求

利用 DAC0832 产生锯齿波和三角波,按任意键停止波形输出。

2. 分析

因为连接对象是 DAC0832,故首先分析 DAC0832 的连接特性及工作方式。然后根据外部连接特性及工作方式进行接口设计。

1) 外部特性

DAC0832 是分辨率为 8 位的乘法型 D/A 转换器,芯片内部带有两级缓冲器。它的内部结构和外部引脚如图 9.6 所示。

DAC0832 中有两个独立的缓冲器,要转换的数据先送到第一级缓冲器,但不进行转换,只有当数据送到第二级缓冲器时才能开始转换,因而称为双缓冲。为此,设置了 5 个信号控制这两个缓冲器进行数据的锁存。其中,ILE(输入锁存允许)、$\overline{CS}$(片选)和$\overline{WR_1}$(写信号 1)3个信号组合控制第一级缓冲器的锁存,$\overline{WR_2}$(写信号 2)和$\overline{XFER}$(传递控制)两个信号组合控制第二级缓冲寄存器的锁存。

DAC0832 最适合要求多片 D/A 转换器同时进行转换的系统,此时,需要把各片的

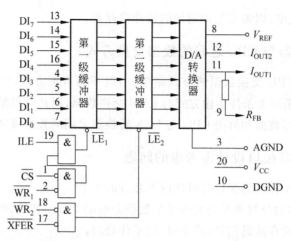

图 9.6　DAC0832 的内部结构和外部引脚

$\overline{\text{XFER}}$ 和 $\overline{\text{WR}}_2$ 连在一起,作为公共控制点,并且分两步操作。首先,利用各芯片的 $\overline{\text{CS}}$ 与 $\overline{\text{WR}}_1$
先单独将不同的数据分别锁存到每片 DAC0832 的第一级缓冲器中。然后,在公共控制点上
同时触发,即在 $\overline{\text{XFER}}$ 与 $\overline{\text{WR}}_2$ 同时变为低电平时,就会把各个第一级缓冲器的数据传送到对
应的第二级缓冲器,使多个 DAC0832 芯片同时开始转换,实现多点并发控制。

　　DAC0832 时序如图 9.7 所示。其中的数据 1 和数据 2 分别用 $\overline{\text{CS}}_1$ 和 $\overline{\text{CS}}_2$ 锁存到两个
DAC0832 的第一级缓冲器中,最后用 $\overline{\text{XFER}}$ 信号的上升沿将它们同时锁存到两个 DAC0832
的第二级缓冲器,开始 D/A 转换。

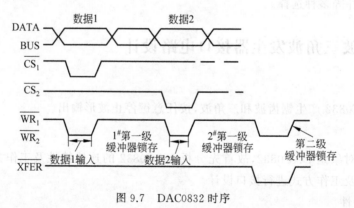

图 9.7　DAC0832 时序

　　2) DAC0832 的工作方式

DAC0832 有直通、单缓冲和双缓冲 3 种工作方式。

- 直通就是不进行缓冲,CPU 送来的数字量直接送到第二级缓冲器,并开始转换。此
  时,ILE 端加高电平,其他控制信号都加低电平。
- 单缓冲是只进行一级缓冲,具体可用第一组或第二组控制信号对第一级或第二级缓
  冲器进行控制。
- 双缓冲是进行两级缓冲,用两组控制信号分别进行控制。一般用于多片 DAC0832
  同时开始转换。

3. 设计

1) 硬件设计

采用可编程并行接口芯片 82C55A 作为 D/A 转换器与 CPU 之间的接口,并把它的 A 口作为数据输出,而 B 口作为控制信号来控制 DAC0832 的工作方式及转换操作,如图 9.8 所示。

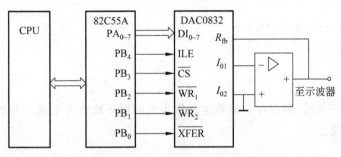

图 9.8 DAC0832 作为函数波形发生器

2) 软件编程

D/A 转换程序根据设计要求应产生连续的锯齿波,故它是一个循环结构,其流程如图 9.9 所示。

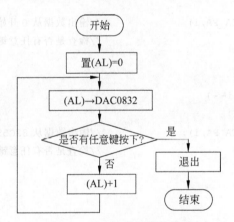

图 9.9 D/A 转换程序的流程

若把 DAC0832 的输出端接到示波器的 Y 轴输入,运行下面的程序,便可在示波器上看到连续的锯齿波波形。

```
#include<conio.h>
#include<dos.h>
#define CTRL55 0x303                    //82C55A 命令口
#define DATA_PA 0x300                   //82C55A 数据口 A
#define DATA_PB 0x301                   //82C55A 数据口 B
void main()
{
```

```
        unsigned char i=0;
        outportb(CTRL55,0x80);              //82C55A 的方式字
        outportb(DATA_PB,0x10);             //置 DAC0832 为直通工作方式,ILE 置 1,
                                            //CS、WR₁、WR₂、XFER均置 0
        //生成锯齿波的循环
        while(!kbhit())
        {
            outportb(DATA_PA,i);
            i++;
        }
    }
```

若要求产生三角波,则程序只需将生成锯齿波的循环修改为生成三角波的循环,程序的其他部分保持不变。

```
...
unsigned char i=0;
while(1)
{
    for(i=0;i<256;i++)
    {
        outportb(DATA_PA,i)             //输出数据从 0 开始
        if(kbhit())                     //检查是否有任意键按下
            return;
    }
    for(i=255;i>=0;i--)
    {
        outportb(DATA_PA,i);            //输出数据从 82C55A 开始
        if(kbhit())                     //检查是否有任意键按下
            return;
    }
};
```

9.8 温度采样接口电路设计

1. 要求

利用 Nexys4 DDR 开发板上的温度传感器 ADT7420,基于 MIPSfpga 处理器系统,设计一个 A/D 接口,通过该接口对外部的环境温度进行采集和显示。

2. 分析

ADT7420 是一种具有自校准、16 位分辨率、高线性度的温度传感器,在较宽的工作温度范围下,具备高精密度、低漂移的特性。该芯片的测量范围可以达到 $-40\sim+150℃$,分辨率可以达到 $0.0073℃$。在 $-20\sim105℃$ 的温度范围内,可达到 $\pm0.25℃$ 的准确度;而当在

－40～125℃的温度范围内时,仍可提供±0.5℃的准确度。

ADT7420 具有 I²C 接口,因此能够非常方便地通过 I²C 总线与 CPU 进行连接。ADT7420 有 4 种工作模式,可以通过程序进行设置,这 4 种工作模式如下:

(1) 正常模式。即自动温度采集模式,在该模式下,ADT7420 每 240ms 自动完成一次温度转换,CPU 每次读取的都是最近一次温度转换的值。

(2) 一次性采集模式。ADT7420 处于该模式时,立即完成温度转换,然后进入关闭状态。启动该模式后,至少需要等待 240ms,CPU 才可以从温度值寄存器读取转换的温度。

(3) 1 SPS 模式。在该模式下,ADT7420 每 1s 进行一次温度测量;虽然每次温度的转换时间通常只需要 60ms,但是它将保持空闲状态 940ms。

(4) 关断模式。此时 ADT7420 处于关闭状态。除非脱离关闭状态,否则 ADT7420 不会开始进行温度的转换。

3. 设计

1) 硬件设计

为了将 ADT7420 连接到 I²C 总线,需要给其分配地址。ADT7420 的接口电路如图 9.10 所示。这样 ADT7420 就具有了唯一的 I²C 识别地址,即 1001011(4BH)。

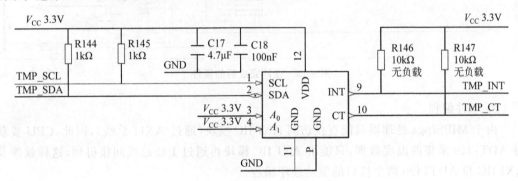

图 9.10 ADT7420 的接口电路

在 Nexys4 DDR 开发板上,ADT7420 的串行时钟线 SCL 和数据线 SDA 分别连接到 FPGA 芯片 Artix 7 的 C14 和 C15 引脚上,如图 9.11 所示。

为了将 ADT7420 通过 I²C 总线连接到 MIPSfpga 处理器系统,MIPSfpga 处理器系统中需要设计一个 I²C 总线的控制器,以便为 ADT7420 提供 I²C 总线。该 I²C 总线的控制器直接使用现成的 IP 核,即 AXI IIC 模块,如图 9.12 所示。其中名称为 TEMP_SENSOR 的模块外部引脚即用于连接 SCL 和 SDA 的 I²C 总线。

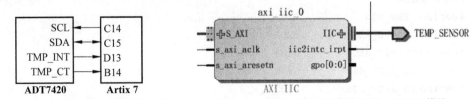

图 9.11 ADT7420 与 FPGA 的连接   图 9.12 基于 AXI4 总线接口的 AXI IIC 模块

将 AXI IIC 模块添加到 MIPSfpga 处理器系统中,进行相应连线的连接,并分配地址(例如,物理地址设置为 0x10A0_0000),即完成了硬件设计。设计完成后的硬件如图 9.13 所示。

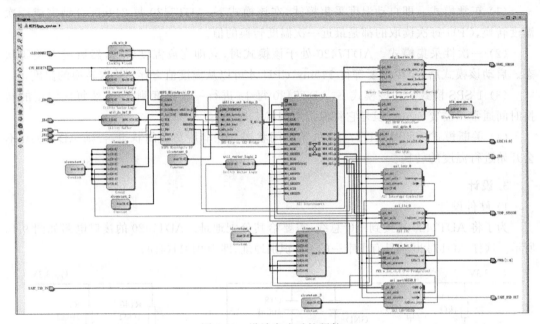

图 9.13　设计完成后的硬件

2) 软件编程

由于 MIPSfpga 处理器只能直接访问 AXI IIC 模块(通过 AXI4 总线),因此,CPU 要获得 ADT7420 采集的温度数据,只能由 AXI IIC 模块再通过 I^2C 总线间接得到,这样就涉及 AXI IIC 和 ADT7420 两个接口的驱动程序编程。

(1) ADT7420 接口驱动程序如下(详情参看 ADT7420 的数据手册):

```
//ADT7420 接口驱动程序头文件(部分代码)
#ifndef ADT7420_H_
#define ADT7420_H_
//I²C 核地址
#define IIC_BASEADDR          0xB0A00000
//ADT7420 IIC 地址
#define ADT7420_IIC_ADDR      0x4B
//寄存器定义
#define TEMP_REG              0x00
#define STATUS_REG            0x02
#define CONFIG_REG            0x03
#define TH_SETP_MSB           0x04
#define TH_SETP_LSB           0x05
#define TL_SETP_MSB           0x06
#define TL_SETP_LSB           0x07
```

```c
#define TCRIT_SETP_MSB      0x08
#define TCRIT_SETP_LSB      0x09
#define T_HYST_SETP         0x0A
#define ID_REG              0x0B
#define SOFT_RST_REG        0x2F
//ADT7420接口驱动程序(部分代码)
void ADT7420_Init(void)
{
    unsigned char txBuffer[1] = { 0x00 };

    if(I2C_Init(IIC_BASEADDR, ADT7420_IIC_ADDR))
    {
        uart_print("AXI IIC initialized OK!\n\r");
    }
    else
    {
        uart_print("AXI IIC Error!\n\r");
    }
    I2C_Write(IIC_BASEADDR, ADT7420_IIC_ADDR, SOFT_RST_REG, 1, txBuffer);
}
int ADT7420_ReadTemp(void)
{
    unsigned char rxBuffer[2]  = {0x00,0x00};
    int data                   = 0;
    I2C_Read(IIC_BASEADDR, ADT7420_IIC_ADDR, TEMP_REG, 2, rxBuffer);
    if(ADT7420_GetResolution(0) == 0)
    {
        data = (rxBuffer[0] << 5) | (rxBuffer[1] >> 3);
    }
    else
    {
        data = (rxBuffer[0] << 8) | (rxBuffer[1]);
    }
    return (data);
}
```

(2) AXI IIC 接口驱动程序如下(详情参看 AXI IIC 模块的数据手册):

```c
//AXI IIC接口驱动程序头文件(部分代码)
#ifndef __I2C_H__
#define __I2C_H__
//I2C寄存器定义
#define GIE            0x01C
#define ISR            0x020
#define IER            0x028
```

```
#define SOFTR          0x040
#define CR             0x100
#define SR             0x104
#define TX_FIFO        0x108
#define RX_FIFO        0x10C
#define ADR            0x110
#define TX_FIFO_OCY    0x114
#define RX_FIFO_OCY    0x118
#define TEN_ADDR       0x11C
#define RX_FIFO_PIRQ   0x120
#define GPO            0x124
//AXI IIC 接口驱动程序
unsigned int I2C_Init(unsigned int axiBaseAddr, unsigned int i2cAddr)
{
    //禁用 I²C 内核
    * WRITE_IO(axiBaseAddr + CR) = 0x00;
    //将 Rx FIFO 深度设为最大值
    * WRITE_IO(axiBaseAddr + RX_FIFO_PIRQ) = 0x0F;
    //重置 I²C 内核并刷新 Tx FIFO
    * WRITE_IO(axiBaseAddr + CR) = 0x02;
    //启用 I²C 内核
    * WRITE_IO(axiBaseAddr + CR) = 0x01;
    return 1;
}
unsigned int I2C_Read(unsigned int axiBaseAddr, unsigned int i2cAddr, unsigned
                      int regAddr, unsigned int rxSize, unsigned char * rxBuf)
{
    unsigned int rxCnt = 0;
    unsigned int timeout = 0xFFFFFF;
    //重置 Tx FIFO
    * WRITE_IO(axiBaseAddr + CR) = 0x002;
    //启用 I²C
    * WRITE_IO(axiBaseAddr + CR) = 0x001;
    delay_ms(10);
    if(regAddr != -1)
    {
        //设置从设备 I²C 地址
        * WRITE_IO(axiBaseAddr + TX_FIFO) = 0x100 | (i2cAddr << 1);
        //设置从寄存器地址
        * WRITE_IO(axiBaseAddr + TX_FIFO) = regAddr;
    }
    //设置从设备 I²C 地址
    * WRITE_IO(axiBaseAddr + TX_FIFO) = 0x101 | (i2cAddr << 1);
    //开始一个读取事务
```

```
    * WRITE_IO(axiBaseAddr + TX_FIFO) = 0x200 + rxSize;
//从 I²C 从设备读数据
while(rxCnt < rxSize)
{
    //等待数据在 Rx FIFO 中可用
    while((* WRITE_IO(axiBaseAddr + SR) & 0x00000040) && (timeout--));
    if(timeout == -1)
    {
        //禁用 I²C 内核
        * WRITE_IO(axiBaseAddr + CR) = 0x00;
        //将 Rx FIFO 深度设为最大值
        * WRITE_IO(axiBaseAddr + RX_FIFO_PIRQ) = 0x0F;
        //重置 I²C 内核并刷新 Tx FIFO
        * WRITE_IO(axiBaseAddr + CR) = 0x02;
        //启用 I²C 内核
        * WRITE_IO(axiBaseAddr + CR) = 0x01;
        return rxCnt;
    }
    timeout = 0xFFFFFF;
    //读数据
    rxBuf[rxCnt] = * READ_IO(axiBaseAddr + RX_FIFO) & 0xFFFF;
    //接收计数器自增
    rxCnt++;
}
delay_ms(10);
return rxCnt;
}
void I2C_Write(unsigned int axiBaseAddr, unsigned int i2cAddr, unsigned int
            regAddr, unsigned int txSize, unsigned char * txBuf)
{
    unsigned int txCnt = 0;
    //重置 Tx FIFO
    * WRITE_IO(axiBaseAddr + CR) = 0x002;
    //启用 I²C
    * WRITE_IO(axiBaseAddr + CR) = 0x001;
    delay_ms(10);
    //设置 I²C 地址
    * WRITE_IO(axiBaseAddr + TX_FIFO) = 0x100 | (i2cAddr << 1);
    if(regAddr != -1)
    {
        //设置从寄存器地址
        * WRITE_IO(axiBaseAddr + TX_FIFO) = regAddr;
    }
    //写数据到 I²C 从设备
```

```
    while(txCnt < txSize)
    {
        //将 Tx 数据放入 Tx FIFO
        * WRITE_IO(axiBaseAddr + TX_FIFO) = (txCnt == txSize - 1) ?
                                            (0x200 | txBuf[txCnt]) : txBuf[txCnt];
        txCnt++;
    }
    delay_ms(10);
}
```

(3) ADT7420 应用程序如下：

```
int main() {
    //初始化 ADT7420 设备
    ADT7420_Init();
    //在 UART 上显示主菜单
    ADT7420_DisplayMainMenu();
    while(rxData != 'q')
    {
        Display_Temp(ADT7420_ReadTemp());
        switch(rxData)
            {
            case 't':
                Display_Temp(ADT7420_ReadTemp());
                break;
            case 'r':
                ADT7420_SetResolution();
                break;
            case 'h':
                ADT7420_DisplaySetTHighMenu();
                break;
            case 'l':
                ADT7420_DisplaySetTLowMenu();
                break;
            case 'c':
                ADT7420_DisplaySetTCritMenu();
                break;
            case 'y':
                ADT7420_DisplaySetTHystMenu();
                break;
            case 'f':
                ADT7420_DisplaySetFaultQueueMenu();
                break;
            case 's':
                ADT7420_DisplaySettings();
```

```
                    break;
            case 'm':
                ADT7420_DisplayMenu();
                    break;
            case 0:
                    break;
            default:
                ADT7420_DisplayMenu();
                    break;
            }
        }
    return 0;
}
```

习题 9

1. 什么是模拟量接口? 在微机的哪些应用领域中要用到模拟量接口?

2. 什么是 A/D 转换器的分辨率? 分辨率对 A/D 转换器的接口设计有什么影响?

3. 什么是 A/D 转换器的转换时间? 转换时间对 A/D 转换器的接口设计有什么影响?

4. 数据采集频率由哪两个时间因素决定? 为了提高数据采集频率,一般采用什么措施?

5. 分析 A/D 转换器的外部信号引脚特性对 A/D 转换器接口设计有什么意义?

6. 设计 A/D 转换器与 CPU 的接口电路时,需要给 A/D 转换器提供哪些基本信号线?

7. A/D 转换器与 CPU 交换数据可以采用哪几种方式? 根据什么条件选择传输方式?

8. 分析与设计一个 A/D 转换器接口方案时,一般应从哪几个方面入手?

9. 为什么 A/D 转换数据采集程序总是一个循环结构?

10. 查询方式的数据采集程序一般包括哪些模块(程序段)?

11. 中断方式的数据采集程序一般包括哪些模块(程序段)?

12. 数据采集程序中在线数据的处理是指哪些内容?

13. D/A 转换器接口的主要任务是什么?

14. 分析与设计一个 D/A 转换器接口方案时,一般应从哪几个方面入手?

15. 什么是假写(读)操作?

16. 如何设计一个采用中断方式的 A/D 转换器接口(参考 9.4 节实例)?

17. 如何利用 DAC 设计一个函数波形(如三角波、锯齿波)发生器(参考 9.7 节实例)?

第 10 章　USB 设备接口

　　USB 是微机系统中通用的外设总线,它具有结构灵活、接口形式简单、扩展和连接方便、传输速度高、适用范围广等特点。在便携式设备和移动设备广泛应用的今天,基于 USB 的设备几乎无处不在,已成为当代微机系统的标准配置。

　　学习 USB 技术的相关概念和 USB 系统结构,以及掌握 USB 设备接口的设计方法是本章的主要目标。

10.1　USB 概述

　　USB(Universal Serial Bus,通用串行总线)是目前广泛应用于计算机系统及各种智能设备的一种串行总线技术,为主机与设备的连接及扩展提供了一种简单、高速和通用的方式。

　　USB 物理层采用差分串行通信方式,信号线少,且信号之间的干扰小,传输带宽高。另外,USB 支持设备的动态配置、热插拔和电源管理等特性,是一种比较灵活的外设总线。目前,USB 及接口已成为微机系统中的标准配置,许多早期采用其他类型接口的 I/O 设备也都实现了接口的 USB 化,如 PS2 接口的键盘鼠标、并行接口的打印机、PCI 接口的网卡等。

10.1.1　USB 技术的发展

　　USB 技术的发展经历了 1.0、1.1、2.0 和 3.0 共 4 个规范版本,在近几年面市的微机主板或笔记本电脑中一般都配有 USB 3.0 的接口,并且市面上已有较多采用 USB 3.0 接口的移动硬盘和 U 盘等产品。USB 规范定义了实施 USB 和设计 USB 产品的统一技术和接口标准。不同版本的 USB 规范在技术实现及性能特性上有较大的差异,但版本之间遵循向下兼容的原则,因此,早期生产的 USB 设备仍可以在新 USB 主机上使用,使得 USB 具有很强的生命力并得到了广泛的应用和发展。

　　USB 1.1 的接口采用全速(12Mb/s)和慢速(1.5Mb/s)两种不同的速度。其中,慢速应用于人机接口设备上,主要用于连接鼠标、键盘等设备。USB 1.1 具有热插拔和即插即用的特点,可同时连接多达 127 台设备,但是,USB 1.1 也有若干缺点。例如,多次热插拔往往会造成系统死机,连接的设备过多就会导致传输速度变慢,等等。在 USB 接口设备被广泛应用后,许多设备,如移动硬盘、光盘刻录机、扫描仪、视频会议的 CCD 及卡片阅读机等,便成为 USB 接口非常流行的应用。

　　USB 2.0 的高传输速度能够有效地解决 USB 1.1 设备的传输瓶颈问题。USB 2.0 利用传输时序的缩短(微帧)及相关传输技术,将传输速度从原来的 12Mb/s 提高到 480Mb/s,1GB 的数据在 1min 之内就可传输完毕。另外,USB 2.0 与 USB 1.1 一样,也具有向下兼容的特性。更重要的是,在连接端口扩充的同时,各种采用 USB 2.0 的设备仍可维持 480Mb/s 的传输速度。在 USB 2.0 规范制定出来之后,USB 接口视频会议的 CCD 和 CD-ROM 光驱 读取速度受限制等问题也都迎刃而解,已普遍采用 USB 接口的打印机、扫描仪等计算机外 设,也可以有更快的传输速度。

USB 2.0 在兼容性方面采用向下兼容的做法,可向下支持各种以 USB 1.1 为传输接口 的外围产品,但若要达到 480Mb/s 的传输速度,还是需要使用 USB 2.0 规范的 USB 集线器 (hub),并且各个外设也要嵌入新的芯片组并安装新的驱动程序才可以达到这个要求。USB 2.0 对许多消费电子应用拥有相当大的吸引力,如视频会议 CCD、扫描仪、打印机以及外部 存储设备(硬盘以及光驱)。

USB 3.0 向下兼容各 USB 版本,并采用对偶单纯形四线制差分信号线传输数据,即在 原 USB 2.0 的四线制半双工传输的基础上,增加 4 根传输线,进行异步双向数据传输,将最 大传输带宽提升为 5.0Gb/s。USB 3.0 还引入了新的电源管理机制,支持待机、休眠和暂停 等状态,能为需要大电量的设备提供更好的电源管理支持。在实际设备应用中,参照此前的 全速 USB(full speed USB)和高速 USB(high speed USB)的定义,USB 3.0 被称为超速 USB (super speed USB)。由于 USB 3.0 属于比较新的技术,而本书旨在介绍 USB 的基本知识, 因此,讲解原理时仍以 USB 1.1 和 USB 2.0 为主。关于 USB 3.0 中使用的新技术可阅读参 考文献[15]。

10.1.2　USB 标准的设计目标及使用特点

USB 的工业标准是对 PC 现有体系结构的扩充,其设计目标就是使不同厂家生产的设 备可以在一个开放的体系下广泛使用。为此,USB 标准的设计具有如下特色。

(1) 综合了不同 PC 的结构和体系特点,易于扩充多个外设。

(2) 协议灵活,综合了同步和异步数据传输,且支持 480Mb/s 的数据传输速率。

(3) 充分支持对音频和压缩视频等实时数据的传输。

(4) 提供了一个价格低廉的标准接口,广泛接纳各种设备。

USB 规范提供了多种选择,以满足不同系统和部件的要求。其应用具有如下特点:

(1) 提供全速、低速和高速 3 种传输速率。主模式为全速模式,传输速率为 12Mb/s。 为适应一些不需要很大吞吐量和很高实时性的设备(如鼠标等),USB 还提供低速方式,传 输速率为 1.5Mb/s。USB 2.0 增加了高速模式,传输速率达到 480Mb/s,适用于一些视频输 入输出产品,并可能替代 SCSI 接口标准。

(2) 设备安装和配置容易。安装 USB 设备不必再打开机箱,所有 USB 设备均支持热插 拔,系统对其进行自动配置,彻底抛弃了过去的跳线和拨码开关设置。

(3) 易于扩展。通过使用 USB 集线器扩展可连接多达 127 个外设。标准 USB 电缆长 度为 3m(低速为 5m),通过 USB 集线器或中继器可以达到 30m。

(4) 使用灵活。USB 共有 4 种传输模式:控制传输、同步传输、中断传输和块传输,以 适应不同设备的需要。

(5) 能够采用总线供电。USB 工作在 5V 电压下,总线提供最大达 500mA 的电流。

(6) 实现成本低。USB 对系统与 PC 的集成进行优化,适用于开发低成本的外设。

10.2 微机 USB 系统结构

本节从 USB 系统的组成、USB 通信模型、USB 数据流模型、USB 数据传输类型、USB 数据传输方式几方面来介绍微机 USB 系统结构。

10.2.1 USB 系统的组成

微机 USB 系统由 USB 主机、USB 设备和 USB 总线组成,如图 10.1 所示。通常将连接 USB 主机和 USB 设备的通道(包括物理通道和逻辑通道)称为 USB 总线。USB 总线是由主机一侧的 USB 总线控制器、USB 设备一侧的 USB 设备接口以及连接两者的 USB 电缆组成的。

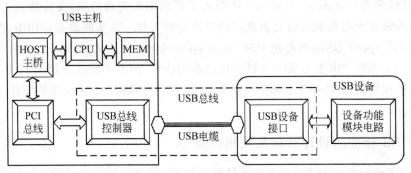

图 10.1 微机 USB 系统的组成

接入 USB 总线中的设备必须按照 USB 规范要求设计相应的 USB 设备接口,实现与 USB 主机的连接和数据交换。

USB 总线连接了 USB 主机和 USB 设备。在 USB 系统中有一类称为 USB 集线器的特殊设备,该类设备可以接到 USB 总线控制器的根节点上,也可以接到其他节点上,用于扩展 USB 节点,一个节点可以支持一个设备的接入。USB 总线的体系架构为如图 10.2(a)所示的阶梯式星状拓扑结构。从图 10.2(a)可看出,每个集线器都在星的中心,节点代表某个设备和功能模块,从主机到集线器或从集线器到集线器都是点对点连接。这种集线器级联的方式使得外设的扩展很容易。

USB 协议规定最多允许 5 级集线器级联。对于 USB 设备而言,USB 集线器是透明的,即从逻辑上看,各个设备都直接与主机相连,其逻辑结构如图 10.2(b)所示。

1. USB 主机

USB 主机是一台带有 USB 主机接口的普通计算机,它是 USB 系统的核心,一个 USB 系统中有且仅有一台 USB 主机。主机通过 USB 主机接口(USB 总线控制器)与外部 USB 设备进行通信。在设计中,所有 USB 主机接口都必须提供相同的基本功能,即对主机及设备来讲,都必须满足一定的规范要求。USB 主机接口的功能如下:

(1) 产生帧。USB 系统采用帧同步方式传输数据。在全速模式下,帧时间为 1ms,即每 1ms 产生一个帧开始(Start-of-Frame,SOF)令牌,标志一个新帧的开始。在高速模式下,采

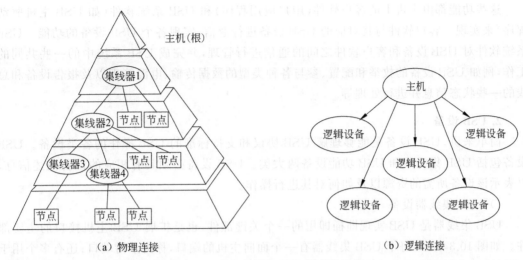

(a) 物理连接　　　　　　　　　　(b) 逻辑连接

图 10.2　USB 主机和 USB 设备的连接

用高速微帧,微帧时间为 $125\mu s$,1ms 内可产生 8 个微帧 SOF 令牌。在帧停止(End-of-Frame, EOF)令牌期间停止一切传输操作。

(2) 传输差错控制与错误统计。为保证 USB 总线的传输可靠性,USB 主机接口必须能够发现超时错、协议错以及数据丢失或无效传输等错误,并能够统计错误在传输过程中出现的次数,以便决定是重新传输还是报告错误。

(3) 状态处理。状态处理是主机系统的一部分。USB 总线控制器报告及管理 USB 系统的状态。USB 总线控制器具有一系列 USB 系统管理的状态。USB 总线控制器的总体状态与根集线器及 USB 的总体状态密不可分,它的任何一个对设备可见的状态的改变都应反映设备状态的相应改变,从而保证 USB 总线控制器与设备之间的状态是一致的。

(4) 串行/并行数据转换。USB 采用串行方式传输数据。对于数据发送,USB 总线控制器要将主机需传输的并行数据转化为串行数据,并加上 USB 协议信息后送到传输单元;而对于数据接收,USB 总线控制器进行反向操作。不管是作为主机接口的一部分还是作为设备接口的一部分,串行接口引擎(Serial Interface Engine,SIE)都必须处理 USB 传输过程中的串行/并行数据转换工作。在主机上,串行接口引擎是主机接口的一部分。

(5) 数据处理。USB 总线控制器处理来自主机的输入输出数据的请求,接收来自 USB 系统的数据并将其传输给 USB 设备,或接收来自 USB 设备的数据并将其传输给 USB 系统。USB 系统和 USB 总线控制器之间进行数据传输时的格式取决于具体的实现系统,同时也要符合传输协议的要求。

从用户的角度看,USB 主机的功能如下:

- 检测 USB 设备的插入和拔出。
- 管理主机与 USB 设备之间的数据流。
- 对 USB 设备进行必要的控制。
- 收集各种状态信息。
- 向插入的 USB 设备供电。

这些功能都由主机上的客户软件(用户应用程序)和 USB 系统软件(如 USB 主机驱动程序)来实现。客户软件与其对应的 USB 设备进行通信,实现各个 USB 设备的功能。USB 系统软件对 USB 设备和客户软件之间的通信进行管理,并完成 USB 系统中的一些共同的工作,例如 USB 设备的枚举和配置、参与各种类型的数据传输、电源管理以及报告设备和总线的一些状态信息并进行处理等。

2. USB 设备

简单来讲,USB 设备是能够理解 USB 协议和支持标准的 USB 操作的各类设备。USB 设备包括 USB 集线器和 USB 功能设备两大类。USB 设备必须具有相应的设备描述信息,以表示该设备所需的资源以及如何对其进行操作。

1) USB 集线器设备

USB 集线器是 USB 实现即插即用的一个关键部件,也是扩展 USB 主机接口的主要部件。如图 10.3 所示,每个 USB 集线器有一个面向主机的端口,称为上游端口;还有多个用于与下游 USB 设备连接的端口,称为下游端口。USB 集线器可以检测到下游端口是否有设备插入,同时也可以禁用某一个或某几个下游端口。每个下游端口可自由连接全速或低速设备。

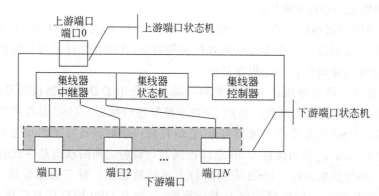

图 10.3　USB 集线器结构

一个 USB 集线器由控制器和中继器两部分组成。中继器是上游端口和下游端口之间由协议控制的开关。它由硬件产生复位、休眠和恢复信号。控制器提供接口寄存器,用于与主机通信。主机根据 USB 集线器特定的状态,使用控制命令对 USB 集线器进行配置,检查各端口并对它们进行控制。

2) USB 功能设备

USB 功能设备是具有特定应用功能的设备。它能发送数据到主机,也可以接收来自主机的数据和控制信息。USB 鼠标、USB 键盘、USB 数字游戏杆、USB 扬声器和 USB 打印机等都属于 USB 功能设备。对于 PC 系统而言,由于系统通常提供了标准的外设接口,因此,针对 USB 应用的开发关键是进行 USB 设备接口的开发;而对于嵌入式系统或定制开发的系统,还需要考虑 USB 主机侧接口的设计与开发,以使其能够支持现有的 USB 设备,例如,让定制开发的智能设备支持 U 盘或 USB 键盘、USB 鼠标等。本书重点讨论 USB 功能设备接口的应用设计及相关知识。

3. USB 电缆

USB 电缆是 4 芯电缆,两端分别为上游插头和下游插头,分别与集线器扩展的节点及外设或下一个集线器进行连接。USB 系统使用两种电缆:用于全速通信的包有防护物的双绞线和用于低速通信的不带防护物的非双绞线(同轴电缆)。

10.2.2　USB 通信模型及数据流模型

在前面各章介绍的并行接口技术中,主机和设备接口之间都是通过并行总线进行数据传输。所谓并行传输是主机与设备之间通过多根数据线,以一个或多个字节为单位进行数据传输,且并行总线除数据总线之外,还包括地址总线和控制总线。因此,设备接口电路通过地址线编址(地址译码),将设备接口寄存器作为系统的 I/O 地址空间或存储器地址空间,主机系统可通过 I/O 操作指令或存储器操作指令直接对设备接口寄存器或存储单元进行读写操作,从而实现对设备的控制和数据交换。

在串行总线中,主机和设备之间通过串行方式进行数据传输,即在一个串行传输通道中一位一位地实现所有地址、数据和控制信号的传输,因此,串行方式数据传输对数据格式有特殊要求,且设备接口无法直接分配到主机系统中的 I/O 地址或存储器地址,主机也无法直接通过 I/O 操作指令或存储器操作指令实现对设备接口的控制和数据传输。主机与设备之间通过不同的交换包实现控制指令的下发及数据传输,而设备接口则需要接收和解析主机传输的各种交换包,以响应主机的各类请求。从系统整体来看,USB 系统的主机与设备之间的数据交换是建立在通信的基础上的,其通信模型如图 10.4 所示。

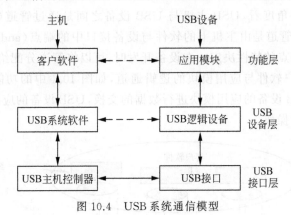

图 10.4　USB 系统通信模型

1. USB 通信的层次模型

USB 通信模型分为 3 层,自下而上分别为 USB 接口层、USB 设备层和功能层(应用层)。

USB 接口层主要由底层的硬件接口及相应的 USB 电缆组成。底层硬件接口包括主机侧的 USB 主机控制器与 USB 设备侧的 USB 接口,该层建立了 USB 主机与 USB 设备之间的物理传输通道,是实现通信的基础。USB 接口层与接口技术紧密相关,也是本章讨论的重点内容。

USB 设备层由 USB 主机侧的 USB 系统软件、USB 设备侧的 USB 逻辑设备及其间的逻辑通道组成,它们完成 USB 设备的一些基本的、共有的工作。USB 系统软件是指在某一操作系统上支持 USB 的软件,如 USB 驱动程序和设备驱动程序,它通过封装底层硬件接口操作,提供设备级的服务支持及标准的 API 接口。该层建立了 USB 主机与 USB 设备间的逻辑传输通道。USB 逻辑设备是通过对 USB 设备的配置和描述来定义的,一个 USB 逻辑设备对应一组设备的配置及其分配的资源。关于逻辑设备的概念参见 10.4.3 节。由于 USB 设备层的存在,在进行客户软件开发时,开发人员面对的是 USB 逻辑设备,即 USB 系统软件提供的标准编程接口,而不必关注底层的设备管理与具体的通信实现,大大降低了 USB 应用开发的工作量和难度。

功能层由 USB 主机侧的客户软件和 USB 设备侧的应用模块组成,它们实现单个 USB 设备特定的功能。客户软件通过 USB 设备层提供的标准接口实现对应用模块的控制和数据传输,并根据应用需求进行分析、计算、处理、传输和展现。虽然 USB 设备的应用会因实际需求而千差万别,但对客户软件开发而言,其面向的 USB 设备的标准编程接口却是一致的,所以,对于所有 USB 设备,USB 主机都可以用同样的方式来管理它们。

在 USB 系统中,USB 主机与 USB 设备之间采用主从结构的通信方式,即所有的操作和数据传输都由 USB 主机发起,USB 设备根据主机的请求进行响应,这一点对于理解 USB 设备接口开发至关重要。USB 主机在 USB 系统中是起协调作用的实体,它的责任是控制所有对 USB 设备的访问。一个 USB 设备要访问总线,必须由主机给予它总线使用权。主机还负责监督 USB 系统的拓扑结构。

2. USB 通信逻辑模型

从主机侧的软件角度看,USB 主机与 USB 设备之间是通过管道(pipe)实现数据传输的。如图 10.5 所示,管道是由主机上的软件与设备接口中的端点(endpoint)构成的传输通道。管道的特性由端点的特性决定。在设备开发时,可以将管道分配给不同的 USB 设备应用模块,从而建立客户软件与应用模块的逻辑通道,如图 10.4 中的功能层所示。客户软件可以通过管道与 USB 设备的应用模块进行数据的交换,USB 设备的应用模块根据收到的命令或数据响应和执行操作。

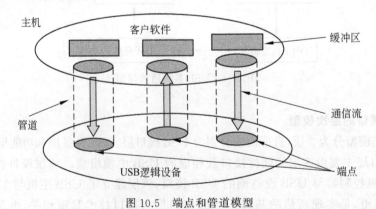

图 10.5　端点和管道模型

1) 管道

管道是 USB 设备端点和主机的逻辑连接通道。管道体现了主机缓存和端点间传输数据的能力,各管道之间的数据流动是相互独立的,管道是一个抽象出来的接口。从 USB 通信模型来看,管道在底层是由 USB 接口层的物理链路和 USB 设备层的逻辑链路组成,通过管道进行的数据传输最终还是由 USB 接口层中的物理链路完成的,只不过系统软件将底层的硬件接口进行了封装,客户软件对管道的操作,最终都由系统软件转化成对设备接口的操作,从而简化了客户程序的开发。在一次传输开始之前,主机与 USB 设备之间必须先建立一个管道。对于客户软件来讲,管道是客户软件与 USB 设备之间进行数据传输的唯一方式。

根据实际应用需求的不同,管道的特性(如传输类型、传输方向、传输大小和传输方式等)也有所不同。每条管道的特性都是由设备端点的特性决定的。设备端点的特性是通过 USB 设备的配置和相关的描述符来定义的,一旦端点的特性被定义了,该管道就确定了一种唯一的通信方式。因此,USB 设备提供给主机软件的接口实际上是由 USB 设备定义的,主机系统软件则根据 USB 设备提供的信息进行 USB 设备的配置并分配资源,客户软件则通过对 USB 设备的枚举来获取相应 USB 设备的地址及资源,并建立管道,实现与 USB 设备的数据交换。

根据数据传输方式的不同,USB 协议定义了两种不同类型的管道,分别是流管道(stream pipe)和消息管道(message pipe)。其中,消息管道对于传输的数据有固定的格式要求,例如 USB 系统中的默认控制管道属于消息管道。流管道对于传输的数据没有格式规定。

所谓消息是指具有特定含义的数据。消息管道,顾名思义,就是说其中传输的是具有特定含义的数据,如请求、数据或状态等不同含义的数据。通信双方需要根据约定对数据进行解析、确认和响应,因此,消息管道需要对传输的数据约定一种格式,以便通信双方能够达成一致的理解以及可靠地传输和确认。从消息管道的特点来看,它适用于命令的传输或数据量较小的传输。通常来讲,大多数消息管道的通信流是单方向的,但也允许双向的通信流。例如,默认控制管道是消息管道,它有两个地址相同的端点,一个用于输入,另一个用于输出。消息管道支持控制传输。关于传输方式的介绍参见 10.2.3 节的内容。

流管道中的数据是流的形式,不具备特定的含义,在通信的过程中,双方不用解析数据的内容。数据所表达的信息由接收该数据的应用程序负责解析,因此,流管道中传输的数据内容不具有 USB 要求的格式。数据从流管道流进的顺序与流出的顺序是一样的,即在流管道中传输的数据遵循先进先出原则,流管道中的通信流总是单方向的。客户软件与 USB 设备采用流管道进行数据传输时必须建立不同方向的流管道,因为 USB 系统软件同一时间只能将一个流管道提供给一个客户软件使用,流管道支持同步、中断和批量等传输类型。

2) 端点

端点是 USB 设备中的逻辑连接点。每个设备都有一个或多个端点。端点是 USB 设备中唯一可寻址的部分,是主机和 USB 设备之间数据通信的源或目的。端点在硬件上就是一个有一定深度的队列(FIFO)。每个 USB 设备都有一组互相独立的端点,每个端点与主机之间有 4 种可选的数据传输方式,在配置时 USB 设备必须指明每个端点的传输方式。设备端点及其配置的内容见 10.4 节和 10.5 节。

USB 协议规定,每个 USB 设备都必须有端点 0,其特性是默认的,不需要通过描述符来配置。端点 0 通常由输入和输出两个端点组成,主机软件与端点 0 之间建立双向的默认管道(default pipe)。在 USB 设备未配置前,默认管道是主机软件与 USB 设备间通信的唯一通道,可用于配置 USB 设备和实现对 USB 设备的基本控制功能。除了端点 0,其余端点在完成 USB 设备配置之前是不能和主机通信的。在配置设备时,USB 设备必须在配置描述符中描述端点及端点的特性并报告给主机,待主机确认后,这些端点才被激活。端点的特性包括端点号、通信方向、端点支持的最大包大小、带宽要求以及传输方式等。通常,低速 USB设备最多只能有两个端点(不含端点 0),而全速 USB 设备最多能有 15 个端点。

对于每一个接入 USB 主机的设备,在完成 USB 设备的接入和配置工作后,都有一个由USB 主机分配的唯一的地址,而各个 USB 设备上的端点都有 USB 设备确定的端点号和通信方向。每个端点只支持单向通信(除端点 0 外),方向以 USB 主机为基准,要么是输入端点(即数据流方向是从设备到主机),要么是输出端点(即数据流方向是从主机到设备)。设备地址、端点号和通信方向三者结合起来就唯一确定了各个端点的特性。

USB 系统软件不会让多个请求同时使用同一个消息管道。一个 USB 设备的每个消息管道在一个时间段内只能为一个消息请求服务,多个客户软件可以通过默认管道发出它们的请求,但这些请求到达 USB 设备的次序按先进先出的原则确定。正常情况下,在上一个消息未被处理完之前,不能向消息管道发下一个消息。但在一次消息传输有错误发生的情况下,主机会取消这次消息传输,并且不等 USB 设备将已接收的数据处理完,就开始下一次消息传输。

3. USB 数据流模型

如图 10.6 所示,在主机端,数据流经客户软件、USB 系统软件和主机控制器;在 USB 设备端,数据流经 USB 接口层、USB 设备层和功能层。在编程时,客户软件通过 USB 系统软件提供的编程接口操作对应的 USB 设备,而不是直接操作内存或 I/O 端口来实现。

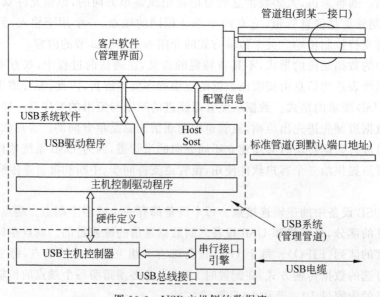

图 10.6　USB 主机侧的数据流

　　图10.6给出了主机侧的数据流。下面以信号从主机流向设备为例来看看数据的流动情况。客户软件经USB驱动程序传输给系统软件的数据是不具有USB通信格式的数据。系统软件对这些数据分帧,实现带宽分配,而后交给USB主机控制器。USB主机控制器实现数据传输事务,按USB格式打包,再经串行接口引擎后将数据最终转化为符合USB电气特征的差分码并从USB电缆发往USB接口层,然后传给USB设备层。数据到达USB设备层后的操作是上一步的逆过程,在USB设备层中将数据解码,发往不同端点的数据包被分开,并正确排列,帧结构被拆除,数据成为非USB格式的形式后被送往各端点,最终实现通信。

　　在主机侧,有主机控制驱动程序和USB驱动程序两个接口。

　　主机控制驱动程序(Host Control Driver,HCD)是对主机控制器硬件的一个抽象,提供主机控制器硬件与USB系统软件(即USB驱动程序)之间的软件接口。不同PC的主机控制器硬件实现并不一样,但有了HCD,USB系统软件就可以不理会各种HCD具有何种资源、数据如何打包等问题,尤其是HCD隐藏了怎样实现根集线器的细节。

　　USB驱动程序(USB Driver,USBD)是客户软件和HCD的接口,能让客户方便地对设备进行控制和通信,是USB系统中十分重要的一环。USBD的结构如图10.7所示。实际上从客户软件的角度看,USBD控制所有的USB设备,而客户软件对USB设备的控制和要发送的数据只要交给USBD就可以了。USBD为客户软件提供命令机制(接口)和管道机制(接口)。客户软件通过命令接口可以访问所有USB设备的端点0且与默认管道通信,从而实现对USB设备的配置和其他一些基本的控制工作。管道接口允许客户和设备实现特定的通信功能。

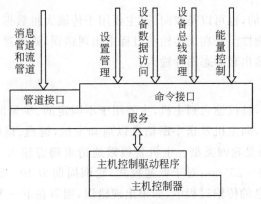

图10.7　USBD的结构

10.2.3　USB数据传输类型与传输方式

　　USB协议定义了主机与USB设备之间数据传输的4种类型,这些传输类型由管道的特性决定,即由USB设备端点的特性决定。在实际应用中,可根据不同的应用特点,将设备端点设置成不同的传输类型,以满足不同的传输需求。但是,一旦配置完成后,一个端点只能使用一种数据传输类型。

　　USB传输类型的实质是USB数据流类型,USB数据流类型有控制信号流、块数据流、中断数据流和实时数据流4种。当USB设备加入系统时,USB系统软件与USB设备之间建立控制信号流来发送控制信号,这种数据流不允许出错或丢失。块数据流通常用于发送大量数据。中断数据流用于传输少量随机输入信号,包括事件通知信号、输入字符或坐标等,它们应该以不低于 USB 设备所期望的速率进行传输。实时数据流用于传输固定速率的连续数据,它需要的带宽与数据的采样率有关。因为实时数据流要求固定速率和低延时,USB 系统专门对此进行了特殊设计,尽量保持低误码率和较大的缓冲区。

与 USB 数据流类型对应,USB 有 4 种基本的传输方式:控制传输方式、批传输方式、中断传输方式和等时传输方式。了解 USB 主机与 USB 设备之间的数据传输方式及其特点,是理解如何配置和描述 USB 设备端点的关键。

1. 控制传输方式

控制传输是双向的,它的传输有 3 个阶段:Setup 阶段、Data 阶段(可有可无)和 Status 阶段。在 Setup 阶段,主机发送命令给设备;在 Data 阶段,传输的是 Setup 阶段设定的数据;在 Status 阶段,设备向主机返回握手信号。

USB 协议规定每一个 USB 设备必须用端点 0 完成控制传输,当 USB 设备第一次被 USB 主机检测到时,端点 0 用于和 USB 主机交换信息,提供设备配置、外设设定、状态传送等双向通信。传输过程中若发生错误,则需重传。

控制传输主要用于配置设备,也可以有其他特殊用途。例如,对数码相机设备,利用控制传输方式可以传输暂停、继续、停止等控制信号。

2. 批传输方式

批传输可以是单向的,也可以是双向的,主要用于传输大批数据。这种数据的时间性不强,但要确保数据的正确性。若在批传输的过程中出现错误,则需重传。批传输典型的应用是扫描仪输入、打印机输出和静态图片输入。

3. 中断传输方式

中断传输是单向的,且仅输入到主机,主要用于不固定的、少量的数据传送。当 USB 设备需要主机为其服务时,向主机发送中断信息以通知主机,键盘、鼠标等输入设备采用这种传输方式。USB 的中断是轮询类型。主机要频繁地请求端点输入。USB 设备在全速模式下,其端点轮询周期为 1～255ms;对于低速模式,轮询周期为 10～255ms。因此,最快的轮询频率是 1kHz。在信息的传输过程中,如果出现错误,则需在下一个轮询周期中重传。

4. 等时传输方式

等时(isochronous)传输可以单向,也可以双向,主要用于传输连续的、实时的数据。这种传输方式的特点是要求传输速率固定(恒定),时间性强,忽略传输错误,即使传输中数据出错也不重传,因为这样会影响传输速率。传输的最大数据包是 1024B/ms。视频设备、数字声音设备和数码相机采用这种传输方式。

以上 4 种传输方式的实际传输过程分别如下:

(1) 控制传输:总线空闲状态→主机发送 SETUP 标志→主机发送数据→端点返回成功信息→总线空闲状态。

(2) 块传输:分为输入和输出两种情况。

• 块传输(输入):当端点处于可用状态并且主机接收数据时,总线空闲状态→发送 IN

标志以示允许输入→端点发送数据→主机通知端点已成功收到→总线空闲状态。

- 块传输(输出)：当端点处于可用状态并且主机发送数据时,总线空闲状态→发送OUT标志以示将要输出→主机发送数据→端点返回成功信息→总线空闲状态；当端点处于暂不可用或外设出错状态时,总线空闲状态→发送OUT标志以示允许输出→主机发送数据→端点请求重发或外设出错→总线空闲状态。

(3) 中断传输：当端点处于可用状态时,总线空闲状态→主机发送IN标志以示允许输入→端点发送数据→主机返回成功信息→总线空闲状态；当端点处于暂不可用或外设出错状态时,总线空闲状态→主机发送IN标志以示允许输入→端点请求重复或外设出错→总线空闲状态。

(4) 等时传输：总线空闲状态→主机发送IN(或OUT)标志以示允许输入(或输出)→端点(主机)发送数据→总线空闲状态。

10.3　USB接口与信号定义

10.3.1　USB电缆的物理特性与电气特性

USB电缆由电源线(V_{BUS})、地线(GND)和两根数据线(D_+和D_-)共4根线组成。数据在D_+和D_-间通过差分方式以全速或低速传输,如图10.8所示。

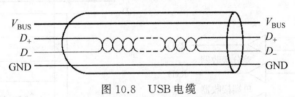

图10.8　USB电缆

电缆中V_{BUS}和GND提供USB设备的电源。V_{BUS}使用+5V电源。USB对电缆长度的要求很宽,最长可为5m。每个USB单元通过电缆只能提供有限的能源。主机向与其直接相连的USB设备提供电源,USB设备也可能有自己的电源。完全依靠USB电缆提供电源的USB设备称作总线供能设备,自带电源的USB设备称作自供电设备。USB集线器也可由与之相连的USB设备提供电源。

USB主机与USB系统有相互独立的电源管理系统。USB的系统软件可以与电源管理系统共同处理电源部件的挂起、唤醒等。

1. USB 输出特性

USB采用差分驱动输出的方式在USB电缆上传输信号。信号的低电平必须低于0.3V(可用1.5kΩ电阻接3.6V电压),信号高电平必须高于2.8V(可用15kΩ电阻接地)。输出驱动必须支持三态工作,以支持双向半双工的数据传输。

全速设备的输出驱动要求更为严格,其电缆的特性阻抗范围必须是76.5~103.5Ω,传输的单向延迟小于26ns,驱动器阻抗范围必须是28~44Ω。对于用CMOS技术制成的驱动器,由于其阻抗很小,可以分别在D_+和D_-驱动器上串接一个阻抗相同的电阻,以满足阻抗要求并使两路平衡。图10.9是USB全速CMOS驱动器电路。

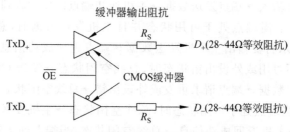

图 10.9 USB 全速 CMOS 驱动器电路

所有 USB 集线器和全速设备的上游端口(upstream port)的驱动器都必须是全速的。USB 集线器上游端口发送数据的实际速率可以为低速,但其信号必须采用全速信号的定义。低速设备上游端口的驱动器是低速的。

2. USB 接收特性

所有 USB 设备、USB 集线器和主机都必须有一个差分数据接收器和两个单极性接收器。差分接收器能分辨 D_+ 和 D_- 数据线之间小至 200mV 的电平差。两个单极性接收器分别用于 D_+ 和 D_- 数据线,它们的开关阈值电压为 0.8V 和 2.0V。

图 10.10(a)、(b)分别是 USB 上游端口和下游端口的收发器电路。

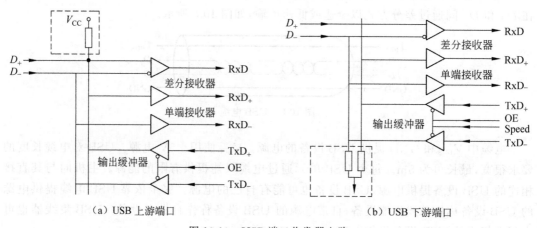

（a）USB 上游端口　　　　　　　　　　　　（b）USB 下游端口

图 10.10 USB 端口收发器电路

10.3.2 USB 信号定义

表 10.1 对 USB 各种信号电平的定义作了归纳。表 10.1 的"开始端的源连接器"列表示对信号源端驱动电路的要求,"需要条件"列表示信号接收端的接收电路的灵敏度要求。

从表 10.1 可知,J 态和 K 态是差分码的两个逻辑状态。全速设备和低速设备的 J 态和 K 态的电平刚好相反。如果将一个全速设备接到一个端口,则这一段的 USB 通信不论实际速率如何,都采用全速信号的定义。只有当一个低速设备接到一个端口时才采用低速信号的定义。

表 10.1　USB 各种信号电平的定义

总线状态	信号电平		
	开始端的源连接器	终端的目标连接器	
		需要条件	接收条件
差分的 1	$D_+ > V_{oh}(min)$ $D_- < V_{ol}(max)$	$D_+ - D_- > 200mV$ $D_+ > V_{ih}(min)$	$D_+ - D_- > 200mV$
差分的 0	$D_- > V_{oh}(min)$ $D_+ < V_{ol}(max)$	$D_- - D_+ > 200mV$ $D_- > V_{ih}(min)$	$D_- - D_+ > 200mV$
单终端 0(SE0)	D_+ 和 $D_- < V_{ol}(max)$	D_+ 和 $D_- < V_{il}(max)$	D_+ 和 $D_- < V_{ih}(min)$
数据 J 态	高速：差分的 0 低速：差分的 1	高速：差分的 0 低速：差分的 1	
数据 K 态	高速：差分的 1 低速：差分的 0	高速：差分的 1 低速：差分的 0	
空闲态	N.A.	$D_- > V_{ihz}(min)$ $D_+ > V_{il}(max)$ $D_+ > V_{ihz}(min)$ $D_- < V_{il}(max)$	$D_- > V_{ihz}(min)$ $D_+ < V_{ih}(min)$ $D_+ > V_{ihz}(min)$ $D_- < V_{ih}(min)$
唤醒状态	数据 K 态	数据 K 态	
包开始(SOP)	数据线从空闲态转到 K 态		
包结束(EOP)	当 SE_0 近似为 2 位时,其后紧接着 1 位时的 J 态	当 SE_0 不少于 1 位时,其后紧接着 1 位时的 J 态	当 SE_0 不少于 1 位时,其后紧接着 J 态
断开连接(在下行端口处)	N.A.	SE_0 持续时间不短于 $2.5\mu s$	
连接(在上行端口处)	N.A.	空闲态持续时间不短于 2ms	空闲态持续时间不短于 $2.5\mu s$
复位	D_+ 和 D_- 小于 $V_{ol}(max)$ 的持续时间不短于 10ms	D_+ 和 D_- 小于 $V_{il}(max)$ 的持续时间不短于 10ms	D_+ 和 D_- 小于 $V_{il}(max)$ 的持续时间不短于 $2.5\mu s$

10.3.3　USB 数据编码与解码

USB 使用一种不归零反向(None Return Zero Invert,NRZI)编码方案。在该编码方案中,1 表示电平不变,0 表示电平改变。图 10.11 给出了数据流 NRZI 编码示例,在第二个波形中,一开始的高电平表示数据线上的 J 态,其后面就是 NRZI 编码。

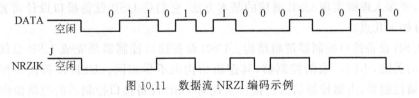

图 10.11　数据流 NRZI 编码示例

USB 用总线上电平的跳变作为时钟信号来保持数据发送端和接收端的时钟同步。因此,在进行数据传输时,总线上电平的跳变必须有足够高的频率。根据 NRZI 编码规定,如果发送端要连续发送一串逻辑 1,则在此期间总线上的电平会一直保持不变,通信双方的时钟可能会失步。针对这种可能出现的情况,USB 规定了比特填充(bit stuffing)机制。在对数据进行 NRZI 编码之前,数据发送端在连续发送 6 个逻辑 1 后,会自动插入一个逻辑 0。这样,总线上的电平至少每 6 比特时间就能跳变一次。与之对应,在数据接收端也有一个自动识别被插入的逻辑 0 并将其舍弃的机制。如果接收端发现有连续 7 个逻辑 1,则认为是一个比特填充错误。它将丢弃整个数据包,并等待发送端重新发送数据。

图 10.12 是 0 比特填充的 NRZI 编码示例。可以发现,SYNC 信号在逻辑上其实是 10000000B,数据以 00000001 的顺序在总线上发送。经过比特填充和 NRZI 编码后变为总线上的 KJKJKJKK 信号。

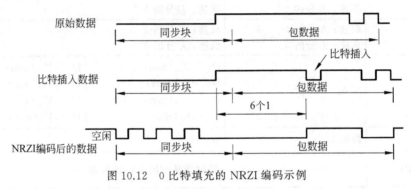

图 10.12　0 比特填充的 NRZI 编码示例

10.4　USB 设备接口设计基础知识

USB 设备接口设计涉及一系列 USB 协议,包括物理层面(硬件)和逻辑层面(软件)的标准与规范。这无疑增加了设计的难度,但只要了解了相关的协议,按规范进行设计,就能够实现设计目标。为此,本节要讨论几个需要重点理解的问题,以作为 USB 接口设计的基础知识。

首先,要了解 USB 系统结构。USB 设备作为 USB 系统的一部分,需要与 USB 主机进行交互,因此,有必要从整体上了解 USB 系统的结构及各组成部分的主要功能及作用,包括 USB 系统的组成、USB 通信模型、USB 数据类型、传输方式以及 USB 信号定义等,它们是 USB 系统工作的基本原理,也是 USB 设备接口设计的基本依据,这些内容在 10.2 节和 10.3 节已进行了介绍。

其次,要深入理解实现 USB 通信的基本方法,它们是 USB 设备接口设计需要应用的基本技术,有如下几点。

(1) USB 设备接口控制器逻辑结构。USB 设备接口控制器是完成 USB 总线上数据收发和控制的关键,不同厂家的控制器,其逻辑结构也不尽相同。USB 设备接口控制器通常需要配置微控制器,由微控制器通过接口实现对 USB 设备接口控制器的控制操作。

(2) USB 设备的状态及转换。在 USB 设备从连接到 USB 主机一直到从 USB 主机拔出的过程中,存在多种设备状态之间的转换。当状态发生转换时,也会相应地触发 USB 设备的标准操作,从而完成设备在不同状态时的相关事务处理。

(3) USB设备的配置和描述。USB设备通过描述符来描述设备固有信息及资源配置情况,并在 USB 设备的相关标准操作和请求的响应例程中向主机返回相应的描述符信息,为主机识别、配置 USB 设备和为 USB 设备分配资源提供相关信息。

(4) USB设备的标准操作及请求。USB设备通过响应 USB 主机下发的标准操作和请求来实现设备的配置、设备动作和数据传输。USB 设备接口开发的任务之一就是编写 USB设备的标准操作和请求的响应例程,因此,理解 USB 设备支持的标准操作和请求是进行USB 设备接口设计与应用开发的关键。

(5) USB设备接口控制器及设备接口固件程序设计。USB 设备接口控制器根据 USB设备的功能与应用要求有不同的选择,要在 USB 设备接口设计方案中进行分析与确定。一般来讲,USB 设备接口控制器以内嵌式接口模块的形式集成在微控制器内部,例如,在C8051F340 单片机内部就自带了一个 USB 设备接口控制器。

10.4.1　USB设备接口逻辑结构

USB设备接口由于实现方式不同,其物理结构也不尽相同。但是,从逻辑功能来看,典型 USB 设备接口的逻辑结构如图 10.13 所示,主要包括 USB 收发器、串行接口引擎和相应的数据缓存。USB 收发器按照 USB 协议中规定的物理特性和电气特性要求,在数据传输控制逻辑的控制下,以差分方式发送和接收比特流数据。

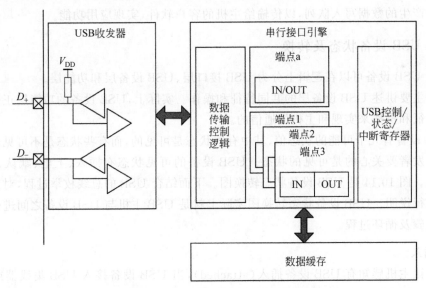

图 10.13　典型 USB 设备接口的逻辑结构

串行接口引擎实际上是 USB 设备接口控制器的核心,也是对外的接口。串行接口引擎最主要的功能是:实现并-串和串-并转换,控制 USB 收发器发送和接收串行数据,记录发送和接收的状态,以及通过中断请求通知外部 USB 主控制器。串行接口引擎主要由数据传输控制逻辑、USB 控制/状态/中断寄存器以及多组端点组成,每个端点都配有一定深度的队列(FIFO),USB 控制器可通过编程方式为端点分配不同大小和方向的队列。总之,串行接口引擎提供了记录 USB 设备状态、实现 USB 接口控制以及记录设备产生的中断的一组寄存器,为外部 USB 主控制器提供操控 USB 设备的接口。

数据缓存是由一定大小的数据存储单元构成的队列,存储容量决定了队列的深度及缓存的能力。根据实际需要,可分别为数据的发送和接收定义不同的队列。数据缓存可以看作串行接口引擎的工作场所,对于发送数据操作,串行接口引擎可将待发送的数据写入发送队列中,主机通过向串行接口引擎发出发送命令来启动传输。串行接口引擎在接收到发送命令时,首先检查相关状态,然后从队列中依次取出待发送的数据,进行并-串转换,最后控制 USB 收发器将转换后的数据发送到 USB 主机。发送完成后,串行接口引擎更新相应的状态标志位并产生中断,以通知外部 USB 主控制器进行处理。数据接收操作与发送操作正好相反,串行接口引擎控制 USB 收发器接收数据后,将接收到的串行数据转换成并行数据,并存入接收队列中。接收完成后,同样会更新相关的状态标志位并产生中断,以通知外部 USB 主控制器进行后续处理。

USB 协议规定,USB 设备接口需定义至少一组端点。端点是一个逻辑连接点。对于 USB 主机而言,也是 USB 设备中唯一可寻址的部分。端点是主机和 USB 设备之间数据通信的源或目的;对于 USB 设备接口本身而言,端点是由具有一定深度的队列组成的。因此,端点实际上是 USB 设备内部与 USB 主机系统之间的桥梁,也是构成逻辑设备的关键。

从 USB 设备功能模块应用开发的角度来看,核心的任务是从不同的队列中读取数据,或将设备产生的数据写入队列,以传输给主机的客户软件,实现应用功能。

10.4.2 USB 设备状态及转换

一个 USB 设备可以在逻辑上分为 USB 接口层、USB 设备层和功能层。

本节主要讲述 USB 设备层的共同特征和操作。实际上,USB 设备的功能层正是通过调用这些特征和操作来实现和主机的通信的。

USB 设备有几个可能的状态值,其中有些状态是可见的,而有些状态是不可见的。USB 设备的开发者要关心的是可见的状态。USB 设备的可见状态有插入、上电、默认、地址、配置和挂起。图 10.14 是 USB 设备状态转换图。下面结合 USB 的总线枚举过程,对这些状态的转换进行说明。USB 设备状态转换图实际上就是 USB 主机与 USB 设备之间进行联络和通信的步骤及循环过程。

1. 插入

为了让主机感知有 USB 设备插入(attached),当 USB 设备接入 USB 集线器或主机根集线器的下游端口后,USB 设备需要在 D_+ 和 D_- 数据线发出一个大于 $2.5\mu s$ 的闲置(idle)信号。全速设备的闲置信号是 D_+ 高电平、D_- 低电平;低速设备与之相反,闲置信号是 D_+ 低电平、D_- 高电平。这样,主机不仅能检测到是否有 USB 设备插入,也能同时辨别插入的是全速设备还是低速设备。

2. 上电

USB 协议允许 USB 设备采用总线供电和自供电两种供电方式之一。对于自供电的

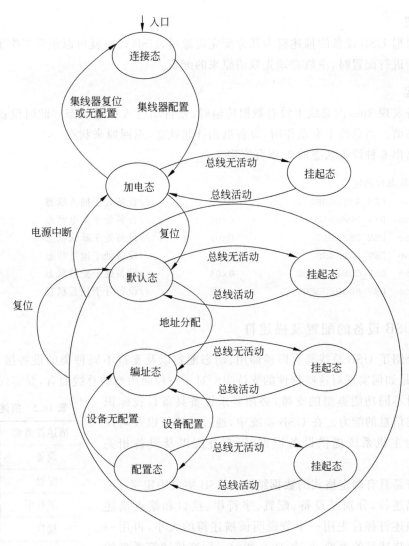

图 10.14　USB 设备状态转换图

USB 设备,它自带的电源可以在被插入之前就对设备供电。但无论哪种方式,USB 设备的 USB 接口都是由主机或 USB 集线器通过 V_{BUS} 总线对其供电的。这里所指的上电状态就是指 V_{BUS} 开始对 USB 设备的 USB 接口供电的状态。

3. 默认

USB 设备上电后,就会等待接收来自主机的复位(reset)信号。复位后,USB 设备进入默认态,即进入由每个 USB 设备必须实现的端点 0 和主机通信的状态。

4. 地址

在分配地址的过程中,主机用端点 0 和 USB 设备进行通信,主机分配给 USB 设备一个非 0 的唯一地址。主机还通过端点 0 读取 USB 设备的描述符,该描述符包含 USB 设备的服务需求信息。

5. 配置

主机根据 USB 设备的描述符为其分配完资源后,USB 设备就可以正常工作了。当需要对设备重新进行配置时,主机必须先取消原来的配置。

6. 挂起

当设备发现 3ms 内总线上没有数据传输时,就自动进入挂起状态。此时设备保持原有的内部状态值。当总线上有动作时,设备退出挂起状态,返回原来状态。

以下给出 6 种设备状态的 C 语言宏定义:

```
//设备状态代码定义
#define   DEV_ATTACHED        0x00        //设备处于插入状态
#define   DEV_POWERED         0x01        //设备处于上电状态
#define   DEV_DEFAULT         0x02        //设备处于默认状态
#define   DEV_ADDRESS         0x03        //设备处于地址状态
#define   DEV_CONFIGURED      0x04        //设备处于配置状态
#define   DEV_SUSPENDED       0x05        //设备处于挂起状态
```

10.4.3　USB 设备的配置及描述符

前面介绍了 USB 总线具有即插即用、动态配置以及支持不同种类的设备接入等特性,那么,设备是如何实现对这些特性的支持呢?对于一种通用型的总线而言,要实现设备的动态配置和对不同功能类型的支持,必须要求设备具备自我标识和提供各类信息的能力。在 USB 系统中,通过描述符以及对设备的配置为主机系统提供设备识别、资源分配以及设备相关信息。

描述符是具有确定格式的数据结构。USB 协议中定义了 5 种标准的描述符,分别是设备、配置、字符串、接口和端点描述符。每个描述符都首先用一字节说明该描述符的大小,再用一字节说明该描述符的类型,如表 10.2 所示。标准描述符类型的 C 语言宏定义如下:

表 10.2　描述符类型

描述符类型	类型码
设备	1
配置	2
字符串	3
接口	4
端点	5

```
//标准描述符类型定义
#define   DSC_DEVICE          0x01        //设备描述符类型码
#define   DSC_CONFIG          0x02        //配置描述符类型码
#define   DSC_STRING          0x03        //字符串描述符类型码
#define   DSC_INTERFACE       0x04        //接口描述符类型码
#define   DSC_ENDPOINT        0x05        //端点描述符类型码
```

描述符存储在 USB 设备的代码区(ROM),在设备初始化阶段会被主机读取。

从主机系统角度来看,一个 USB 设备既可以是一个单功能设备,也可以是同时具有多个功能的复合功能设备。为此,USB 协议中定义了以上 5 类描述符,用于描述设备的配置。它们的逻辑关系如图 10.15 所示。字符串描述符作为可选项,未包含在图 10.15 中。如图 10.15 所示,一个设备对主机表现为一组端点,一组相关的端点称为一个接口;一个设备可以有多组接口,每一种接口的组合称为一个配置;一个设备可以有多种配置,但在任何时刻系统只允许一种配置有效。在设备插入主机时,主机通过默认端点(端点 0)的管道(管道 0)读取设备的各种描述符,并选取一种配置。设备在完成配置后,就在主机中分配了一定的资源,客户软件就可以通过对设备的枚举获取相应的设备信息,并建立与设备连接的管道,实现对设备的操作与数据交互。

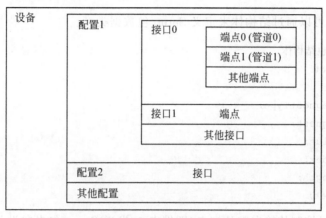

图 10.15　USB 设备各类描述符间的逻辑关系

10.4.4　USB 设备的标准操作及请求

所有的 USB 设备都会对通过设备默认管道上传来的主机请求做出响应,这些请求是利用控制传输产生的。请求的类型和请求参数都包含在 Setup 包中,每个 Setup 包都有 8 字节,其含义如表 10.3 所示。

表 10.3　Setup 包数据格式

偏移量	域	长度/B	值的类型	说　明
0	bmRequestType	1	位图	请求特征(属性),各位含义如下: D_7:数据传输方向。0 为主机至设备,1 为设备至主机 D_6、D_5:请求类型。0 为标准,1 为类型,2 为供应商,3 为保留 $D_4 \sim D_0$:请求的对象。0 为设备,1 为接口,2 为端点,3 为其他,4~31 保留
1	bRequest	1	数值	请求代码
2	wValue	2	数值	根据不同的请求(由 bRequest 决定),其具体值的含义不同。该值的含义参见表 10.5
4	wIndex	2	索引 偏移量	根据不同的请求(由 bRequest 决定),其具体值的含义不同。该值的含义参见表 10.5,最典型的用途是传递索引或偏移量

偏移量	域	长度/B	值的类型	说　明
6	wLength	2	计数	传输的数据字节数。如果存在一个数据阶段,该值指出要传输的数据字节数;如果没有数据阶段,则该值被忽略

在 C 语言中,可以通过结构体来定义 Setup 包数据类型。

```
//定义 Setup 包结构体
typedef struct
{
    BYTE bmRequestType;
    BYTE bRequest;
    WORD wValue;
    WORD wIndex;
    WORD wLength;
} setup_buffer;
```

USB 主机通过控制传输向默认端点(即端点 0)发送 Setup 包来向设备发起标准请求和传递参数的,以上结构体定义了 Setup 包的数据格式,该格式由 USB 协议定义。其格式说明参见表 10.3。

1. bmRequestType

bmRequestType 域说明了某个请求的特征,指明了在控制传输的第二阶段中数据传输的方向。如果 wLength 域为 0,就意味着没有数据阶段,方向位(D_7)的状态就会被忽略。

请求可以指向设备、设备上的一个接口或设备上的某个端点,它们是请求的接收者,即被请求的对象。当一个接口域中的端点被指定后,wIndex 域为接口域中的端点的索引值。

不同的 bmRequestType 位图定义代表不同的请求特性。以下是针对不同对象的请求类型的 C 语言定义:

```
#define  IN_DEVICE           0x00
#define  OUT_DEVICE          0x80
#define  IN_INTERFACE        0x01
#define  OUT_INTERFACE       0x81
#define  IN_ENDPOINT         0x02
#define  OUT_ENDPOINT        0x82
//定义 wIndex 位图
#define  IN_EP1              0x81
#define  OUT_EP1             0x01
#define  IN_EP2              0x82
#define  OUT_EP2             0x02
```

2. bRequest

bRequest 域的值为一个特定的请求代码。bmRequestType 域中的请求类型位确定了该域的含义。本规范仅定义了复位时 bRequest 域的值,该值代表某个标准的请求。标准设备请求代码如表 10.4 所示。

表 10.4 标准设备请求代码

标准设备请求代码名称	数 值
GET_STATUS	0
CLEAR_FEATURE	1
保留	2
SET_FEATURE	3
保留	4
SET_ADDRESS	5
GET_DESCRIPTOR	6
SET_DESCRIPTOR	7
GET_CONFIGURATION	8
SET_CONFIGURATION	9
ET_INTERFACE	10
SET_INTERFACE	11
SYNCH_FRAME	12

标准设备请求代码的 C 语言定义如下:

```
#define  GET_STATUS          0x00        //GET_STATUS 请求代码
#define  CLEAR_FEATURE       0x01        //CLEAR_FEATURE 请求代码
#define  SET_FEATURE         0x03        //SET_FEATURE 请求代码
#define  SET_ADDRESS         0x05        //SET_ADDRESS 请求代码
#define  GET_DESCRIPTOR      0x06        //GET_DESCRIPTOR 请求代码
#define  SET_DESCRIPTOR      0x07        //SET_DESCRIPTOR 请求代码(未用)
#define  GET_CONFIGURATION   0x08        //GET_CONFIGURATION 请求代码
#define  SET_CONFIGURATION   0x09        //SET_CONFIGURATION 请求代码
#define  GET_INTERFACE       0x0A        //GET_INTERFACE 请求代码
#define  SET_INTERFACE       0x0B        //SET_INTERFACE 请求代码
#define  SYNCH_FRAME         0x0C        //SYNCH_FRAME 请求代码(未用)
```

3. wValue

wValue 域中的内容是根据 bRequest 请求代码而变化的。它用于向该请求指定的设备传递一个参数。

例如,定义标准特性选择符的 wValue 值的 C 语言代码如下:

```
#define  DEVICE_REMOTE_WAKEUP   0x01
#define  ENDPOINT_HALT          0x00
```

4. wLength

wLength 域说明了在控制传输中的第二个阶段所传输的数据长度。数据传输的方向（主机至 USB 设备或 USB 设备至主机）由 bRequest 域中的方向位指定。

本节描述了为所有 USB 设备定义的标准设备请求。表 10.5 给出了标准设备请求中各个域的代码描述。其中，表头是 Setup 包中的各个域。bmRequestType 域与 bRequest 域的不同代码的组合决定了 wValue 和 wIndex 等域的含义。例如，bmRequestType 域的值 00000000B、00000001B、00000010B 分别表示主机发起的对设备、接口和端点的标准请求，其请求代码为清除特性（CLEAR_FEATURE），即清除设备、接口或端点的特性。因此，wValue 域的值代表的是要清除的某个特性的选择符；由于标准请求通过端点 0 通信，因此，wIndex 的值代表的是接口端点 0；又由于该请求并非数据传输，因此，wLength 域的值为 0，Data 域为无。

表 10.5　标准设备请求中各个域的代码描述

bmRequestType	bRequest	wValue	wIndex	wLength	Data
00000000B 00000001B 00000010B	CLEAR_FEATURE	特性选择符	接口端点 0	0	无
10000000B	GET_CONFIGURATION	0	0	1	配置数值
10000000B	GET_DESCRIPTOR	描述符类型和描述符索引	0 或语言 ID	描述符长度	描述符
10000001B	GET_INTERFACE	0	接口	1	可替换的接口
10000000B 10000001B 10000010B	GET_STATUS	0	接口端点 0	2	设备、接口或端点状态
00000000B	SET_ADDRESS	设备地址	0	0	无
00000000B	SET_CONFIGURATION	配置值	0	0	无
00000000B	SET_DESCRIPTOR	描述符类型和描述符索引	0 或语言 ID	描述符长度	描述符
00000000B 00000001B 00000010B	SET_FEATURE	特性选择符	接口端点 0	0	无
00000001B	SET_INTERFACE	更换设置	接口	0	无
10000010B	SYNCH_FRAME	0	端点	2	帧标号

以下标准请求例程由特定的标准请求码来调用：

```
void Get_Status(void);
void Clear_Feature(void);
void Set_Feature(void);
void Set_Address(void);
void Get_Descriptor(void);
```

```
void Get_Configuration(void);
void Set_Configuration(void);
void Get_Interface(void);
void Set_Interface(void);
```

10.5　大容量 USB 存储设备设计实例

10.5.1　概述

前面 USB 系统做了详细介绍。在此基础上,本节以使用意法半导体公司的 STM32 F103 系列微控制器(以下简称 STM32 F103x)实现一个大容量 USB 存储设备为例,简要介绍 USB 设备的开发。应该强调的是,USB 设备的实现方法和形式是多种多样的,本节的目的是通过一个具体的开发实例说明 USB 设备开发的一般过程。

包含 USB 控制器的 STM32 F103x 的逻辑结构如图 10.16 所示。USB 控制器也是 STM32 F103x 的外设,因此,USB 控制器和 STM32 F103x 的交互也和其他外设一样,使用 STM32 F103x 的引脚、时钟、存储器、寄存器、中断等资源。

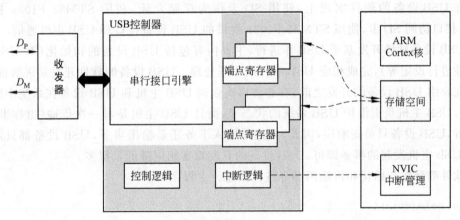

图 10.16　包含 USB 控制器的 STM32 F103x 的逻辑结构

USB 设备开发者需要注意 STM32 F103x 内核是如何与上述 USB 设备交互的。首先, USB 控制器的所有端点所拥有的寄存器、缓冲器等均被映射到 STM32 F103x 存储系统的特定位置,这意味着开发者可以方便地访问特定的端点。其次,USB 设备自主检测 USB 事件,如果有 USB 事件发生,则形成特定的标志,然后以中断的形式通知 STM32 F103x。 STM32 F103x 据此进入中断服务程序,对各事件进行相应的处理。因此,USB 设备的开发对于应用开发者来说归结起来主要包含两部分内容:一是根据 USB 设备的功能设定 USB 设备各端点的属性;二是根据上述设备功能和端点属性开发响应不同 USB 事件的中断响应程序。

在图 10.16 中,STM32 F103x 包含的 USB 控制器的核心是串行接口引擎(SIE)。SIE 主要负责 USB 同步帧检测、循环冗余校验、反向不归零编码所需的编解码功能、位填充功能等,同时支持 USB 挂起/恢复操作。SIE 已经在硬件上完成了上述工作,从而大大降低了系统开发者的开发难度,缩短了开发周期。

从传输性能上看,STM32 F103x 提供的 USB 控制器还支持同步传输模式和批量/同步传输模式下的双缓冲区机制,最多支持 8 个双向传输端点或 16 个单向传输端点,支持 USB 2.0 全速传输规范(12Mb/s)。

另外,意法半导体公司除了提供上述 USB 控制器的硬件实现及 USB 控制器和 STM32 F103x 的交互机制外,还提供了完整的 USB 库。USB 库内含描述 USB 设备的各种数据结构定义、整套 USB 事件处理函数和大量的参考例程。基于 USB 库开发 USB 设备可以利用大量成熟的代码,能够大大缩短开发周期,因此,熟悉 USB 库对开发 USB 设备具有重要的意义。本实例就是基于 USB 库开发的。

本实例为实现一个大容量 USB 存储设备。选择大容量 USB 存储设备的主要原因是主机端对这类设备一般都有良好的支持,其驱动程序为标准的设备驱动程序,已经包含在操作系统中了。例如,在 Windows 环境中,主机发现这类设备后,会自动找到并安装(如果此前没有安装)此类设备的驱动程序。这样,后续就可以直接使用 Windows 的文件管理器对这类 USB 设备进行文件操作,从而省去了主机端的开发工作,有利于开发者把注意力集中在 USB 设备的开发上。

在 USB 设备的硬件实现上,使用 SD 卡作为存储介质,利用 STM32 F103x 提供的 SDIO 接口访问 SD 卡,使用 STM32 F103x 提供的 USB 设备接口和 USB 主机通信。

USB 设备软件开发基于 USB 库进行,主要内容包括 USB 设备的初始化(对 USB 设备的属性进行设定等),完成相应 USB 事件的中断处理。USB 设备的软件开发是讲解重点。

在介绍 USB 设备的开发之前,有必要再次强调 USB 主机和 USB 设备在系统中的不同地位。USB 主机负责维护 USB 系统的状态等,而且 USB 主机是每一次传输(也称事务)的发起者,USB 设备只负责响应,因此,无论是输入事务还是输出事务,USB 设备都只需正确响应 USB 主机发起的事务即可,USB 设备的开发难度相应降低了很多。

软件部分按初始化和传输两部分进行描述。主程序如下:

```
int main(void){
...                              //初始化 SD 卡
    Set_USBClock();              //设置 USB 时钟频率为 48MHz,并使能该时钟
    USB_Interrupts_Config();     //配置 USB 中断源:接收为低优先级,发送为高优先级
    USB_Init();
    while (1) {}                 //USB 事件处理均在 USB 中断服务程序中完成
}
```

主程序首先完成 STM32 F103x 和 USB 设备的初始化。然后,主程序进入空循环,所有 USB 事件的处理全部在 USB 中断服务程序中完成。

10.5.2 USB 存储设备初始化

USB 存储设备初始化部分要完成以下功能:
- 指定 STM32 F103x 的特定引脚来传输 USB 存储设备的双向差分信号。
- 设定 USB 存储设备的时钟频率为 48MHz(USB 2.0 全速时钟频率)。

- 完成与 USB 相关的中断的初始化。
- 完成端点 0 的初始化。
- 根据 USB 存储设备的功能,完成其他端点的初始化。
- 启动 SIL(silent install,静默安装)。

首先分析 Set_USBClock()函数,代码如下:

```
void Set_USBClock(void)
{
    RCC_USBCLKConfig(RCC_USBCLKSource_PLLCLK_1Div5);    //设置 USB 时钟频率为 48MHz
    RCC_APB1PeriphClockCmd(RCC_APB1Periph_USB, ENABLE);//使能 USB 时钟
}
```

STM32 F103x 的不同部分可以运行在不同的时钟频率上。为满足 USB 2.0 全速运行的需要,这里使用 USB 库提供的库函数 RCC_USBCLKConfig()设置此大容量 USB存储设备运行在 48MHz。STM32 F103x 芯片的引脚多为多功能引脚,一般需要在程序中明确指定引脚的特定功能。需要注意的是,这里使用的 USB 库提供的库函数 RCC_APB1PeriphClockCmd(RCC_APB1Periph_USB,ENABLE)除了具有使能 USB 时钟的作用外,实际上还隐含指定和使能 USB_DM/DP 引脚的操作。因此,无须再对 USB_DM/DP引脚进行显式的初始化。

USB 存储设备的中断配置初始化是由 USB_Interrupts_Config()函数完成的,代码如下:

```
void USB_Interrupts_Config(void)
{
    NVIC_InitTypeDef NVIC_InitStructure;
#ifdef  VECT_TAB_RAM
  //设置中断向量表基地址为 0x20000000
  NVIC_SetVectorTable(NVIC_VectTab_RAM, 0x0);
#else  //VECT_TAB_FLASH
  //设置中断向量表基地址为 0x08000000
  NVIC_SetVectorTable(NVIC_VectTab_FLASH, 0x0);
#endif
  NVIC_PriorityGroupConfig(NVIC_PriorityGroup_1);
  NVIC_InitStructure.NVIC_IRQChannel = USB_LP_CAN1_RX0_IRQn;
  NVIC_InitStructure.NVIC_IRQChannelPreemptionPriority = 1;
  NVIC_InitStructure.NVIC_IRQChannelSubPriority = 0;
  NVIC_InitStructure.NVIC_IRQChannelCmd = ENABLE;
  NVIC_Init(&NVIC_InitStructure);
  NVIC_InitStructure.NVIC_IRQChannel = USB_HP_CAN1_TX_IRQn;
  NVIC_InitStructure.NVIC_IRQChannelPreemptionPriority = 0;
  NVIC_InitStructure.NVIC_IRQChannelSubPriority = 0;
  NVIC_InitStructure.NVIC_IRQChannelCmd = ENABLE;
  NVIC_Init(&NVIC_InitStructure);
}
```

void USB_Interrupts_Config(void)函数首先根据 STM32 F103x 的架构指定了 USB 中断向量表在 RAM 和 FLASH 中的基地址。然后,分别设置 USB 低优先级中断源(USB_LP_CAN1_RX0_IRQn)和高优先级中断源(USB_HP_CAN1_TX_IRQn)在 STM32 F103x 中断系统中的优先级,并使能它们。其中,NVIC_InitStructure 是 USB 库针对中断源定义的结构体,NVIC_PriorityGroupConfig()是库函数。

至此,已完成了对 USB 设备端的引脚、时钟的设定,并完成了 USB 中断源 USB_LP_CAN1_RX0_IRQn 和 USB_HP_CAN1_TX_IRQn 优先级的设置和使能,与这两个 USB 中断源对应的中断响应函数将分别处理所有的 USB 输入和输出事件。

USB_Init()函数比上面两个函数复杂得多。主要原因是时钟、引脚设置、中断源优先级的配置都是标准的 STM32 F103x 操作,和 USB 设备的具体类型无关。而 USB_Init(void)则需要准备好不同类型的 USB 设备的自我标识信息,在 USB 设备插入主机时供 USB 主机识别 USB 设备。另外,还需要将同名 USB 设备操作(如 init)映射到不同类型的 USB 设备的处理函数(如 Mass_init)中。USB_Init()函数的代码如下:

```
void USB_Init(void)
{
    pInformation = &Device_Info;
    pInformation->ControlState = 2;
    pProperty = &Device_Property;
    pUser_Standard_Requests = &User_Standard_Requests;
    //依次初始化各设备
    pProperty->Init();
}
```

在此,先讨论同名操作的映射问题。USB 设备有 16 种基本类型,如音频设备、视频设备、人机界面设备和大容量存储设备等。这些类型的设备均需进行特定的初始化、重启等操作。为此,在实现这些具有不同内涵的同名操作时,USB 库使用了类似模板的处理方式。首先,USB 库定义了 DEVICE_PROP 结构体,其中包含大量的函数类型指针,代码如下:

```
typedef struct _DEVICE_PROP
{
    void (* Init)(void);
    void (* Reset)(void);
    void (* Process_Status_IN)(void);
    void (* Process_Status_OUT)(void);
    RESULT (* Class_Data_Setup)(u8 RequestNo);
    RESULT (* Class_NoData_Setup)(u8 RequestNo);
    RESULT (* Class_Get_Interface_Setting)(u8 Interface, u8 AlternateSetting);
    u8 * (* GetDeviceDescriptor)(u16 Length);
    u8 * (* GetConfigDescriptor)(u16 Length);
    u8 * (* GetStringDescriptor)(u16 Length);
    u8 * RxEP_buffer;
    u8 MaxPacketSize;
```

```
}DEVICE_PROP;
DEVICE_PROP Device_Property=
{
    MASS_init,
    MASS_Reset,
    MASS_Status_In,
    MASS_Status_Out,
    MASS_Data_Setup,
    MASS_NoData_Setup,
    MASS_Get_Interface_Setting,
    MASS_GetDeviceDescriptor,
    MASS_GetConfigDescriptor,
    MASS_GetStringDescriptor,
    0,
    0x40 /* MAX PACKET SIZE */
};
```

在开发应用时,需要先定义 DEVICE_PROP 结构体变量 Device_Property,其中应该按 DEVICE_PROP 定义函数指针的顺序给出具体 USB 设备的实际各个函数名,代码如下:

```
void MASS_init()
{
    Get_SerialNum();
    pInformation->Current_Configuration = 0;
    PowerOn();
    USB_SIL_Init();
    bDeviceState = UNCONNECTED;
}
```

各个函数也需要程序员自己声明和定义,如本例中的 MASS_init()函数。在本例中,为阅读代码方便,和大容量 USB 存储设备相关的所有函数名前均加上前缀 MASS_。这样,当函数 USB_init()执行到大括号内的第 3 行时,就可以使用 pProperty 访问支持大容量 USB 存储设备的所有函数了。例如,USB_Init()运行到大括号内的第 6 行时,通过 pProperty 就能访问和执行大容量 USB 存储设备的初始化程序,从而完成对它的初始化。

执行完 USB_Init()大括号内的第 6 行,大容量 USB 存储设备就处于得到供电(MASS_init()大括号内的第 3 行)并且和 USB 主机断开(MASS_init()大括号内的第 5 行)的状态。

USB_Init()使用的另一个重要的结构体变量是 Device_Info,其结构体类型 DEVICE_INFO 定义如下。Device_Info 包含的就是 USB 设备的自我标识信息,这些信息会被 USB 主机读入,用于为设备分配系统资源。

```
typedef struct _DEVICE_INFO
{
    u8 USBbmRequestType;                              //bmRequestType
```

```
    u8 USBbRequest;                                 //bRequest
    u16_u8 USBwValues;                              //wValue
    u16_u8 USBwIndexs;                              //wIndex
    u16_u8 USBwLengths;                             //wLength
    u8 ControlState;                                //of type CONTROL_STATE
    u8 Current_Feature;
    u8 Current_Configuration;                       //选定配置
    u8 Current_Interface;                           //当前配置的选定接口
    u8 Current_AlternateSetting;                    //当前接口的选定可替代设置
    ENDPOINT_INFO Ctrl_Info;
}DEVICE_INFO;
```

至此,USB 设备初始化部分的代码就介绍完了。应该说明的是,此初始化过程是 USB 主机和 USB 设备共同完成的,单单依靠对 USB 设备初始化代码的分析是不够的。为此,这里用类比的方法简要介绍 USB 系统的初始化过程,以帮助读者加深理解。

假设有一个旅游团去某国旅行。在该旅游团到达酒店前,酒店对该旅游团一无所知。该旅游团只有导游懂当地语言,知道如何与酒店打交道。这样,当该旅游团在导游的带领下到达酒店后,导游到酒店前台与酒店服务员使用当地语言交流,为不同的游客确定不同的服务。例如,有的游客需要单人间,有的游客需要套间;有的游客使用自行车出行,有的游客喜欢汽车;等等。这样,酒店和旅游团成员的联系就建立了。

与此类似,当 USB 设备插入 USB 主机之前,USB 主机对 USB 设备一无所知。USB 设备需要向 USB 主机说明"我是谁"和"我要什么"。因此,USB 主机和 USB 设备之间需要事先规定好一套交互的机制。对 USB 设备而言,USB 设备需要准备好自己的信息(结构体变量 Device_Info 存放的内容);需要实现能用 Setup 包传输信息的端点 0。端点 0 的作用类似于导游,Setup 包传输就相当于当地语言。这样,当 USB 设备插入 USB 主机后,USB 设备就会使用端点 0(导游)和 USB 主机(酒店)用 Setup 包传输方式(当地语言)交互,将 Device_Info 的内容传输给 USB 主机(说明"我是谁"和"我要什么")。主机据此为 USB 设备的每个端点(游客)分配主机端的地址(房间)、USB 带宽资源(自行车、汽车)等。这样,除端点 0 以外的端点和 USB 主机的传输就建立了。初始化过程涉及端点 0 的操作是标准化的,一般 USB 设备硬件提供商都会提供标准的库或参考例程,应用开发程序员不用改变代码或只需改变很少代码即可。

10.5.3　USB 传输

本节通过高优先级 USB 中断服务函数,介绍大容量 USB 存储设备数据传输。上文已经提到 STM32 F103x 中的 USB 设备的事件都会自动引起中断,其中和大容量 USB 存储设备数据传输相关的事件由高优先级的 USB_HP_CAN1_TX_IRQHandler()函数响应,代码如下:

```
void USB_HP_CAN1_TX_IRQHandler(void)
{
    CTR_HP();
}
```

在本实例中,使用端点 1(EP1)作为输入端点,端点(EP2)作为输出端点。下面通过分析代码,简要描述大容量 USB 存储设备传输事件的处理过程。

当主机对 USB 设备发出大容量读写请求时,USB 设备会自动将此请求的具体信息,如端点号(EPIndex)、输入输出方向(in/out)等,自动提取出来,并向 STM32 F103x 申请 USB 中断。STM32 F103x 响应 USB 设备中断,从而进入 USB_HP_CAN1_TX_IRQHandler() 函数(该函数负责处理 USB 设备端点的高优先级事件)。USB_HP_CAN1_TX_IRQHandler()函数继而调用 CTR_HP()函数。CTR_HP()函数首先调用_GetISTR()读出 ISTR(Interrupt STatus Register,中断状态寄存器)中的内容,使用正确传输标志 ISTR_CTR 判断传输是否成功(第 4 行)。如果成功,则清除正确传输标志(第 6 行)。接着,读出端点号和端点内容(第 7、8 行)。然后,判断是输入还是输出(第 9、14 行);最后,在确定了端点号和输入输出方向后,就分别清除相应的输入输出标志、调用相应的回调函数 * pEpInt_OUT[EPindex−1],完成具体的输入输出操作。

```
1.   void CTR_HP(void)
2.   {
3.       u32 wEPVal;
4.       while (((wIstr = _GetISTR()) & ISTR_CTR) != 0)
5.       {
6.           _SetISTR((u16)CLR_CTR);
7.           EPindex = (u8)(wIstr & ISTR_EP_ID);      //抽取最高优先级端点号
8.           wEPVal = _GetENDPOINT(EPindex);           //处理相关端点寄存器
9.           if ((wEPVal & EP_CTR_RX) != 0)
10.          {
11.              _ClearEP_CTR_RX(EPindex);             //清除 EP_CTR_RX 标志
12.              (* pEpInt_OUT[EPindex-1])();          //调用输出回调函数
13.          }                                         //if((wEPVal & EP_CTR_RX)
14.          if ((wEPVal & EP_CTR_TX) != 0)
15.          {
16.              _ClearEP_CTR_TX(EPindex);
17.              (* pEpInt_IN[EPindex-1])();           //调用输入回调函数
18.          }                                         //if((wEPVal & EP_CTR_TX) != 0)
19.      }                                             //while(...)
20.  }
```

在上面的代码中,回调函数 * pEpInt_IN[EPindex−1]和 * pEpInt_OUT[EPindex−1]定义为如下所示的函数型指针数组:

```
void (* pEpInt_IN[7])(void) =
{
    EP1_IN_Callback,
    EP2_IN_Callback,
    EP3_IN_Callback,
    EP4_IN_Callback,
    EP5_IN_Callback,
```

```
    EP6_IN_Callback,
    EP7_IN_Callback,
};
void (*pEpInt_OUT[7])(void) =
{
    EP1_OUT_Callback,
    EP2_OUT_Callback,
    EP3_OUT_Callback,
    EP4_OUT_Callback,
    EP5_OUT_Callback,
    EP6_OUT_Callback,
    EP7_OUT_Callback,
};
```

EP1_IN_Callback 指向 void EP1_IN_Callback(void)，而后者则调用 Mass_Storage_In()：

```
void EP1_IN_Callback(void)
{
    Mass_Storage_In();
}
```

void Mass_Storage_In(void)函数完成大容量 USB 数据的传输。传输的数据格式遵循 BOT(Bulk Only Transport，仅批量传输)协议，此协议和 USB 系统关系不大，故不在此赘述。执行完 Mass_Storage_In()函数，即可完成主机从 USB 设备读入数据的操作。

```
void Mass_Storage_In (void)
{
  switch (Bot_State)
  {
    case BOT_CSW_Send:
    case BOT_ERROR:
      Bot_State = BOT_IDLE;
      SetEPRxStatus(ENDP2, EP_RX_VALID);                   //使能端点以接收下一条命令
      break;
    case BOT_DATA_IN:
      switch (CBW.CB[0])
      {
        case SCSI_READ10:
          SCSI_Read10_Cmd();
          break;
      }
      break;
    case BOT_DATA_IN_LAST:
      Set_CSW (CSW_CMD_PASSED, SEND_CSW_ENABLE);
      SetEPRxStatus(ENDP2, EP_RX_VALID);
      break;
```

```
        default:
          break;
      }
    }
```

USB 设备的开发是比较复杂的。虽然本例力图简化,将重点放在设备开发上,但是,对 USB 系统,特别是 USB 传输和系统初始化过程的了解仍是必不可少的。同时,由于 USB 设备的复杂、多样和操作的规范性,开发者从物理底层进行开发是不现实的,也是不必要的。充分利用现有的库进行二次开发是合理的选择。因此,在对 USB 系统有一定了解的基础上熟悉库是非常必要的。读者应该结合开发项目具体的硬软件情况,将静态程序代码阅读和动态程序调试相结合,以获得最好的学习效果。

习题 10

1. 采用 USB 接口有哪些优点? 试举例说明。
2. USB 标准有哪几个版本? 其特点各是什么?
3. USB 设计的目标是什么?
4. USB 信息在数据线上是以何种方式传输的? 各种信号状态是如何区分的?
5. 串行总线与并行总线有何区别?
6. 在微机系统中,USB 系统由哪几部分构成? USB 系统通信模型是怎样的?
7. 什么是 USB 主机? USB 主机在 USB 系统中有何作用?
8. 什么是 USB 设备? USB 集线器有何作用?
9. USB 主机与 USB 设备间如何进行通信?
10. 如何理解端点、管道及设备描述符的概念?
11. USB 有哪几种数据传输方式? 各传输方式的特点是什么?
12. USB 固件程序设计有哪些主要内容?

第 11 章　基本人机交互设备接口

人机交互设备是计算机系统的基本配置,是用户使用计算机的必要条件与工具。本章讨论基本的输入输出设备,如键盘、显示器等。其特点主要有两个:一是比较简单,且应用广泛;二是在键盘、显示器接口电路中要使用动态扫描的技术,这与以前讨论的接口使用静态固定连接技术有所不同。

本章具体介绍键盘/LED 接口电路、矩阵键盘接口电路和并行打印机接口电路设计实例。

11.1　人机交互设备

人机交互设备是指在人和计算机之间建立联系、交流信息的输入输出设备,是计算机系统的基本配置。随着计算机应用领域的日益广泛,人机交互设备除了常规的键盘、显示器、打印机等之外,还涌现了许多新型的人机交互设备和多媒体设备,如触摸屏、语音输入输出设备等。它们具有功能强大、操作方便、更人性化的特点,使人与计算机的交流更加友好、便捷,为计算机的普及和推广应用提供了条件。

人机交互设备接口的复杂程度与设备有关,本章主要讨论几种基本人机交互设备的接口。这些设备是微机应用系统开发中经常遇到的,并且需要用户自己来设计它们的接口,因此,讨论它们具有实际意义和实用价值。而那些功能强大、结构复杂的人机交互设备或多媒体设备一般都由系统随机配备好了,一般不必另外设计它们的接口;而且这些设备的接口技术难度高,一般用户难以做到。

11.2　键盘

11.2.1　键盘的类型

键盘是微型计算机系统中最基本的人机对话输入设备。键盘的按键有机械式、电容式、导电橡胶式、薄膜式等多种。

键盘的结构有线性键盘和矩阵键盘两种。线性键盘有多少按键,就有多少根连线与微机输入接口相连,因此只适用于按键较少的场合,常用于某些微机化仪器中。矩阵键盘需要的接口线数目是行数(n)＋列数(m),而允许的最大按键数是 $n \times m$,显然,矩阵键盘可以制成大键盘,它是微机系统中常用的键盘结构。

矩阵键盘根据识键和译键方法的不同可分为编码键盘和非编码键盘两种。

编码键盘本身具有自动检测按键以及去抖动、防串键等功能,而且能提供与被按键功能对应的键码(如 ASCII 码)送往 CPU,因此硬件电路复杂,价格较贵,但编码键盘的接口简单。

非编码键盘只提供按键开关的行列开关矩阵,而按键的识别、键码的确定与输入、去抖动等工作都要由接口电路和相应的程序完成。非编码键盘本身的结构简单,成本较低,在用户开发的微机应用系统中,多采用非编码键盘。

11.2.2 线性键盘的工作原理

线性键盘由若干独立的按键组成,每个按键的两端,一端接地,另一端通过电阻接+5V电源,并与82C55A接口的数据线直接连接,如图 11.1 所示。当无键按下时,所有数据线的逻辑电平都是高电平,为全 1(FFH),即全 1 表示无键按下;当其中任意一键按下时,它所对应的数据线接地,其逻辑电平就变成低电平,即逻辑 0 表示有按键闭合。

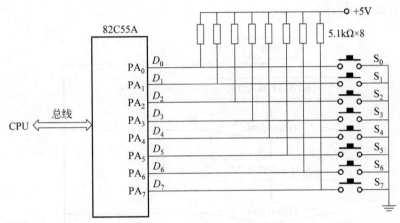

图 11.1 线性键盘结构及接口

线性键盘的接口设计比较简单,把它的数据线与并行接口(如 82C55A)的输入数据线相连,即完成硬件连接。

接口的程序也不复杂,主要有两个功能:一是判断是否有键按下,通过查询接口输入数据是否为全 1,全 1 表示无键按下,否则表示有键按下;二是确定按下的是哪个键,哪个数据位是逻辑 0,则表示与此位数据线相连的键被按下。至于每个按键的功能,可由用户定义,以便当按下某个键时,就可转去执行相应的操作。例如,在图 11.1 中,要求:当按下 S_0 键时报警,按下 S_1 键时解除报警,按下 S_2 键时退出。线性键盘寻键程序流程如图 11.2 所示。

线性键盘 C 语言程序如下:

```
unsigned char tmp;
#define CTRL55 0x303                          //82C55A 命令口
#define DATA_PA 0x300                         //82C55A 数据口 A
outportb(CTRL55,0x90);                        //初始化 82C55A
do
{
    tmp=inportb(DATD_PA);                     //读键状态
    if(tmp&0x07!=0x07)                        //查低 3 位,判断有无键按下
    {
        delay(10);                            //延时去抖
```

```
        tmp=inportb(DATD_PA);                    //再读键状态
        if(tmp&0x07!=0x07)                       //查低 3 位,查有无键按下
        {
            if(tmp&0x01==0x00)                   //是否 S₀ 键
                BJ();                            //是,转报警子程序
            if(tmp&0x02==0x00)                   //是否 S₁ 键
                JBJ();                           //是,转解除报警子程序
            if(tmp&0x03==0x00)                   //是否 S₂ 键
                STP();                           //是,停止,退出
        }
    }
}while(!kbhit());
```

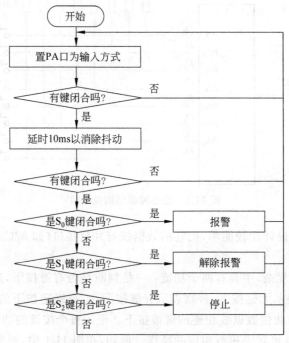

图 11.2　线性键盘寻键程序流程

11.2.3　矩阵键盘的工作原理

矩阵键盘的结构是将按键排成 n 行 m 列的矩阵形式,并且在行线或列线上通过电阻接高电平(+5V)。按键的行线与列线交叉点互不相通,是通过按键来接通的。下面以 4×4 键盘为例说明矩阵键盘的工作原理,如图 11.3 所示。

矩阵键盘与线性键盘一样,也是首先确定是否有按键按下,然后再识别按下的是哪个键。这个工作采用扫描的方法进行,扫描分逐行扫描(行扫描)和逐列扫描(列扫描)两种方式,称为动态扫描技术。

行扫描方式的特点是:矩阵键盘的列线一头连接接口电路的输入端口,另一头固定接

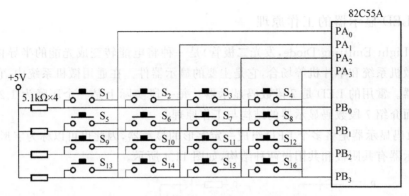

图 11.3 矩阵键盘的结构及接口(列扫描)

高电平(+5V),行线连接接口电路的输出端口,轮流对列线输出低电平(0V),即对列线进行逐列扫描,然后从列线读取扫描的结果。列扫描方式的特点是:其行线与列线的连接及方向刚好与行扫描方式的相反,即行线一头连接接口电路的输入端口,另一头固定接高电平(+5V),列线连接接口电路的输出端口,轮流对行线输出低电平(0V),然后从行线读取扫描的结果。为此,在接口电路中设置两个端口,一个输出,另一个输入。图 11.3 表示列扫描方式的键盘,其中 4 条行线都通过电阻接高电平(+5V)。82C55A 的输出端口 $PA_0 \sim PA_3$ 作为键盘的列线,输出低电平进行逐行扫描;输入端口 $PB_0 \sim PB_3$ 作为键盘的行线,读入扫描结果。该键盘的工作过程如下:

(1) 检测有无按键按下。

从 $PA_0 \sim PA_3$ 输出 4 位 0,使 0~3 列都为 0。读入行线 $PB_0 \sim PB_3$ 的值。若 $PB_0 \sim PB_3$ 为全 1,则没有键按下;否则表示有键按下。

(2) 如果没有键按下,则返回(1),等待按键。

(3) 如果有键按下,则寻找是哪一个键。为此,采用列扫描方法找出被按下的键在矩阵中的位置,称为行列值或键号。先从 0 列开始,即向 0 列输出 0,向其他列输出 1($PA_0 = 0$,$PA_1 = PA_2 = PA_3 = 1$)。然后从 B 端口读入扫描结果,检测 $PB_0 \sim PB_3$ 的电平。若 $PB_0 = 0$,表示是 S_1 键按下;同理,若 PB1~PB3 分别为 0,则分别表示是 S_5、S_9、S_{13} 键按下。如果 $PB_0 \sim PB_3$ 的电平都为 1,则说明这一列没有键按下,就对第二列进行扫描,于是向 1 列输出 0,向其他列输出 1,再检测 $PB_0 \sim PB_3$ 的电平。依次逐列检测,直到找出被按下的键为止。

矩阵键盘接口电路设计将在 11.6 节讨论。

11.3 LED 显示器

显示器是人机交互的输出设备,与键盘一样,也是人机交互不可缺少的外部设备。操作人员输入的数据、字符和计算机运行状态、结果都可以通过显示器实时显示出来。显示器的门类很多,性能各异,有 CRT 显示器、LCD 显示器、LED 显示器、触摸屏等。那些高性能的大屏幕显示器作为系统的基本配置随主机一起提供给用户使用,本节仅讨论微机应用系统中功能比较单一的 LED 显示器接口。

11.3.1 LED 显示器的工作原理

LED(Light Emitting Diode,发光二极管)是一种将电能转变成光能的半导体器件。在小型专用微机系统和单片机等场合,它是主要的显示器件。在通用微机系统中,它也常用作状态指示器。常用的 LED 是 7 段数码显示器。每一段实际上是一个压降为 $1.2\sim2.5\text{V}$ 的 LED。下面介绍 7 段数码显示器的结构与工作原理。

7 段数码显示器是将多个 LED 组成一定字形的显示器,因此也可以称为字形显示器。7 段数码显示器有共阴极和共阳极两种结构,如图 11.4 所示。

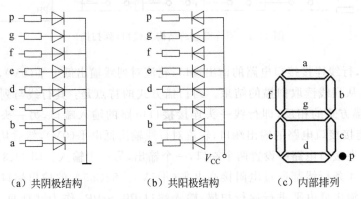

（a）共阴极结构　　　　（b）共阳极结构　　　　（c）内部排列

图 11.4　7 段数码显示器的结构和内部排列

共阴极结构是把所有 LED 的阴极连在一起并接地,根据 LED 导通的条件,分别对每只 LED 的阳极加不同的电平,使其导通(点亮)或截止(熄灭),阳极加高电平点亮,加低电平熄灭。

共阳极结构则相反,把所有 LED 的阳极连在一起并接高电平,然后分别对每只 LED 的阴极加不同的电平,阴极加低电平点亮,加高电平熄灭。

图 11.4 中的电阻是限流电阻,以防 LED 烧毁,其阻值一般取为使流经 LED 的电流为 $10\sim20\text{mA}$。

为方便起见,以下称 7 段数码显示器为 LED 显示器。

11.3.2 LED 显示器的字形码

LED 显示器实际上为 8 段,7 个段用来显示十进制或十六进制数字和某些符号。另一个段用来显示小数点(图 11.4(c)中的 p)。这 8 个段构成 LED 显示器段选的 8 位数据,可与微机接口的 8 位数据线对应。

为了达到显示某一字形的目的,需要不同的段进行组合,以便点亮需要点亮的段,熄灭不需要点亮的段。这种采用不同的段进行组合来表示字形的数据称为字形码或段码。LED 显示器的字形码格式如表 11.1 所示。

表 11.1　LED 显示器的字形码格式

数　据　位	显　示　段　名
D_7	p
D_6	g
D_5	f
D_4	e
D_3	d
D_2	c
D_1	b
D_0	a

LED 显示器字符与字形码如表 11.2 所示。其中包括共阴极与共阳极两种结构显示的

字符与字形码,这两种结构的字形码虽然不同,但表示的字符相同。

表 11.2　LED 显示器字符与字形码

显 示 字 符	字 形 码	
	共 阴 极	共 阳 极
0	3FH	40H
1	06H	79H
2	5BH	24H
3	4FH	30H
4	66H	19H
5	6DH	12H
6	7DH	02H
7	07H	78H
8	7FH	00H
9	6FH	10H
A	77H	08H
b	7CH	03H
C	39H	46H
d	5EH	21H
E	79H	06H
F	71H	0EH

　　例如,在共阴极的 LED 显示器上要显示数字 2,则应点亮 a、b、g、e、d 段,其他段不亮,根据字形码的数据格式,用一字节表示,其字形码为 5BH;对共阳极 LED 显示器,数字 2 的字形码为 24H。

　　表 11.2 中所列的是没有小数点的 LED 显示器的字形码,根据 LED 显示器的结构与工作原理,读者不难写出带小数点的 8 段字形码,并且还可以自己造出一些其他的字形和符号。例如,表 11.2 中没有的 H 字母的字形码,其字形码分别是 76H(共阴极)和 09H(共阳极)。

11.3.3　LED 显示器动态显示的扫描方式

　　LED 显示器有静态显示和动态显示两种方式。

　　静态显示是在显示某个字符时,构成这个字符的 LED 总是处在点亮状态,直到更换显示新的字符为止。这样不仅功耗大,而且由于每个字符需要一个固定的锁存器,占用的硬件资源多。因此,在显示位数比较多的应用中,不采用静态显示方式,而采用动态显示方式。

　　动态显示是用扫描的方法使多位显示器逐位轮流循环显示。为此,首先把各位显示器的 8 根段线并联在一起,作为一组段控信号线,同时给每位显示器分配一根位控信号线。然后,在接口电路中设置两个端口:一个用于发送位控信号,控制显示器的哪一位显示;另一个用于发送段控信号,控制该位显示器的哪些段点亮,即字形码。

扫描过程是：先从段控端口发出一个字形码,这个字形码会送到每位显示器的段线上,但还不能点亮显示器,必须再从位控端口发出一个控制信号,指定某位显示器显示,该位显示器就点亮,并持续1~5ms,然后熄灭所有位显示器。依次从段控端口发字形码信息,再从位控端口发位控信号,以点亮某位显示器并持续一段时间,然后熄灭,这样就可以从第一位到最末位把要显示的各字符显示一遍,为一个扫描周期。当扫描周期符合视觉暂留效应的要求时,人们就觉察不出字符的变动与闪烁,而感觉每位显示器都在显示。上述逐位轮流循环扫描的过程也就是LED显示器动态显示的工作原理。LED显示器位控信号线相当于键盘的行扫描线。

动态显示的扫描方式有软件控制扫描和硬件定时扫描两种。在目前的实际应用中,LED显示器大多采用硬件实现动态扫描。LED显示器接口电路设计方法将在11.5节讨论。

11.4 键盘/LED 显示器接口电路设计

本节采用可编程键盘/LED显示器接口芯片82C79A。为此,本节先对82C79A的功能、外部特性以及编程模型进行介绍与分析,然后在后面的两节以它为主芯片来分别设计LED显示器和键盘接口电路。

82C79A是一个双功能专用接口芯片,兼有键盘输入接口和LED显示器输出接口两种用途。作为键盘输入接口时,采用扫描方式,可连接64(8×8)个键的键盘,经扩充可达128(8×8×2)个键,并具有自动去抖功能。作为LED显示器输出接口时,可连接16个7段数码显示器或8个7段数码显示器,采用动态扫描方式,实现动态显示。

11.4.1 键盘/LED 显示器接口芯片 82C79A 的外部特性

82C79A芯片是具有40条引脚的双列直插式芯片,其引脚功能及引脚信号分类如图11.5所示。

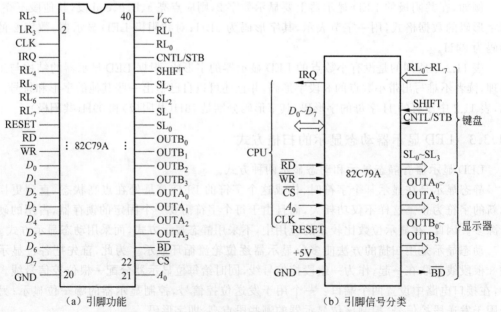

图 11.5 82C79A 芯片引脚功能及引脚信号分类

　　由于 82C79A 是双功能接口,可以同时为两种不同外部设备的接口提供支持,因此其设置的外部引脚信号比较多,按功能可分为面向 CPU、面向键盘和面向 LED 显示器 3 组,各引脚信号定义如表 11.3 所示。

表 11.3　82C79A 信号引脚定义

面向 CPU	面向键盘	面向 LED 显示器
$D_0 \sim D_7$：数据线(双向)	$SL_0 \sim SL_3$：行扫描线(出)	$SL_0 \sim SL_3$：位扫描线(出)
CLK：系统时钟线(入)	$RL_0 \sim RL_7$：列扫描线(入)	$OUTA_0 \sim OUTA_3$：A组字形码输出线(出)
RESET：复位线(入)	SHIFT：移位信号(入)	$OUTB_0 \sim OUTB_3$：B组字形码输出线(出)
$\overline{CS}$：片选线(入)	CNTL/STB：控制线(入)	$\overline{BD}$：显示消隐线(入)
A_0：寄存器选择线(入)		
$\overline{RD}$：读信号线(入)		
$\overline{WR}$：写信号线(入)		
IRQ：中断请求线(出)		

11.4.2　键盘/LED 显示器接口芯片 82C79A 的编程模型

1. 寄存器及其端口地址

　　下面对键盘/LED 显示器共享的模块、键盘接口模块以及 LED 显示器接口模块 3 部分使用的寄存器分别加以介绍。

　　1) 用于键盘/LED 显示器共享的寄存器

　　键盘/LED 显示器共享的模块主要是扫描计数器。

　　扫描计数器的输出可同时作为键盘的行扫描和 LED 显示器的位扫描(位控信号),其扫描方法用编程命令可设置为编码扫描或译码扫描两种。

　　(1) 编码扫描。4 根位扫描线 $SL_0 \sim SL_3$ 的信号由外部译码器译码,产生 16 根扫描信号线,供键盘和 LED 显示器使用。故编码扫描方式能够扫描 16×8 的矩阵键盘和 16 位 LED 显示器。

　　(2) 译码扫描。由内部译码器译码后产生的 4 根行扫描线 $SL_0 \sim SL_3$ 的信号直接作为键盘和显示器扫描信号。可见,译码扫描方式只能扫描 4×8 的矩阵键盘和 4 位 LED 显示器,并且不需要设置外部译码器。

　　2) 用于键盘的寄存器

　　键盘接口模块包括返回缓冲器、FIFO RAM 及状态寄存器。

　　(1) 返回缓冲器。

　　82C79A 作为键盘接口芯片采用行扫描方式而不是列扫描方式。在行扫描时,返回缓冲器用于锁存来自 $RL_0 \sim RL_2$ 的键盘列线返回值,即按键的列值。另外,在行扫描时会搜寻到闭合键所在的行值 $SL_0 \sim SL_2$,两者合起来就形成键盘上按键的行号、列号编码。如果再加上用于键功能扩展的两位 CNTL、SHIFT,就组成一个完整的键盘按键数据。键盘按键数据的格式如图 11.6 所示。

　　在图 11.6 中,$SL_0 \sim SL_2$ 是按键的行编码,由行扫描计数器的值确定;$RL_0 \sim RL_2$ 是按键的列编码,由返回缓冲器的值确定。从 6 位行列编码可知,82C79A 支持 64 个键的矩阵键

D_7	D_6	D_5	D_4	D_3	D_2	D_1	D_0
CNTL	SHIFT	SL_2	SL_1	SL_0	RL_2	RL_1	RL_0

图 11.6　键盘按键数据的格式

盘。再加上 CNTL 和 SHIFT 两位附加按键参加编码,可以扩展到 128 个键。

(2) FIFO RAM 及状态寄存器。

FIFO RAM 是一个 8×8 的先进先出片内存储器,用于暂存从键盘输入的按键数据,供 CPU 读取。为了报告 FIFO RAM 中有无数据和空、满等状态,设置状态寄存器。只要 FIFO RAM 有数据未取走,状态寄存器就产生 IRQ(请求中断)信号,要求 CPU 读取数据。

3) 用于 LED 显示器的寄存器

LED 显示器接口模块包括显示存储器、显示字符寄存器和显示地址寄存器。

显示存储器用于存储显示数据,容量为 16×8 位,对应 16 个数码显示器。

显示字符寄存器用于存放要显示的字符的字形码。在显示过程中,它与显示扫描配合, 轮流从显示存储器中读出要显示的信息并依次送到被选中的 LED 显示器,循环不断地刷新 显示字符,使 LED 显示器呈现稳定的字符。8 位显示字符寄存器分为 A、B 两组字形码输出 线:$OUTA_0 \sim OUTA_3$ 和 $OUTB_0 \sim OUTB_3$,构成一个 8 段的字形码,作为段控信号送到每 位显示器。

显示地址寄存器用于存放读写显示存储器的地址指针,指出显示字符从哪一位显示器 开始以及每次读出或写入之后地址是否自动加 1。

4) 寄存器端口地址

82C79A 只分配了两个端口地址,一个数据端口 DATA 79,一个命令/状态端口 CTRL79。 但它有 8 个命令字,因此出现端口地址共享的问题。为此,采用在命令字中加特征位的方法识 别共享端口中的命令字。

2. 编程命令与状态字

1) 编程命令

82C79A 可执行的编程命令共有 8 条,其命令字的一般格式如表 11.4 所示。其中,高 3 位为特征位,产生 8 种编码,分别对应 8 个不同的命令字;低 5 位是命令参数位,表示不同命 令字的含义。

表 11.4　82C79A 的命令字的一般格式

序号	命令名称	特征码和命令参数							
		D_7	D_6	D_5	D_4	D_3	D_2	D_1	D_0
0	设置键盘及显示方式	0	0	0	D_1	D_0	K_2	K_1	K_0
1	设置扫描频率	0	0	1	P_4	P_3	P_2	P_1	P_0
2	读 FIFO RAM *	0	1	0	AI	$\times$	A_2	A_1	A_0
3	读显示 RAM	0	1	1	AI	A_3	A_2	A_1	A_0
4	写显示 RAM	1	0	0	AI	A_3	A_2	A_1	A_0

续表

序号	命令名称	特征码和命令参数							
		D_7	D_6	D_5	D_4	D_3	D_2	D_1	D_0
5	禁写显示 RAM/消隐 *	1	0	1	×	IWA	IW	BBL	ABLB
6	清除	1	1	0	CD_2	CD_1	CD_0	CF	CA
7	结束中断/设置错误方式 *	1	1	1	E	×	×	×	×

* 标有×的位无用。

命令字中的 0、1、2、4 号命令是 82C79A 编程必须使用的,这 4 个命令都用于初始化。其中,0 号命令用于设置键盘及显示方式,1 号命令用于设置扫描频率,2 号命令指定读 FIFO RAM,4 号命令指定写显示 RAM。而初始化后的实际输入输出操作是从(向)82C79A 的数据口读(写)数据来实现的。

(1) 设置键盘及显示方式(0 号命令)。

- 000:命令特征码。
- K_0:用来设定扫描方式。$K_0=0$ 为编码扫描;$K_0=1$ 为译码扫描。
- K_2K_1:用来设定输入方式。有 4 种输入方式,如表 11.5 所示。

表 11.5　输入方式

K_2	K_1	方式
0	0	扫描键盘输入,双键锁定
0	1	扫描键盘输入,N 键轮回
1	0	扫描传感器输入
1	1	选通输入

在两种键盘输入方式中,双键锁定和 N 键轮回是多键同时被按下时的两种不同处理方式。当在双键锁定方式下检测到两键同时被按下时,只把后释放的键当作有效键;当在 N 键轮回方式下检测到有若干键同时被按下时,键盘扫描能根据它们被发现的顺序依次将相应键盘数据送入 FIFO RAM 中。

另外,82C79A 的输入方式还有扫描传感器输入和选通输入,分别用于矩阵传感器和普通的并行输入,故不作介绍。

- D_1D_0:用来设定显示输出方式。有 4 种显示输出方式,如表 11.6 所示。

表 11.6　显示输出方式

D_1	D_0	方式
0	0	8 个字符显示,左进方式
0	1	16 个字符显示,左进方式
1	0	8 个字符显示,右进方式
1	1	16 个字符显示,右进方式

在显示输出方式中,左进方式是指显示字符从最左一位(最高位)开始,逐位向右顺序输出,左进方式是手机拨号的显示方式;右进方式是指显示字符从最右一位开始,最高位从右边进入,以后逐位左移,右进方式是计算器的显示方式。

例如,要求扫描键盘输入,双键锁定,8 个字符显示,右进方式,键盘和 LED 显示器的扫描方式为编码扫描,则 82C79A 的工作方式命令为 00010000B=10H。

（2）设置扫描频率（1 号命令）。

- 001：命令特征码。
- $P_4 \sim P_0$：用来设定对外部输入时钟信号的分频系数 N（N 值可为 $2 \sim 31$），以便获得 82C79A 内部要求的 100kHz 的扫描频率。$P_4 \sim P_0$ 为分频系数的 5 位二进制数。

例如,外部提供的时钟信号频率为 2.5MHz,要求产生 100kHz 的扫描频率,则设置扫描频率的命令为 00111001B=39H。

（3）读 FIFO RAM（2 号命令）。

- 010：命令特征码。
- $A_2 \sim A_0$：用来指定读取键盘 FIFO RAM 中字符的起始地址。$A_2 \sim A_0$ 可有 8 种编码,以指定 FIFO RAM 的 8 个地址单元中的任意一个作为读取的起始地址。
- AI：自动地址增量标志位。当 AI=1 时,每次读出 FIFO RAM 后,地址自动加 1,指向下一存储单元;当 AI=0 时,读出后地址不变（即不自动加 1,但可由人工改变地址）。

需要特别指出的是,该命令并不是实际从 FIFO RAM 中读取数据,而是仅指定数据在 FIFO RAM 中而不是在显示 RAM 中,因此,若要实现读键盘的数据,还必须接着在该命令后面从数据端口读数据。

例如,要求从键盘的 FIFO RAM 读 1 字节数据,从 0 位开始读取,读数据后地址不自动加 1,其程序段如下:

```
outputb(ctrl79,0x40);       //指定读 FIFO RAM,地址不自动加 1
inputb(data79);             //读 1 字节数据
```

（4）写显示 RAM（4 号命令）。

- 100：命令特征码。
- $A_0 \sim A_3$：用来指定写显示 RAM 中字符的起始地址。$A_0 \sim A_3$ 可有 16 种编码,以指定显示 RAM 的 16 个地址单元中的任意一个作为写的起始地址。
- AI：自动地址增量标志。当 AI=1 时,每次写后地址自动增 1;当 AI=0 时,写后地址不变。一旦数据写入,82C79A 的硬件便自动管理显示 RAM 的输出并同步扫描信号。

同样,需要特别指出的是,该命令并不是实际向显示器 RAM 中写入数据,而是仅指要写入数据的是显示 RAM 而不是键盘的 FIFO RAM,因此,若要实现向显示 RAM 写入数据,还必须接着在该命令后面从数据端口写入数据。

例如,如果要求向显示器 RAM 写入数据,从 0 位开始写入,地址自动加 1,其程序段如下:

```
unsigned char BUF [N];
```

```
outputb(ctrl79,0x90);              //写显示 RAM 命令,从 0 位起,地址自动加 1
for(i=0;i<N;i++)                    //从内存单元中取显示代码送显示 RAM
{   outputb(DATA79,BUF[i]);
    delay();
}
```

其他 4 个命令字不常使用,故不做介绍,想深入了解的读者,可阅读参考文献[24,25]。

2) 状态字

82C79A 芯片的状态字主要用来指示 FIFO RAM 中待取走的字符数和有无错误发生。其格式如图 11.7 所示。

D_7	D_6	D_5	D_4	D_3	D_2	D_1	D_0
DU	S/E	O	U	F	N_2	N_1	N_0

图 11.7 状态字格式

8 位状态字中的 $D_0 \sim D_4$ 这 5 位是常用的,用于设置查询方式。其中,D_4 表示 FIFO RAM 空,D_3 表示 FIFO RAM 满,$D_2 \sim D_0$ 表示 FIFO RAM 中待 CPU 取走的字符个数。其他位使用较少。

- U:空标志位。当 FIFO RAM 中的字符个数为 0 时,U 被置为 1。
- F:满标志位。当 FIFO RAM 中的字符个数为 8 时,F 被置为 1。
- $N_2 \sim N_0$:表示 FIFO RAM 中待 CPU 取走的字符个数。

例如,当要求采用查询方式从键盘的 FIFO RAM 读取数据时,先应该查状态寄存器是否有数据可读。这可以通过查空、满标志位或者查待 CPU 取走的字符个数来实现,程序段如下:

```
if(inputb(CTRL79)&0X07=0X00)       //检查是否有待 CPU 取走的字符
    wait();                        //无,再查
```

11.5 LED 显示器接口电路设计

1. 要求

设计一个 8 位 LED 显示器,要求从 0 位开始显示 13579H 这 6 个字符,显示方式为左进,采用编码扫描。

2. 分析

采用 82C79A 作为 LED 显示器接口可以实现上述要求。另外,为了实现编码扫描,要外加扫描译码器,并提供 LED 显示器的驱动电路。

3. 设计

1) 硬件设计

接口由 82C79A 芯片、扫描译码器 7445 和段驱动器 7406 组成,如图 11.8 所示。82C79A 为接口的核心,主管 LED 显示器与 CPU 之间的连接,执行控制命令。扫描译码器

7445 负责 LED 显示器的动态扫描,作为位控信号控制 8 位显示器(即 8 个 LED 显示器)的哪一位点亮。段驱动器 7406 为 LED 显示器的 8 段字形码提供电流驱动,作为段控信号控制显示器的哪一段发光。

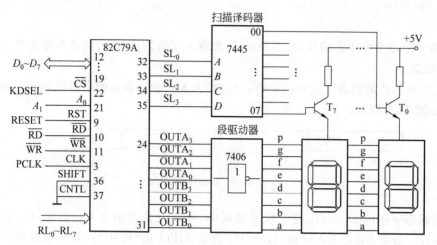

图 11.8　LED 接口电路

在图 11.8 中,8 个 LED 显示器相同的段连到一起,由 7406 驱动,实现段控。LED 显示器为共阳极结构,每个阳极通过开关三极管及限流电阻与 +5V 电平连接,三极管的导通与截止由 7445 的 8 个输出端控制,实现 8 位显示器的位控。当 82C79A 的扫描信号 $SL_0 \sim SL_3$ 经 7445 译码所产生的输出信号循环变化时,就可以使各位显示器轮流点亮或熄灭,实现 LED 显示器的动态扫描。

图 11.8 中的 LED 显示器虽然为共阳极结构,但段控使用 7406 反相驱动,因此该显示器的字形码与共阴极结构的一样,见表 11.2。

2)软件设计

下面是从 0 位开始显示 13579H 这 6 个字符的程序,6 个字符的字形码存放在内存的 BUF 区。

LED 显示器的 C 语言程序如下:

```
#define DATA79 0x30C                //82C79A 数据口
#define CTRL79 0x30D                //82C79A 命令口/状态口
unsigned char display[6]={0x06,0x4f,0x6d,0x07,0x67,0x76};
outportb(CTRL79,0x00);              //显示方式:8 字符显示,左端输入,编码扫描
outportb(CTRL79,0x39);              //分频系数 25,产生 100kHz 扫描频率
outportb(CTRL79,0x90);              //指定写显示 RAM 命令,从 0 位起,地址自动加 1
for(i=0;i<6;i++)
{
    outportb(DATA79,display[i]);    //从内存单元中取显示代码送显示 RAM
    delay(50);                      //延时
}
```

4. 讨论

（1）HELLO 这 5 个字符的字形码在内存区的存放顺序与在显示器上的顺序相反，这是什么原因？

（2）如果显示的字符不是从第 0 位，而是从第 2 位或第 3 位开始，程序要如何修改？

11.6 矩阵键盘接口电路设计

1. 要求

设计一个键盘接口，连接 24 键的矩阵键盘。键盘采用编码扫描、双键锁定工作方式。要求从键盘读取 10 个字符代码。外部时钟 CLK＝2.5MHz。

2. 分析

为了实现 24 键的矩阵键盘，采用 3 行 8 列的结构形式。同时，为了实现编码扫描工作方式，故将 82C79A 的 3 根扫描输出信号线 $SL_0 \sim SL_2$ 接至译码器 74LS156 的输入端，经译码后，从低电平有效的 3 根输出线 $\overline{Y}_0 \sim \overline{Y}_2$ 输出，作为矩阵键盘的 3 个行扫描信号。矩阵键盘的 8 个列线的一端与 82C79A 的返回信号线 $RL_0 \sim RL_7$ 相连接，另一端通过电阻接高电平（＋5V）。

3. 设计

1）硬件设计

根据上述分析，24 键的矩阵键盘接口电路原理如图 11.9 所示。82C79A 的 CTRL79 端口为命令/状态端口，DATA79 端口为数据端口。

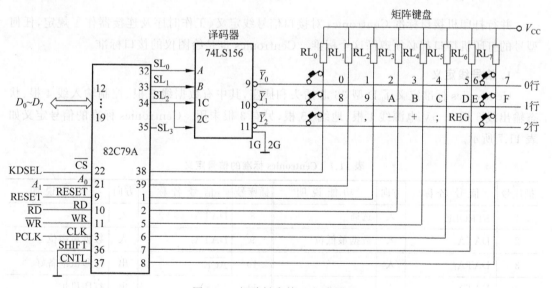

图 11.9 矩阵键盘接口电路原理

2）软件设计

矩阵键盘输入 C 语言程序段如下：

```
unsigned char buf[10];
unsigned char i;
outportb(CTRL79,0x00);                    //设定键盘输入工作方式(编码扫描、双键锁定)
outportb(CTRL79,0x39);                    //设置分频系数为25,产生100kHz扫描频率
for(i=0;i<10;i++)
{
    while(inportb(CTRL79)&0x07==0x00);     //检查是否有待CPU取走的字符
    outportb(CTRL79,0x40);                 //有,指定读FIFO RAM
    buf[i]=inportb(DATA79);                //读键盘,并存入内存BUF
}
```

11.7 并行打印机接口标准及接口电路设计

打印机是微型计算机系统中一种常用的输出设备。目前打印机技术正朝着高速度、低噪声、美观清晰和彩色打印的方向发展。打印机的种类有很多,性能差别也很大。当前流行的有针式打印机、激光打印机、喷墨打印机等。

由于打印接口直接面向的对象是打印机接口标准,而不是打印机本身,所以打印机接口的设计要按照打印机接口标准的要求来进行,这一点与前面讨论的串行通信接口面向串行通信标准类似。本节先讨论打印机接口标准,然后进行打印机接口设计。

11.7.1 并行打印机接口标准

并行打印机接口标准 Centronics 对接口信号线定义、工作时序及连接器作了规定,任何型号的打印机接口都必须遵循这个标准。Centronics 也是绘图仪的接口标准。

1. 信号线定义

Centronics 标准定义了 D 型 36 芯插头和插座,其中有数据线 8 根、控制输入线 4 根、状态输出线 5 根、+5V 电源线 1 根、地线 15 根,另有 3 根未用。Centronics 标准的信号定义如表 11.7 所示。

表 11.7 Centronics 标准的信号定义

插座号	信 号 名 称	方向	功 能 说 明	插座号	信 号 名 称	方向	功 能 说 明
1	$\overline{STROBE}$	入	选通	8	$DATA_6$	入	
2	$DATA_0$	入	数据最低位	9	$DATA_7$	入	数据最高位
3	$DATA_1$	入		10	$\overline{ACK}$	出	打印机准备好
4	$DATA_2$	入		11	BUSY	出	打印机忙
5	$DATA_3$	入		12	PE	出	无纸(纸用完)
6	$DATA_4$	入		13	SLCT	出	联机
7	$DATA_5$	入		14	$\overline{AUTOFEEDXT}$	入	自动走纸

续表

插座号	信 号 名 称	方向	功 能 说 明	插座号	信 号 名 称	方向	功 能 说 明
16	逻辑地			32	$\overline{ERROR}$	出	无纸、脱机、出错指示
17	机架地			33	地		
19~30	地		双绞线的回线	35	+5V		通过 4.7kΩ 电阻接 +5V
31	INIT	入	初始化命令(复位)	36	$\overline{SLCTIN}$	入	允许打印机工作

注：① 表中的"入""出"方向是从打印机的立场出发的。

② 15、18、34 不用(未定义)。

在 Centronics 标准定义的信号线中,最主要的是 8 根并行数据线($DATA_1 \sim DATA_8$)、两根握手联络信号线($\overline{STROBE}$、$\overline{ACD}$)及一根状态线 BUSY,应重点了解。

2. 工作时序

Centronics 标准对并行打印机接口的工作时序,即打印机与 CPU 之间传输数据的过程作了规定,如图 11.10 所示。

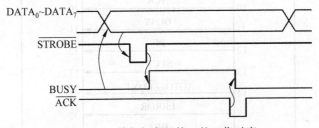

图 11.10 并行打印机接口的工作时序

打印机与 CPU 之间传输数据的过程是按照 Centronics 标准的工作时序进行的,以查询方式为例,其工作步骤如下:

(1) 当 CPU 要求打印机打印数据时,CPU 首先查询 BUSY。若 BUSY=1,打印机忙,则等待;当 BUSY=0,打印不忙时,才送数据。

(2) CPU 通过并行接口把数据送到 $DATA_0 \sim DATA_7$ 数据线上,此时数据并未进入打印机。

(3) CPU 再送出数据选通信号 $\overline{STROBE}$(负脉冲),把数据线上的数据输入打印机的内部缓冲器。

(4) 打印机在收到数据后,通过引脚 11 向 CPU 发出忙(置 BUSY=1)信号,表明打印机正在处理输入的数据。等到输入的数据处理完毕(打印完一个字符或执行完一个功能操作),打印机撤销忙信号(置 BUSY=0)。

(5) 打印机在引脚 10 上送出一个应答信号 $\overline{ACK}$ 给主机,表示上一个字符已经处理完毕。CPU 在接到打印机的应答信号 $\overline{ACK}$ 后,给打印机发下一个字符。如此重复工作,直到把全部字符打印出来。

以上是采用查询方式的数据交换过程。若采用中断方式,则不用查 BUSY 信号,而是利用应答信号 $\overline{ACK}$ 申请中断,在中断服务程序中向打印机发送打印数据。

3. 打印机连接器

Centronics 标准对并行打印机连接器规定为 D 型 36 芯插头和插座。而 PC 配置的打印机接口插座简化为 D 型 25 芯,去掉了 Centronics 标准中的一些未使用的信号线和地线。很明显,Centronics 标准的连接器与 PC 的打印机接口插座不兼容,因此要对两者信号线的排列做一些调整,要特别注意两者相应信号线的连接,具体如图 11.11 所示。

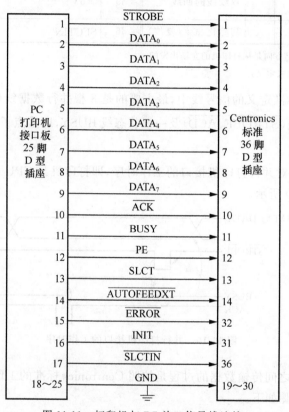

图 11.11 打印机与 PC 并口信号线连接

11.7.2 并行打印机接口电路设计

1. 要求

为某应用系统配置一个并行打印机接口,通过该接口采用查询方式把存放在 BUF 缓冲区的 256 个 ASCII 字符送去打印。

2. 分析

并行打印机接口硬件设计要以 Centronics 标准定义的信号线为依据,而软件设计应以 Centronics 标准规定的工作时序为依据。

3. 设计

1) 硬件设计

打印机接口电路原理框图如图 11.12 所示。

打印机接口电路的设计思路是：按照 Centronics 标准对打印机接口信号线的定义，最基本的信号线需要 8 根数据线（$DATA_0 \sim DATA_7$）、一根控制线（$\overline{STB}$）、一根状态线（BUSY）和一根地线。为此，采用 82C55A 作为打印机的接口，分配 A 端口作为数据口输出 8 位打印数据，工作方式为 0 方式。分配 PC_7 作为控制信号线，由它输出一个负脉冲作为选通信号，将数据线上的数据输入打印机缓冲器，这实际上是用软件的方法产生选通信号。另外，分配 PC_2 作为状态线来接收打印机的忙信号，这样就满足了 Centronics 标准中对主要信号线的要求。

2）软件设计

打印机接口控制程序的流程是根据 Centronics 标准的工作时序要求确定的，如图 11.13 所示。

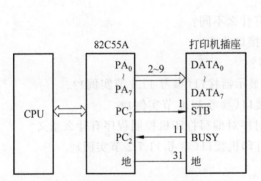

图 11.12 打印机接口电路原理框图

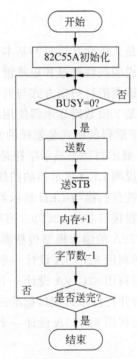

图 11.13 打印机接口控制程序的流程

打印机接口控制 C 语言程序段如下：

```
#define CTRL55   0x303
#define DATA_PA 0x300
#define DATA_PB 0x301
#define DATA_PC 0x302
unsigned char buf[256];
void main()
{
    unsigned char i;
    outportb(CTRL55,0x81);                    //A 端口 0 方式,输出,C4~C7 输出,C0~C3 输入
```

```
    outportb(CTRL55,0x0f);              //PC₇位置高,使STB=1
    for(i=0;i<256;i++)
    {
        while(inportb(DATA_PC)&0x04!=0); //忙,则等待;不忙,则向A端口送数
        outportb(DATA_PA,buf[i]);        //送数到A端口
        outportb(CTRL55,0x0e);           //置STB为低(PC₇=0)
        delay(1);                        //负脉冲宽度(延时)
        outportb(CTRL55,0x0f);           //置STB为高(PC₇=1)
    }
}
```

习题 11

1. 什么是人机交互接口? 基本人机交互设备有哪些?

2. 分别说明线性键盘和矩阵键盘的结构与工作原理。

3. 矩阵键盘的行扫描方式与列扫描方式有什么不同?

4. 什么是 7 段数码显示器使用的字形码?

5. 7 段字形码的格式是怎样的? 采用字形码构造一个共阴极的字符串"HELLO"。

6. LED 显示器动态显示字符是采用什么方法实现的?

7. 简要说明 LED 显示器的扫描过程。

8. 矩阵键盘扫描与 LED 显示器扫描有什么不同?

9. 可编程接口芯片 82C79A 有哪两种接口功能?

10. 82C79A 的编程模型包括哪些内容?

11. 如何利用 82C79A 设计一个 LED 显示器接口(参考 11.5 节实例)?

12. 如何利用 82C79A 设计一个键盘接口(参考 11.6 节实例)?

13. 了解并行打印机接口标准的工作时序对编写打印机控制程序有什么意义?

14. 如何利用 82C55A 设计一个并行打印机接口(参考 11.7.2 节实例)?

第12章 基于 MIPSfpga 的 GPS 定位显示系统设计

GPS 的应用与人们的日常生活息息相关,例如车辆导航、航程航线测定、船只实时调度等都是 GPS 定位显示系统。本章基于 MIPSfpga IP 软核设计了一个 GPS 定位显示系统,以此设计原型为例,讲解 MIPSfpga 的实际开发应用,从系统整体设计到各个模块的 Verilog HDL 实现,到基于 MIPSfpga 的 Vivado 项目创建,再到用户应用程序的设计,引领读者深入领会 MIPSfpga 的接口设计方法。

12.1 GPS 定位显示系统整体设计

12.1.1 系统功能描述

GPS 芯片只能接收卫星发射的 GPS 信号,这些信号是不能被直接读取的。本章设计了一个简易显示系统,利用 MIPSfpga 处理器,通过设计相关的处理和接口模块,将 GPS 模块接收的原始 GPS 定位数据转化为能够读取的格式并实时显示出来,同时发送给客户端进行处理。

系统采用 Digilent 公司生产的基于 MT3329 的 PmodGPS 模块来接收 GPS 卫星数据,该设备通过 UART 数据收发传输协议输出定位信息。通信方式有两种选择: USB 转串口线和蓝牙通信模块。主控部分采用 Xilinx 公司 Artix-7 系列的 XC7A100T-1CSG324C FPGA 开发板(以下简称 Nexys4 开发板),使用 Verilog HDL 作为开发语言,在 Vivado 公司的设计开发套件 Vivado 2014.4 上进行 MIPSfpga 的接口开发设计,通过编写 C 语言或 MIPS 汇编语言程序,使用 Codescape 实现经纬度数据的实时获取并显示在 Nexys4 板的两个 4 位数字的数码管上,最终使用 OpenOCD 和 Bus Blaster Probe 将程序载入 FPGA 开发板,而 PC 端的轨迹显示软件是采用 Microsoft Visual Studio 2015 设计的,用于监测 FPGA 板发送的定位数据并对数据进行处理,实现轨迹的实时显示。

12.1.2 系统设计

本系统通过 GPS 定位模块获得用户定位数据,FPGA 控制模块获取并解析出有用数据,使用串口线连接 FPGA 板或直接利用蓝牙并通过按键触发,将定位数据通过 UART 协议发送至上位机软件。在上位机中进行数据处理,由上位机显示模块将位置信息以轨迹形式反映在地图中。其中用到的 PmodGPS 模块、蓝牙模块以及串口收发模块均使用 Verilog HDL 语言描述,搭载于开源 MIPSfpga 内核中的 AHB-Lite 总线上。此外,还建立 C 语言代码的工程,通过 EJTAG 接口将编译生成的文件写入 MIPSfpga 内核,用于直接对外设接口的寄存器进行操作,实现所需的功能。GPS 定位显示系统整体结构框图如图 12.1 所示。

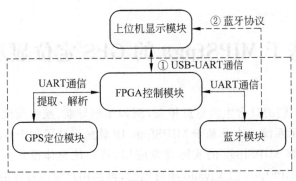

图 12.1 GPS 定位显示系统整体结构

12.2 GPS 数据采集显示

12.2.1 PmodGPS 模块

本系统采用的 PmodGPS 模块是基于 MT3329 的 GPS 卫星数据接收模块,如图 12.2 所示。PmodGPS 模块采用标准的 6 针 Pmod 接口,通过 UART 接口为用户提供 GPS 信息。同时还拥有一个 2 针 (NRST 和 RTCM)的接口,其中,NRST 是复位引脚,RTCM 用于使用 RTCM(Radio Technical Commission for Maritime services,海事无线电技术委员会)协议的差分全球定位系统 (Differential Global Positioning System,DGPS)数据控制。

图 12.2 PmodGPS 模块

PmodGPS 模块使用 UART 协议进行数据收发,接口默认为 9600baud,8 位数据位,无奇偶校验位,1 位停止位。用户可以预定义波特率,范围为 4.8kbaud~115.2kbaud。PmodGPS 模块提供 1pps 标准时钟和 3DF 用户定位状态指示。1pps 引脚每秒输出一个脉冲,用于同步 GPS 时钟,其时序如图 12.3 所示。3DF 引脚在未获得定位信息时每秒触发一次电平翻转,直观展示用户定位状态,如图 12.4 所示。

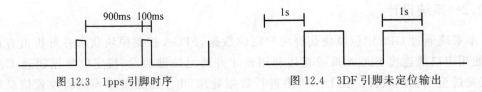

图 12.3 1pps 引脚时序   图 12.4 3DF 引脚未定位输出

PmodGPS 模块使用美国国家海洋电子协会(National Marine Electronics Association,NEMA)协议的数据输出语句,每一个 NEMA 报文由 $ 符号作为起始标志。本系统所使用的 PmodGPS 模块通过串口发送到计算机的数据分为帧头、帧内数据和帧尾。帧头主要有 $GPGGA、$GPGSA、$GPGSV 以及 $GPRMC 等,不同帧头标示了后续帧内数据的组成结构不同;帧尾都为回车符(<CR>)和换行符(<LF>),用来表示一帧数据的结束。通常

情况下,实际需要利用的定位数据是时间、日期、经纬度和速度等,它们在 $ GPRMC 帧中,
其帧结构为

$GPRMC,<1>,<2>,<3>,<4>,<5>,<6>,<7>,<8>,<9>,<10>,<11>,<12> * hh<CR><LF>

帧内数据各字段用逗号分隔。与表 12.1 对应的数据帧为

$GPRMC,023503.000,A,3030.7088,N,11424.4809,E,0.35,280.55,070316,3.05,W,A * 63
<CR> <LF>

表 12.1 详细说明了 $ GPRMC 帧的实例。

表 12.1　$ GPRMC 帧的实例

字　　段	描　　述
$ GPRMC	信息 ID
023503.000	UTC 时间(hhmmss.sss)
A	状态(A 表示数据有效)
3030.7088	纬度(ddmm.mmmm)
N	N/S 指示
11424.4809	经度(dddmm.mmmm)
E	E/W 指示
0.35	对地速度(knots)
280.55	对地航线(degrees)
070316	日期(ddmmyy)
3.05	磁偏角(degrees)
W	E/W 指示
A	模式(参考 GlobalTop 手册)
* 63	校验和
<CR><LF>	帧尾指示

　　接收机不停地接收不同的帧数据,但只需提取 $ GPRMC 帧,然后进行相应的数据处理
即可。先通过查找 ASCII 码符号 $,判断是否是帧头。帧头类别识别完成后,通过对逗号的
个数进行计数,判断当前正在处理的字段所属的导航参数类型,再据此进行处理。

12.2.2　GPS 数据采集驱动模块实现

　　GPS 数据采集驱动模块的功能是从 PmodGPS 模块输出的 $ GPRMC 帧中取出有用的
数据(如经度、纬度、日期、时间等),然后将经纬度数据的整数部分显示在 Nexys4 开发板的
两个 4 位数字的数码管上,以此验证是否解析出所需数据。其实现主要包括 3 个子模块,如
图 12.5 所示,从左到右依次是产生对应波特率的时钟分频器 uUART_CLOCK、GPS 数据接

收模块 uread_GPSDATA 和 GPS 数据解析模块 uGPS_data。

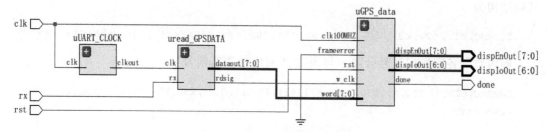

图 12.5　GPS 数据接收模块 RTL 图

1. 时钟分频器

PmodGPS 模块采用 UART 协议完成数据的接收和发送,其接口默认工作在 9600baud,8 位数据位,无校验位,1 位停止位。由于 Nexys4 开发板的系统时钟频率为 100MHz,为了保证数据传输的正确性,UART 采用 16 倍数据波特率的时钟进行采样。每个数据有 16 个时钟采样,取中间的采样值,以避免采样出现误码。一般 UART 帧的数据位为 8 位,这样,即使每个数据有一个时钟周期的误差,接收端也能正确地得到数据。

如果已知数据收发的波特率为 p(单位为 baud),按照 16 倍频采样的时钟频率为 $16p$。系统时钟为 s(单位为 MHz),则分频器的分频系数 k 为

$$k = \frac{s \times 10^6}{16p} \tag{12.1}$$

在本系统中,$s = 100\text{MHz}$,$p = 9600\text{baud}$,根据式(12.1)可计算出分频系数为 651。时钟分频器的时序如图 12.6 所示。

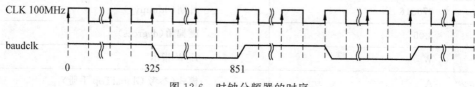

图 12.6　时钟分频器的时序

时钟分频器的 Verilog HDL 实现如图 12.7 所示。

2. GPS 数据接收模块

UART 数据传输时序如图 12.8 所示,起始位为 0,其后紧跟 8 位数据,然后是传输奇偶校验位,通常情况下停止位为 1。UART 的接收数据时序为:当检测到数据的下降沿时,表明线路上有数据进行传输,这时计数器 Cnt 开始计数,当计数器为 $24 = 16 + 8$ 时,采样的值为第 0 位数据(D_0);当计数器的值为 40 时,采样的值为第 1 位数据(D_1),以此类推,直至完成后面 6 位数据($D_2 \sim D_7$)的采样。如果需要进行奇偶校验,则当计数器的值为 152 时,采样的值即为奇偶校验位;当计数器的值为 168 时,采样的值为 1,表示停止位,一帧数据接收完成。

uread_GPSDATA 处理接收数据的过程如下:在空闲状态,线路处于高电位;当检测到线路的下降沿时说明线路中有数据传输,按照约定的波特率从低位到高位接收数据;数据接

```
module UART_CLOCK(clk,clkout)
input clk; // 系统时钟
output clkout; //采样时钟输出
reg clkout;
reg [15:0] cnt=0;
always@ (posedge clk)
begin
    if(cnt == 16'd325)
    begin
      clkout<=1'b1;
      cnt<=cnt+16'd1;
    end
    else
       if(cnt==16'd651)
       begin
          clkout<=1'b0;
          cnt<=16'd0;
       end
       else
       begin
          cnt<=cnt+16'd1;
       end
end
endmodule
```

图 12.7　时钟分频器的 Verilog HDL 实现

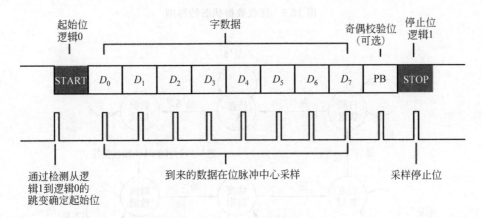

图 12.8　UART 数据传输时序

收完毕后,接着接收并比较奇偶校验位是否正确,如果正确,则通知后续设备准备接收数据或将数据存入缓存。接收数据状态转移图如图 12.9 所示。

3. GPS 数据解析模块

GPS 数据解析模块采用一位热码线性状态机。一位热码线性状态机简化了译码逻辑,组合逻辑电路简单。GPS 数据接收状态转换图如图 12.10 所示。系统初始状态持续检测"＄"帧数据起始字符,按照帧头为"GPRMC"的数据格式,通过判断","来逐个获取相应数据,包括时间日期、经纬度等,最后将数据整合成自定义的格式,如"＄TIM:083942260416,3030.7430,N,11424.4768,E",其中 TIM:083942260416 表示时间为 2016 年 4 月 26 日 8 时 39 分 42 秒,其后两个数据分别表示纬度和经度。底层模块将经纬度的整数部分实时显示在

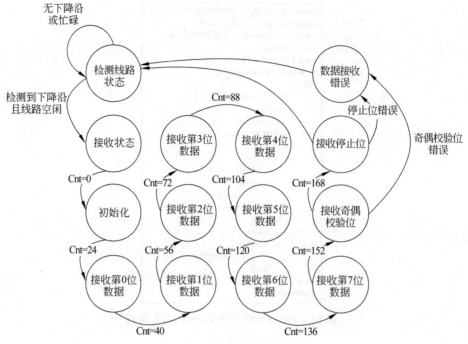

图 12.9　接收数据状态转移图

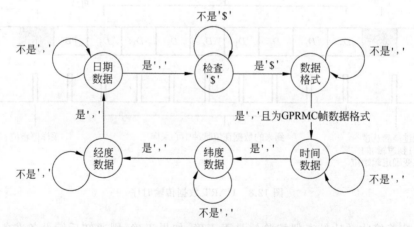

图 12.10　GPS 数据接收状态转换图

Nexys4 板的数码管上。

数据解析过程的程序如图 12.11 所示。

12.2.3　基于 AHB-Lite 总线的 GPIO 模块实现

首先,创建 GPS 数据接收模块的硬件 Verilog HDL 描述实现,包括 12.2.2 节介绍的 GPS 数据采集驱动模块中的 3 个子模块。详细代码请参考本书配套电子资源中的工程实例。

```
always @(posedge w_clk)//posedge clk    rx_data or state
begin
  if(rx_data != " ")
  case(state)
  s0:if(rx_data == "$") state = s1;
    else state = s0;
  s1:if(rx_data != ",") //
    begin temp[count] = rx_data;count = count+4'b0001;end
    else state = s2;
  s2:if(temp[0]==="G"&&temp[1]==="P"&&temp[2]==="R"&&temp[3]==="M"&&temp[4]==="C") //
    begin state <= s3; count <= 0;end//
    else state <= s0;//
  s3:if(rx_data != ",") temp[0] = 0;
    else state = s4;//
  s4:if(rx_data == "A") state = s5;//
    else state = s0;//
  s5:if(rx_data == ",") state = s6;
    else  count = 0;
  s6:if(rx_data != ",")
    begin temp[count] = rx_data;count = count+4'b0001;end
    else //
    begin
    lat = temp[0]&8'h0f;
    lat = (lat<<1)+(lat<<3);
    lat = lat+(temp[1]&8'h0f);
    lat = (lat<<1)+(lat<<3);
    lat = lat+(temp[2]&8'h0f);
    state <= s7;
    end
  s7:if(rx_data != ",") count = 0;else state <= s8;
  s8:if(rx_data != ",")
    begin temp[count] = rx_data;count = count + 4'b0001;end
    else
    begin
    lon = temp[0]&8'h0f;
    lon = (lat<<1)+(lat<<3);
    lon = lat+(temp[1]&8'h0f);
    lon = (lat<<1)+(lat<<3);
    lon = lat+(temp[2]&8'h0f);
    state <= s0;
    end
  default:state <= s0;
  endcase
end
```

图 12.11　数据解析过程的程序

其次,创建一个名为 MIPSfpga_GPS 的文件夹,将本书配套电子资源中包含 MIPSfpga 内核的文件夹 rtl_up 复制到 MIPSfpga_GPS 文件夹下。打开 Vivado 2014.4,在初始界面中选择 Create New Project,在新建工程向导中创建名为 MIPSfpga_GPS 的工程,如图 12.12 所示。

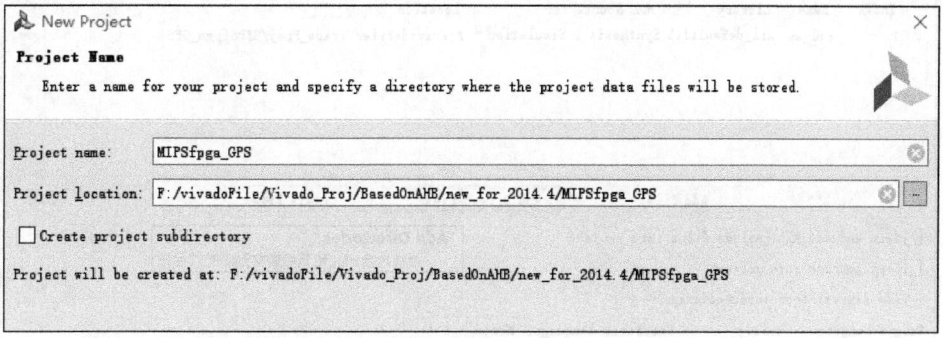

图 12.12　创建名为 MIPSfpga_GPS 的工程

工程类型选择 RTL Project,且不指定源文件(选择 Do not specify sources at this time 复选框)。工程所需源文件在后续的步骤中手动添加,如图 12.13 所示。

添加源文件时,将复制到 MIPSfpga_GPS 文件夹下的 rtl_up 文件夹的路径添加到工程中。单击 Sources 标签栏的 📑 图标或者利用右键快捷菜单中的 Design Sources → Add Sources 命令添加源文件,在弹出的对话框中选择 Add or create design sources 单选按钮,返

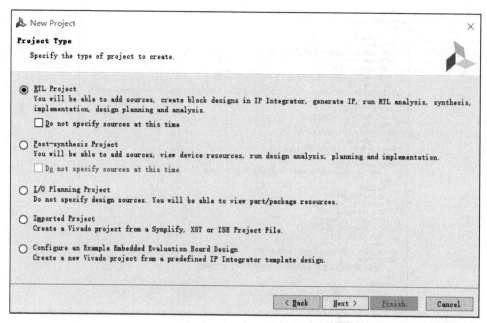

图 12.13　选择工程类型

回 New Project 对话框,单击 Add Directories 按钮添加 rtl_up 文件夹的路径,如图 12.14
所示。

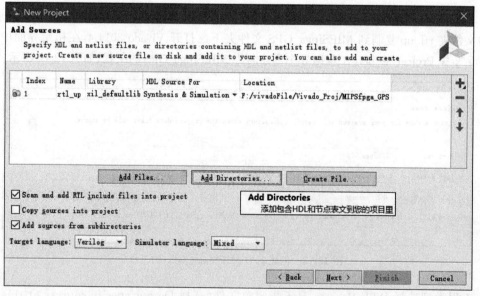

图 12.14　添加 rtl_up 文件夹的路径

默认器件选择 Artix-7 系列的 xc7a100tcsg324-1,单击 Finish 按钮结束新建工程向导,
如图 12.15 所示。

工程开始状态如图 12.16 所示。

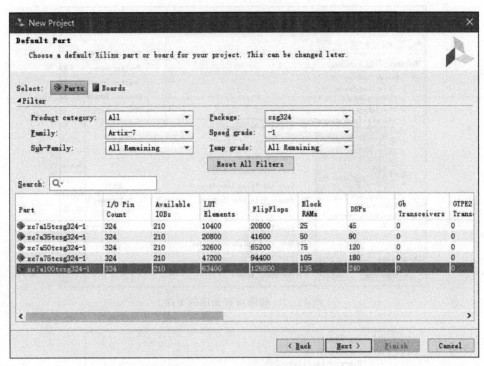

图 12.15 选择默认器件

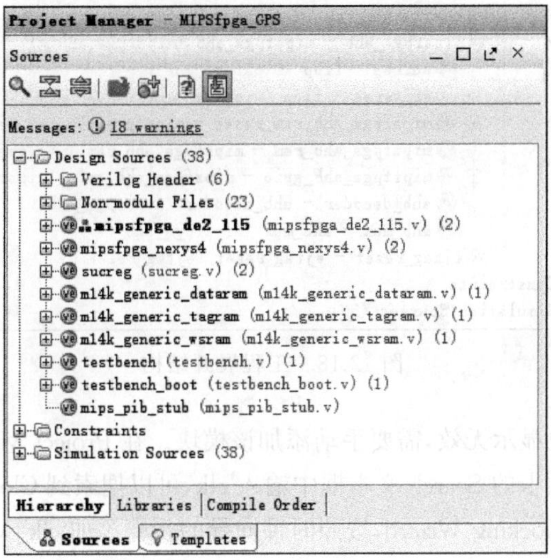

图 12.16 工程开始状态

在新建的工程中包含很多不会用到的文件。选中 mipsfpga_nexys4,右击该文件,利用
快捷菜单中的 Set as Top 命令将其设置为顶层文件。再利用右键快捷菜单移除所有无用的
文件,如图 12.17 所示。

最后的工程展开结构如图 12.18 所示。

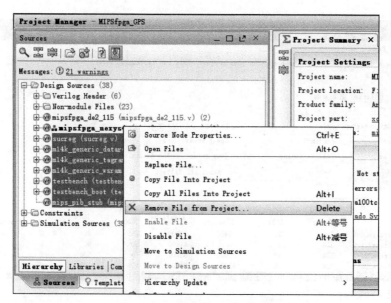

图 12.17　移除所有无用的文件

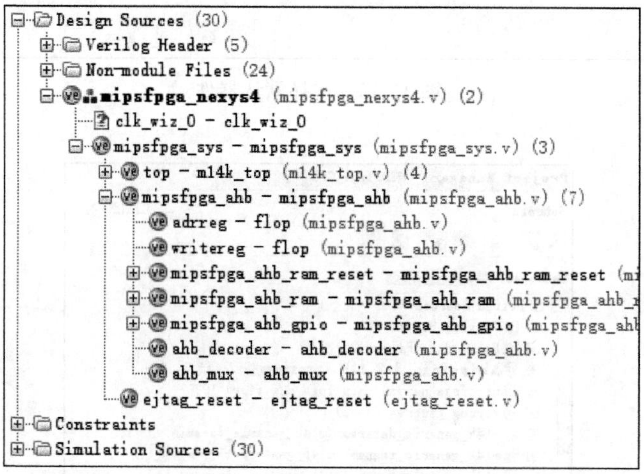

Design Sources (30)
  Verilog Header (5)
  Non-module Files (24)
  mipsfpga_nexys4 (mipsfpga_nexys4.v) (2)
    clk_wiz_0 - clk_wiz_0
    mipsfpga_sys - mipsfpga_sys (mipsfpga_sys.v) (3)
      top - m14k_top (m14k_top.v) (4)
        mipsfpga_ahb - mipsfpga_ahb (mipsfpga_ahb.v) (7)
          adrreg - flop (mipsfpga_ahb.v)
          writereg - flop (mipsfpga_ahb.v)
          mipsfpga_ahb_ram_reset - mipsfpga_ahb_ram_reset (mi
          mipsfpga_ahb_ram - mipsfpga_ahb_ram (mipsfpga_ahb_
          mipsfpga_ahb_gpio - mipsfpga_ahb_gpio (mipsfpga_ahb
          ahb_decoder - ahb_decoder (mipsfpga_ahb.v)
          ahb_mux - ahb_mux (mipsfpga_ahb.v)
      ejtag_reset - ejtag_reset (ejtag_reset.v)
  Constraints
  Simulation Sources (30)

图 12.18　工程展开结构

其中,clk_wiz_0 模块显示无效,需要手动添加该模块。在 Project Manager 下选择 IP Catalog,在弹出的 IP Catalog 选项卡的 Search 文本框中输入 clk,可以搜索到 Clocking Wizard(时钟向导),如图 12.19 所示。双击 Clocking Wizard,按照时钟向导的步骤添加 clk_wiz_0 模块。

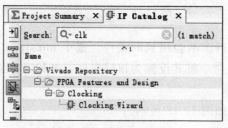

图 12.19　搜索时钟向导

　　由于 MIPSfpga 核系统的工作时钟为 62MHz，所以设置输出时钟频率为 62MHz，将 FPGA 板的 100MHz 时钟分频为 62MHz，因此在设计 UART 的时钟分频器时，分频系数的确定需要参考 12.2.2 节的介绍，同时进行 GPS 数据接收的模块内部采样时间点也要相应地修改，如图 12.20 所示。

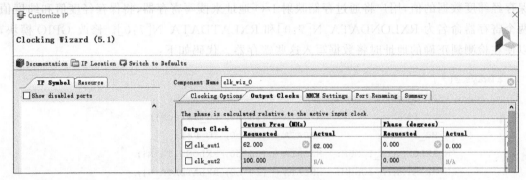

图 12.20　时钟频率设置

　　在该页面底部，取消勾选 reset 和 locked 复选框，如图 12.21 所示，单击 OK 按钮，结束时钟向导，此时会自动生成时钟 IP 模块，在弹出的对话框中单击 generate 按钮即可。

图 12.21　取消勾选 reset 和 locked 复选框

　　在 MIPSfpga 系统上添加 GPS 模块的接口功能，从下面的步骤开始：

　　(1) 为 GPS 接收模块提取出的经纬度分配内存地址。

　　(2) 修改 GPIO 模块，使其能够识别上面分配的内存地址，并把这些地址与存储映射 I/O 寄存器关联起来。

　　(3) 把存储映射 I/O 寄存器接到刚创建的 GPS_UART_DATA 模块中。

　　为了完成上面这些改动，需要修改 mipsfpga_ahb_const.vh 和 mipsfpga_ahb_gpio.v 模块。

　　mipsfpga_ahb_const.vh 是 Verilog HDL 头文件，地址译码器（ahb_decoder 模块）根据地址高位判断应该使能 3 个 AHB 从设备（复位 RAM、程序 RAM 和 GPIO 模块）中的哪一个。然后，GPIO 模块在被选中时会根据地址的低位判断应该对哪一个外设进行写或读。在 mipsfpga_ahb_const.vh 文件中，用 H_ * _IONUM 表示存储映射 I/O 地址的第 5～2 位，代码如下：

```
`define H_RXLONDATA_ADDR    (32'h1f800034)
`define H_RXLATDATA_ADDR    (32'h1f800038)
`define H_RXLONDATA_IONUM   (5'hd)
`define H_RXLATDATA_IONUM   (5'he)
```

　　修改 GPIO 模块以检测上面定义的 4 个地址,当检测到相应的地址时,就将数据(HWDATA)写到相应的寄存器中。

　　在 mipsfpga_ahb_gpio.v 中例化 GPS 模块。在模块声明中,声明 GPS 接收信号 IO_RS232_RX 和串口、蓝牙的发送信号 IO_RS232_TX、IO_UARTTX。创建两个线网变量来保存经纬度数据的值,用户将通过存储映射 I/O 地址来读写寄存器,将保存经度值和纬度值两个寄存器命名为 RXLONDATA_N[7:0] 和 RXLATDATA_N[7:0]。修改 GPIO 模块,以便在检测到正确的地址时将数据写入这些寄存器。代码如下:

```
always @(*)
    case (HADDR)
        `H_SW_IONUM:          HRDATA = {14'b0, IO_Switch};
        `H_PB_IONUM:          HRDATA = {27'b0, IO_PB};
        `H_RXLONDATA_IONUM:   HRDATA = {24'b0, RXLONDATA_N};
        `H_RXLATDATA_IONUM:   HRDATA = {24'b0, RXLATDATA_N};
        default:              HRDATA = 32'h00000000;
    endcase
```

　　修改 Xilinx 设计约束文件(.xdc),为信号引脚和物理硬件搭建连接。在 Vivado 中进行工程的综合、实现,并生成比特流文件。

　　下载到 Nexys4 开发板的比特流只是经过接口扩展了的 MIPSfpga 内核。要在其上运行应用程序,还需要手动编写 C 语言程序或汇编语言程序。

　　本实例的实时显示经纬度的应用程序(lat_lon)如图 12.22 所示。该程序的流程如图 12.23 所示。

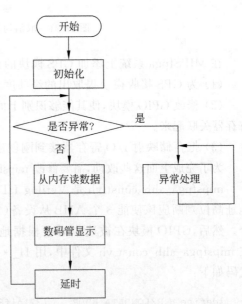

```
volatile int * IO_LAT    = (int*)0xbf800038;
volatile int * IO_LON    = (int*)0xbf800034;
volatile int * IO_7SEGEN = (int*) 0xbf800010;
volatile int * IO_7SEG0  = (int*) 0xbf800014;
......
*IO_7SEGEN = 0;
* IO_7SEG0 = 0;
......
while(1)
{
    volatile int lat = * IO_LAT;
    //lat=lat/100;
    * IO_7SEG4 =lat%10;
    * IO_7SEG5 =lat/10;

    volatile int lon = * IO_LON;
    //lon = lon/100;
    * IO_7SEG0 = lon%10;
    lon = lon/10;
    * IO_7SEG1 = lon%10;
    * IO_7SEG2 = lon/10;
    delay();
}
```

图 12.22　显示经纬度的应用程序　　　　图 12.23　实时显示经纬度的应用程序流程

在命令窗口中用命令行编译实时显示经纬度的应用程序。打开 Windows 的"开始"菜单,选择"运行"命令,在"运行"对话框中输入 cmd,打开命令窗口,在命令行进入本实例的工程文件夹 F:\MIPSfpga\lab\myTestProj\lat_lon 下,即在命令窗口中输入

```
cd F:\MIPSfpga\lab\myTestProj\lat_lon
```

接着在命令行输入 make 命令编译 C 语言程序:

```
make
```

该命令将启动 Makefile,对用户程序(main.c)和引导程序(boot.s 和其他.s 文件)进行编译。Makefile 文件的开始部分是一些编译工具(gcc、ld、objdump 等)的名字和位置。这些编译工具随 Codescape 一起提供给用户,它们是针对 MIPSfpga 处理器的 GNU 工具。

在命令行输入下面的命令来清理编译过程中产生的文件:

```
make clean
```

在命令行输入 make 命令,对用户程序(main.c)重新进行编译。值得注意的是,Makefile 会在程序编译完成之后输出可执行程序的大小,如图 12.24 所示。程序的代码段大小为 5660B,数据段大小为 1184B,bss 段(静态数据被初始化为 0)大小为 304B,总大小 7148B。

```
F:\MIPSfpga_WuHan\lab\myTestProj\lat_lon>make
mips-mti-elf-gcc -O0 -g -EL -c -msoft-float -march=m14kc boot.S -o boot.o
mips-mti-elf-gcc -O0 -g -EL -c -msoft-float -march=m14kc main.c -o main.o
mips-mti-elf-gcc  -EL -msoft-float -march=m14kc -Wl,-Map=FPGA_Ram_map.txt -T boot-uhi32.l
d -Wl,--defsym,__flash_start=0xbfc00000 -Wl,--defsym,__flash_app_start=0x80000000 -Wl,--d
efsym,__app_start=0x80000000 -Wl,--defsym,__stack=0x80040000 -Wl,--defsym,__memory_size=0
x1f800 -Wl,-e,0xbfc00000 boot.o main.o -o FPGA_Ram.elf
mips-mti-elf-size FPGA_Ram.elf
   text    data     bss     dec     hex filename
   5660    1184     304    7148    1bec FPGA_Ram.elf
mips-mti-elf-objdump -D -S -l FPGA_Ram.elf > FPGA_Ram_dasm.txt
mips-mti-elf-objdump -D -z FPGA_Ram.elf > FPGA_Ram_modelsim.txt
mips-mti-elf-objcopy FPGA_Ram.elf -O srec FPGA_Ram.rec
```

图 12.24 程序编译完成后的输出结果

编译完成之后,在 lat_lon 文件夹中多出了下面几个文件:

```
FPGA_Ram.elf
FPGA_Ram_dasm.txt
FPGA_Ram_modelsim.txt
main.o
```

FPGA_Ram.elf 是编译生成的主要文件。ELF(Executable and Linkable Format,可执行和可链接格式)文件用来把程序下载到 MIPSfpga 内核的内存上。FPGA_Ram_dasm.txt 是一个反汇编版的可执行文件,实际上是一个可阅读的 ELF 文件,其中展示了指令的地址和指令对应的代码在高级语言(汇编语言或者 C 语言)文件中的行号。FPGA_Ram_modelsim.txt 是另一个可阅读的 ELF 文件,但其中没有插入任何源代码的信息,而主要展

示了内存地址和与之相对应的指令或者数据,包括需要被初始化为 0 的内存地址,使用 ModelSim 仿真编译好的程序时需要用到这个文件来生成内存定义文件。main.o 是可执行和可链接的 main.c。

使用 Bus Blaster 将 C 语言程序下载到 MIPSfpga 系统上。打开命令窗口,在命令行输入以下命令把路径切换到 MIPSfpga_WuHan\lab\myTestProj\Scripts\Nexys4_DDR 文件夹:

```
cd F:\MIPSfpga_WuHan\lab\myTestProj\Scripts\Nexys4_DDR
```

创建 loadMIPSfpga.bat 脚本,该脚本完成以下功能:

(1) 编译程序。

(2) 使用 OpenOCD 和 MIPSfpga 内核建立连接。

(3) 把 ReadSwitches 程序下载到 MIPSfpga 中。

(4) 允许用户使用 GNU 的调试器(gdb)对下载到 MIPSfpga 上的程序进行加载和调试。

在命令行输入:

```
loadMIPSfpga.bat F:\MIPSfpga_WuHan\lab\myTestProj\lat_lon
```

脚本运行结束后,就可以看到 lat_lon 程序已经运行在 MIPSfpga 上。

12.3   UART 通信

12.3.1   PmodBT2 模块

图 12.25   PmodBT2 模块

本系统中采用的 PmodBT2 模块是基于 RN-42 面板的蓝牙外设,如图 12.25 所示,它兼容蓝牙 2.1/2.0/1.2/1.1。PmodBT2 模块采用 UART 接口,有多种工作模式。PmodBT2 模块使用标准的 12 针接口,用户通信采用 UART 协议,支持使用 SPI 接口进行固件更新。PmodBT2 模块使用 UART 作为用户接口进行数据发送和接收,串口默认采用 115 200baud 的波特率,并支持用户自定义波特率,设置范围为 1200~921 000baud。PmodJ1 接口上还带有 RESET 引脚,低电平时复位整个模块。另外,STATUS 引脚能够显示连接状态,为高电平时表示连接成功。

PmodBT2 模块为用户提供了多种工作模式,用户可使用跳线进行设置,如表 12.2 所示。本设计中对 JP4 跳线进行了连接,即将波特率设置为 9600baud。

表 12.2   跳线设置与工作模式

跳 线 设 置	工作模式描述	跳 线 设 置	工作模式描述
JP1	恢复出厂设置	JP3	自动连接
JP2	自动发现/配对	JP4	设置波特率为 9600baud

PmodJ1 接口直接接在 Nexys4 开发板上,其信号如表 12.3 所示,其中实现下位机蓝牙和上位机蓝牙通信最关键的 Pin 2 引脚在 Vivado 工程中必须给出相应的引脚约束。

表 12.3　PmodJ1 接口信号

引　脚	信　号	描　述
1	RTS	准备发送
2	RX	接收
3	TX	发送
4	CTS	清除发送
5	GND	电源地
6	V_{cc}	电源(3.3V)
7	STATUS	连接状态
8	~RST	复位
9	NC	未用
10	NC	未用
11	GND	电源地
12	V_{cc}	电源(3.3V)

12.3.2　UART 数据收发驱动模块实现

在本例中,使用 Verilog HDL 语言实现了 UART 串口通信的收发功能,如图 12.26 所示。Nexys4 开发板的 RX 端将接收到的数据经过 FIFO 缓冲模块从 TX 端串行发送出去。

图 12.26　UART 串口通信收发功能

UART 数据收发驱动模块的 RTL 图主体部分如图 12.27 所示,从左到右的模块依次是时钟分频 IP 核模块 clk_wiz_0(输入 100MHz,输出 50MHz)、UART 通信的时钟分频器 UART_CLOCK、串口接收模块 uart_recv、数据缓冲单元 fifo_8x2048 和串口发送模块 uart_send。其中,FIFO RAM 是 8 位的,只要串口接收模块不停地向 FIFO RAM 写数据,串口发送模块就会自动从 FIFO RAM 读数据,并将数据转换成串行格式向外发送。

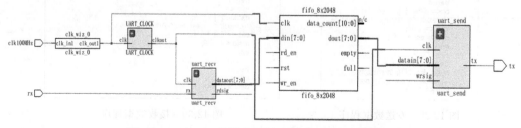

图 12.27　UART 数据收发驱动模块 RTL 图主体部分

　　串口发送模块检测到 FIFO RAM 不为空时读数据,一直读到 FIFO RAM 为空。串口接收模块在 FIFO RAM 满时不再写数据,以避免数据因溢出而丢失。

　　UART 时钟分频器的实现请参考 12.2.2 节的介绍。以下详细介绍 UART 串行接收、发送模块的 Verilog HDL 实现。本例中 UART 通信的传输时序如图 12.28 所示,数据收发波特率为 9600baud,数据位 8 位,无校验位,停止位 1 位。

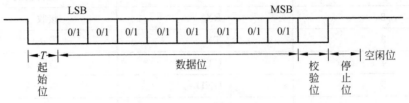

图 12.28　UART 通信的传输时序

　　发送数据的传输时序如下:初始时线路处于高电平,此时为空闲状态;发送数据时,线路拉低一个时间单位 T,接着从最低位(LSB)到最高位(MSB)连续发送 8 位数据位;数据发送结束时发送校验位和停止位,通常停止位为高电平;一帧数据发送完毕时,线路再次回到空闲状态(高电平)。发送数据程序如图 12.29 所示。

　　接收数据的传输时序如下:初始时线路处于高电平,此时为空闲状态;接收数据时,线路检测到一个下降沿电平跳变,接着从最低位到最高位连续接收 8 位数据位;数据接收结束时接收校验位和停止位,通常停止位为高电平;一帧数据接收完毕时,线路再次回到空闲状态。通过校验位和停止位可以检验数据是否正确,在正确时送到数据缓冲单元,进行其他处理。接收数据程序如图 12.30 所示。

```verilog
always @(posedge clk)
begin
  if (wrsigrise && (~idle)) //
  begin
    send <= 1'b1;
  end
  else if(cnt == 8'd161) //168
  begin
    send <= 1'b0;
  end
end

always @(posedge clk)
begin
  if(send == 1'b1)
  begin
    case(cnt)
    8'd0:
      begin
        tx <= 1'b0;
        idle <= 1'b1;
        cnt <= cnt + 8'd1;
      end
    8'd16:
      begin
        tx <= datain[0]; //send bit 0
        //presult <= datain[0]^paritymode;
        idle <= 1'b1;
        cnt <= cnt + 8'd1;
      end
    8'd32:
      begin
        tx <= datain[1]; //send bit 1
        //presult <= datain[1]^presult;
        idle <= 1'b1;
```

图 12.29　发送数据程序

```verilog
always @(posedge clk)
begin
  if (rxfall && (~idle)) //after checking the falling edge, line iddle,
  begin
    receive <= 1'b1;
  end
  else if(cnt == 8'd168) //receive data completed
  begin
    receive <= 1'b0;
  end
end

always @(posedge clk)
begin
  if(receive == 1'b1)
  begin
    case (cnt)
    8'd0:
      begin
        idle <= 1'b1;
        cnt <= cnt + 8'd1;
        rdsig <= 1'b0;
      end
    8'd24: //receive bit 0 of data
      begin
        idle <= 1'b1;
        dataout[0] <= rx;
        //presult <= paritymode^rx;
        cnt <= cnt + 8'd1;
        rdsig <= 1'b0;
      end
    8'd40: //receive bit 1 of data
      begin
        idle <= 1'b1;
        dataout[1] <= rx;
```

图 12.30　接收数据程序

向工程中添加设计约束（XDC）文件，对各输入输出引脚进行约束，其中 PmodBT2 接
Nexys4 开发板的 JA 口，其引脚配置如表 12.4 所示，使用 USB 串口线进行 UART 通信时采
用 USB-UART 引脚配置，使用 PmodBT2 接 JA 口进行通信时采用 BT2-JA 引脚配置。对
工程进行综合、实现，生成比特流文件。连接好 Nexys4 开发板后上电，将比特流文件写入
Nexys4 开发板进行功能验证。

表 12.4 XDC 引脚配置

信　　号	USB-UART 引脚	BT2-JA 引脚
RESET	C12	C12
CLK 100MHz	E3	E3
RX	C4	D17
TX	D4	F14

在 PC 端打开一个串口终端。当采用 USB-UART 引脚配置时，通过串口终端收发信息
需要配置对应的端口参数，在发送窗输入要发送的数据，自动发送回车换行符，单击"发送"
按钮后，Nexys4 开发板接收数据，并将接收到的数据显示在接收窗口中。

12.3.3　UART 接口实现

参考 12.2.3 节的示例，新建一个包含 MIPSfpga 核的工程，向其中添加已经编写好的模
块文件（UART 串口发送、接收模块）。准备好各模块的资源文件后，在 MIPSfpga 系统中添
加 UART 模块的接口功能，按以下步骤进行：

（1）为 UART 串口接收和发送模块的被访问数据分配内存地址。

（2）修改 UART 模块，使其能够识别上面分配的内存地址，并把这些地址与存储映射
I/O 寄存器关联起来。

（3）把存储映射 I/O 寄存器接到创建的 uart_send 和 uart_recv 模块中。

向 mipsfpga_ahb_const.vh 文件中添加各模块所需的内存地址和关联的存储映射 I/O 地
址，代码如下：

```
//内存地址
`define H_UARTSENDDATA_ADDR    (32'h1f80003c)
`define H_UARTSEN_ADDR         (32'h1f800040)
`define H_UARTRECVDATA_ADDR    (32'h1f800044)
`define H_UARTREN_ADDR         (32'h1f800048) //0100 1000
`define H_UARTEMPTY_ADDR       (32'h1f80004c)
`define H_UARTPREREN_ADDR      (32'h1f800050)
//存储映射 I/O 地址
`define H_UARTSENDDATA_IONUM   (5'hf)
`define H_UARTSEN_IONUM        (5'h10)
`define H_UARTRECVDATA_IONUM   (5'h11)
`define H_UARTREN_IONUM        (5'h12)
```

```
`define H_UARTEMPTY_IONUM        (5'h13)
`define H_UARTPREREN_IONUM       (5'h14)
```

在 mipsfpga_ahb_gpio 中实例化 uart_send 和 uart_recv 模块。为方便用户通过存储映射 I/O 地址来读写寄存器,创建相应的线网变量或寄存器。修改 GPIO 模块,以便在检测到对应的地址时正确地读写这些寄存器。详细请参考 12.2.3 节的介绍。最后修改设计约束文件,为所有用到的外部接口配置引脚。对工程进行综合、实现,并生成比特流文件。连接好 Nexys4 开发板,将比特流文件下载到 Nexys4 开发板中。

最后编写 C 语言程序进行功能性验证。图 12.31 提供了 UART 串口通信发送程序的示例。其他功能请读者自行验证。

```
//延时函数                                        void send(char p[], int n)
void delay() {                                     {
 volatile unsigned int j;                            int i = 0;
 for(j = 0; j < (5000); j++);  // delay >= 5000      for(i=0;i<n;i++)
void _mips_handle_exception(void* ctx,int reason){   {
   volatile int * IO_LEDR = (int*)0xbf800000;           *SEN_N    = 0;
   *IO_LEDR = 0x8001;                                    delay();
   while(1);                                             *SEND_N   = p[i];//
}                                                        *SEN_N    = 1;
                                                         delay();
volatile int *SEND_N = (int*) 0xbf80003c;            }
volatile int *SEN_N   = (int*) 0xbf800040;
                                                     *SEN_N    = 0;
void send(char p[ ], int n);                         delay();
                                                     *SEND_N   =  '\r' ;
int main() {                                         *SEN_N    = 1;
 *SEND_N  = 0;                                        delay();
 *SEN_N   = 0;                                        *SEN_N    = 0;
 char str[15]= "hello world!";                        delay();
                                                      *SEND_N   =  '\n' ;
 while(1)                                             *SEN_N    = 1;
 {                                                    delay();
   send(str, 12);
   delay();                                           *SEN_N    = 0;//all the data has been sent
 }                                                    delay();
 return 0;                                          }
}
```

图 12.31　UART 串口通信发送程序示例

图 12.31 所示的代码实现了从 FPGA 端到 PC 端发送字符串"hello world!"的功能。delay()函数使用软件延时,_mips_handle_exception()函数用于处理 MIPS 内部异常,send()函数用于发送字符串,以回车换行符结束,其中 SEND_N 和 SEN_N 分别指向发送数据映射寄存器和发送使能控制信号映射寄存器,这两个映射寄存器分别对应 mipsfpga_ahb_const.vh 文件中定义的内存地址 H_UARTSENDDATA_ADDR 和 H_UARTSEN_ADDR。

使用 Codescape 及 OpenOCD 对编写好的 C 语言程序进行编译、链接,生成需要的文件。再使用 Bus Blaster 将 C 语言程序下载到 MIPSfpga 系统上,连接好 USB-UART 线。在 PC 端打开一个串口终端,设置对应的端口号、波特率等。串口终端打开后,可以从接收窗口中观察到数据。

12.4　整体功能实现

12.4.1　系统底层接口实现

本节主要结合 12.2 节和 12.3 节介绍的内容,完成整体系统的联调,实现数码管显示经纬度、UART 串口收发数据、蓝牙发送 GPS 定位数据等功能。基本步骤如下：

（1）建立工程，修改 MIPSfpga 内核，进行前期准备。

（2）向工程中添加各模块的基本驱动文件，修改地址定义文件及从顶层到底层的模块文件，为工程添加接口信号。在 mipsfpga_ahb_gpio 文件中将所有新添加的驱动文件实例化，无法直接使用的驱动文件需进行相应的修改或创建中间层。

（3）根据用到的接口引脚，修改工程设计约束文件。

（4）对工程进行综合、实现，生成比特流文件，下载到 Nexys4 开发板上，进行功能验证。

（5）编写 C 语言程序文件，使用 Codescape 和 OpenOCD 进行编译。利用 Bus-Blaster Probe 将程序导入 Nexys4 开发板，验证功能。要完成验证，C 语言程序需具备如下功能：访问经纬度数据地址，读取地址中的数据并显示在数码管上，通过串口或蓝牙向 PC 端发送数据（如经纬度）。

在整体功能的验证中，在 mipsfpga_ahb_gpio 文件内部实例化了多个模块，主要包括数码管显示模块、GPS 数据接收处理模块、蓝牙发送模块、UART 串口收发模块等。同时，在用于 UART 串口收发时还调用了 FIFO 的 IP 核进行数据缓冲。工程文件结构如图 12.32 所示。

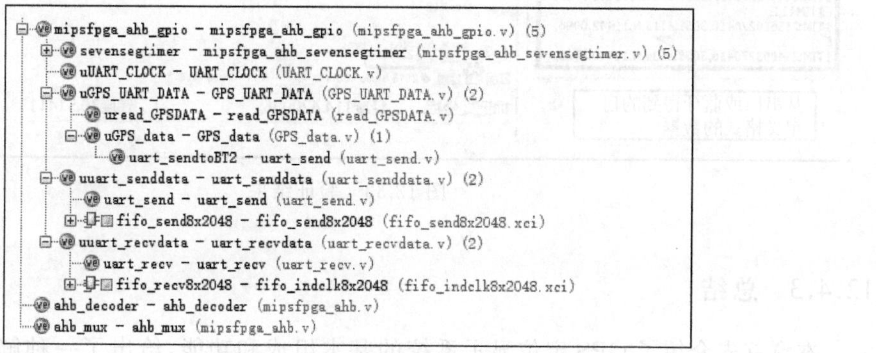

图 12.32　工程文件结构

其中用到的各个模块都是在 12.2 节和 12.3 节内容的基础上整合而成的，基本模块相同，都搭载在 MIPSfpga 内核的 AHB 总线下的 GPIO 中。部分模块（如 uart_send）无法直接进行上下层模块接口连接，需要创建上层模块进行中间组装。工程准备完毕后，编写 C 语言程序进行功能验证。Nexys4 开发板通过蓝牙发送模块向具有蓝牙功能的 PC 客户端发送 GPS 数据接收处理模块解析出的 GPS 数据。PC 客户端可以是串口终端软件或具有串口功能的应用程序（参考 12.4.2 节）。

12.4.2　系统 PC 客户端软件实现

本节设计了一个简单的 GUI 客户端软件。该软件是基于 Microsoft Visual Studio 2015 的 MFC 库设计完成的，用于监测 Nexys4 开发板发送的数据并对数据进行处理。软件设计过程中采用在线地图和离线地图两种显示方式。其中，电子地图的显示窗口使用的是

Microsoft Web Browser 的 COM 组件,串口部分则使用 Microsoft Communications Control 控件,该控件通过串行端口发送和接收数据,为应用程序提供串行通信功能。串口或蓝牙(根据底层实现而定)接收到数据后,由软件进行处理,在界面上显示实时的定位数据,同时在调用的地图中标记定位点的位置,还能根据位置变化画出移动轨迹。验证结果如图 12.33 所示。

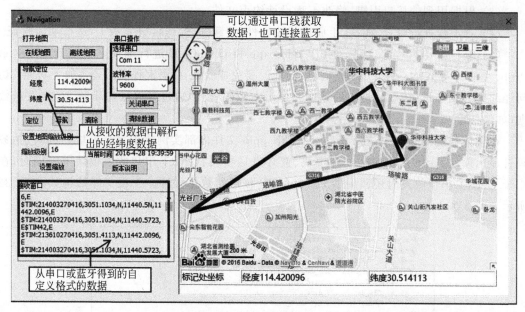

图 12.33　验证结果

12.4.3　总结

本章首先介绍了 GPS 定位显示系统的基本组成和功能,给出了一种解决方案,并据此详细介绍了 GPS 数据采集的方法和如何在 MIPSfpga 内核中实现 GPS 接口、PmodBT2 通信和 UART 接口通信的方法,最后给出了整体功能实现。

习题 12

1. PmodGPS 模块 UART 通信的时钟信号是从哪里得到的? 描述 GPS 数据帧格式。

2. 假设系统时钟频率为 50MHz,波特率为 115 200baud,按照 16 倍频采样,设计一个 UART 时钟分频器。

3. 结合图 12.34 说明本章中的 PmodGPS 模块和 PmodBT2 模块属于系统框架的哪一部分? 能否将其挂载在 AHB-Lite 总线上,应该怎么做?

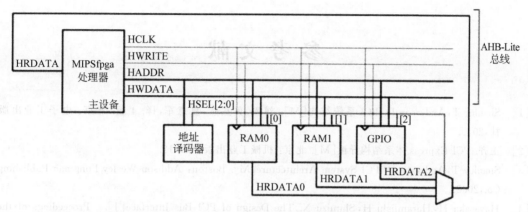

图 12.34　基于 AHB-Lite 总线的系统框架

参 考 文 献

[1] Shanley T,Anderson D. PCI 系统结构[M]. 刘晖,冀然然,夏意军,译. 4 版. 北京：电子工业出版社,2010.

[2] 王齐. PCI Express 体系结构导读[M]. 北京：机械工业出版社,2012.

[3] Shanley T,Anderson D. PCI System Architecture[M]. Boston：Addison Wesley Longman Publishing Co.,2002.

[4] Hayasaka H,Haramiishi H,Shimizu N. The Design of PCI Bus Interface[J]. Proceedings of the ASP-DAC, 2003,15(2)：88-91.

[5] PCI9054 Date Book[Z]. PLX Technology Inc.,2003.

[6] PCI SDK-LITE[Z]. V3.4. PLX Technology Inc.,2003.

[7] 武安河. Windows 2000/XP WDM 设备驱动程序开发[M]. 北京：电子工业出版社,2012.

[8] 坎特. Windows WDM 设备驱动程序开发指南[M]. 孙义,陈剑瓯,译. 北京：机械工业出版社,2000.

[9] 张帆,史彩成. Windows 驱动开发技术详解[M]. 北京：电子工业出版社,2008.

[10] Philips Semiconductors. Philips Semiconductors. I²C Handbook[Z]. 2004. https：//paginas.fe.up. pt/～ee00013/microPCI/files/I2C/Philips％20Semiconductors％20I2C％20Handbook.pdf.

[11] 易志明,林凌,李刚,等. SPI 总线在 51 系列单片机系统中的实现[J]. 国外电子元器件,2003(9)：21-23.

[12] 卜玉明. SPI 串行总线在单片机 8031 应用系统中的设计与实现[J]. 工业控制计算机,2000,13(1)：59-60.

[13] 周立功. PDIUSBD12 USB 固件编程与驱动开发[M]. 北京：北京航空航天大学出版社,2003.

[14] 王朔,李刚. USB 接口器件 PDIUSBD12 的接口应用设计[J]. 单片机与嵌入式系统,2002(1)：56-59.

[15] HP, Intel, Microsoft, et al. Universal Serial Bus 3.0 Specification[S]. 2008. http：//www. softelectro.ru/usb30.pdf.

[16] C8051F340/1/2/3/4/5/6/7 全速 USB FLASH 微控制器数据手册[Z]. 新华龙电子有限公司,2010.

[17] 李文仲,段朝玉. ZigBee 无线网络技术入门与实战[M]. 北京：北京航空航天大学出版社,2007.

[18] 周武斌. ZigBee 无线组网技术的研究[D]. 长沙：中南大学,2009.

[19] 秦健. 无线通信芯片 nRF903 与 89C51 的接口设计[J]. 电子工程师,2004,30(19)：52-54.

[20] Yiu J. Cortex-M3 权威指南[M]. 宋岩,译. 北京：北京航空航天大学出版社,2009.

[21] STM32F10×××参考手册[Z]. 意法半导体投资有限公司,2010.

[22] 曹计昌,卢萍,李开. C 语言程序设计[M]. 北京：科学出版社,2012.

[23] 苏小红,陈惠鹏,孙志刚. C 语言大学实用教材[M]. 2 版. 北京：电子工业出版社,2012.

[24] 刘乐善,周功业,杨柳. 32 位微型计算机接口技术及应用[M]. 武汉：华中科技大学出版社,2006.

[25] 刘乐善,李畅,刘学清. 微型计算机接口技术及应用[M]. 3 版. 武汉：华中科技大学出版社,2012.

[26] 刘乐善,李畅,刘学清. 微型计算机接口技术与汇编语言[M]. 北京：人民邮电出版社,2013.

[27] 刘乐善,陈进才,卢萍,等. 微型计算机接口技术[M]. 北京：人民邮电出版社,2015.

[28] 袁文波. FPGA 从实战到提高[M]. 北京：中国电力出版社,2007.

[29] 夏宇闻. Verilog 数字系统设计教程[M]. 北京：北京航空航天大学出版社,2008.

[30]　徐文波,田耘. Xilinx FPGA 开发实用教程[M]. 北京:清华大学出版社,2012.

[31]　田耘. Xilinx ISE Design Suite 10.x FPGA 开发指南[M]. 北京:人民邮电出版社,2008.

[32]　多米尼克·斯威特曼. MIPS 体系结构透视[M]. 李鹏,译. 2 版. 北京:机械工业出版社,2008.

[33]　刘火良,杨森. STM32 库开发实战指南[M]. 北京:机械工业出版社,2013.

[34]　Digilent. PmodGPS Reference Manual [Z]. 2016. https://reference. digilentinc. com/_ media/ reference/pmod/pmodgps/pmodgps-gms-u1lp_rm.pdf.

[35]　Digilent. PmodBT2 Reference Manual[Z]. 2019 https://reference.digilentinc.com/_media/reference/ pmod/pmodbt2/pmodbt2_rm.pdf.

[36]　孙鑫. VC++ 深入详解[M]. 3 版. 北京:电子工业出版社,2019.

图书资源支持

感谢您一直以来对清华版图书的支持和爱护。为了配合本书的使用,本书提供配套的资源,有需求的读者请扫描下方的"书圈"微信公众号二维码,在图书专区下载,也可以拨打电话或发送电子邮件咨询。

如果您在使用本书的过程中遇到了什么问题,或者有相关图书出版计划,也请您发邮件告诉我们,以便我们更好地为您服务。

我们的联系方式:

地　　址:北京市海淀区双清路学研大厦 A 座 714

邮　　编:100084

电　　话:010-83470236　010-83470237

客服邮箱:2301891038@qq.com

QQ:2301891038(请写明您的单位和姓名)

资源下载:关注公众号"书圈"下载配套资源。

资源下载、样书申请

书 圈

获取最新书目

观看课程直播